ENZYK
DEU
GESC
BA

ENZYKLOPÄDIE
DEUTSCHER
GESCHICHTE
BAND 49

HERAUSGEGEBEN VON
LOTHAR GALL

IN VERBINDUNG MIT
PETER BLICKLE
ELISABETH FEHRENBACH
JOHANNES FRIED
KLAUS HILDEBRAND
KARL HEINRICH KAUFHOLD
HORST MÖLLER
OTTO GERHARD OEXLE
KLAUS TENFELDE

DIE INDUSTRIELLE REVOLUTION IN DEUTSCHLAND

VON
HANS-WERNER HAHN

3., durchgesehene und um einen Nachtrag
erweiterte Auflage

OLDENBOURG VERLAG
MÜNCHEN 2011

Bibliografische Information der Deutschen Nationalbibliothek

Die Deutsche Nationalbibliothek verzeichnet diese Publikation in der Deutschen Nationalbibliografie; detaillierte bibliografische Daten sind im Internet über http://dnb.d-nb.de abrufbar.

© 2011 Oldenbourg Wissenschaftsverlag GmbH
Rosenheimer Straße 145, D-81671 München
www.oldenbourg-verlag.de

Einbandgestaltung: Dieter Vollendorf

Dieses Papier ist alterungsbeständig nach DIN/ISO 9706
Satz: Schmucker-digital, Feldkirchen b. München
Druck und Bindung: Grafik+Druck, München

ISBN 978-3-486-59831-5

Vorwort

Die „Enzyklopädie deutscher Geschichte" soll für die Benutzer – Fach-
historiker, Studenten, Geschichtslehrer, Vertreter benachbarter Diszi-
plinen und interessierte Laien – ein Arbeitsinstrument sein, mit dessen
Hilfe sie sich rasch und zuverlässig über den gegenwärtigen Stand unserer Kenntnisse und der Forschung in den verschiedenen Bereichen
der deutschen Geschichte informieren können.

Geschichte wird dabei in einem umfassenden Sinne verstanden:
Der Geschichte in der Gesellschaft, der Wirtschaft, des Staates in seinen inneren und äußeren Verhältnissen wird ebenso ein großes Gewicht
beigemessen wie der Geschichte der Religion und der Kirche, der Kultur, der Lebenswelten und der Mentalitäten.

Dieses umfassende Verständnis von Geschichte muß immer wieder Prozesse und Tendenzen einbeziehen, die säkularer Natur sind, nationale und einzelstaatliche Grenzen übergreifen. Ihm entspricht eine
eher pragmatische Bestimmung des Begriffs „deutsche Geschichte".
Sie orientiert sich sehr bewußt an der jeweiligen zeitgenössischen Auffassung und Definition des Begriffs und sucht ihn von daher zugleich
von programmatischen Rückprojektionen zu entlasten, die seine Verwendung in den letzten anderthalb Jahrhunderten immer wieder begleiteten. Was damit an Unschärfen und Problemen, vor allem hinsichtlich
des diachronen Vergleichs, verbunden ist, steht in keinem Verhältnis zu
den Schwierigkeiten, die sich bei dem Versuch einer zeitübergreifenden
Festlegung ergäben, die stets nur mehr oder weniger willkürlicher Art
sein könnte. Das heißt freilich nicht, daß der Begriff „deutsche Geschichte" unreflektiert gebraucht werden kann. Eine der Aufgaben der
einzelnen Bände ist es vielmehr, den Bereich der Darstellung auch geo-
graphisch jeweils genau zu bestimmen.

Das Gesamtwerk wird am Ende rund hundert Bände umfassen.
Sie folgen alle einem gleichen Gliederungsschema und sind mit Blick
auf die Konzeption der Reihe und die Bedürfnisse des Benutzers in ihrem Umfang jeweils streng begrenzt. Das zwingt vor allem im darstel-
lenden Teil, der den heutigen Stand unserer Kenntnisse auf knappstem
Raum zusammenfaßt – ihm schließen sich die Darlegung und Erörte-
rung der Forschungssituation und eine entsprechend gegliederte Aus-

wahlbibliographie an –, zu starker Konzentration und zur Beschränkung auf die zentralen Vorgänge und Entwicklungen. Besonderes Gewicht ist daneben, unter Betonung des systematischen Zusammenhangs, auf die Abstimmung der einzelnen Bände untereinander, in sachlicher Hinsicht, aber auch im Hinblick auf die übergreifenden Fragestellungen, gelegt worden. Aus dem Gesamtwerk lassen sich so auch immer einzelne, den jeweiligen Benutzer besonders interessierende Serien zusammenstellen. Ungeachtet dessen aber bildet jeder Band eine in sich abgeschlossene Einheit – unter der persönlichen Verantwortung des Autors und in völliger Eigenständigkeit gegenüber den benachbarten und verwandten Bänden, auch was den Zeitpunkt des Erscheinens angeht.

Lothar Gall

Inhalt

Vorwort des Verfassers

Die Geschichte der Industrialisierung mit all ihren tiefgreifenden wirtschaftlichen, sozialen und politischen Veränderungen ist mittlerweile
zu einem Schwerpunkt historischer Forschung herangewachsen. Mit
ganz unterschiedlichen Ansätzen wird versucht, Ursachen, Verlauf und
Folgen dieses Prozesses zu erfassen. Die Antworten fallen dabei vielfach sehr kontrovers aus. Der englische Historiker Peter Laslett hat
schon vor etlichen Jahren die Ansicht vertreten: „Der ja in der Tat
schwer faßbare Prozeß der Industrialisierung hat so viele Definitionen,
wie es Historiker gibt, die sich mit diesem Thema beschäftigt haben."
Schon der Begriff „Industrielle Revolution" ist ebenso umstritten wie
die Periodisierung der Industrialisierung oder die Bedeutung der institutionellen und sozialen Rahmenbedingungen. Obwohl wir inzwischen
über vorzügliche Gesamtdarstellungen der deutschen Industrialisierung
verfügen, kann angesichts der kaum noch überschaubaren Literatur ein
Überblicksband, der den Schwerpunkt auf die Forschungssituation und
-diskussion legt, vielleicht doch zusätzliche Orientierungshilfen bieten.

Es ist allerdings ein außerordentlich schwieriges Unterfangen, die
Grundzüge des deutschen Industrialisierungsprozesses und die Kernfragen der Forschung auf so wenigen Seiten angemessen darzustellen,
zumal der Überblick neben den rein ökonomischen Fragen auch soziokulturelle Antriebskräfte und institutionelle Rahmenbedingungen an-
sprechen will. Über die Auswahl der thematischen Schwerpunkte
könnte man daher lange diskutieren. Deshalb sei schon an dieser Stelle
darauf verwiesen, daß zentrale Fragen der „Industriellen Revolution"
auch in anderen Bänden der Enzyklopädie ausführlich zur Sprache
kommen.

Was die geographisch-politische Abgrenzung angeht, so kann die
Geschichte der deutschen Industriellen Revolution zum einen selbstverständlich nur dann hinreichend erfaßt werden, wenn sie als Teil des
gesamteuropäischen Industrialisierungsprozesses verstanden wird und
dabei vor allem den englisch-deutschen Wirtschaftsbeziehungen Rechnung getragen wird. Zum anderen sollen Fragen der österreichischen
Wirtschaftsentwicklung zwar nicht völlig ausgeblendet werden. Die
Schwerpunkte des enzyklopädischen Überblicks und des Forschungs-

teils liegen jedoch eindeutig auf jenen Staaten und Regionen Mitteleuropas, die seit dem Zollverein zum kleindeutschen Wirtschaftsraum zusammenwuchsen und dann das Deutsche Reich von 1870/71 bildeten.

Zum Schluß sei allen gedankt, die den Abschluß des Buches erleichtert und gefördert haben. Zunächst einmal geht mein Dank an das Historische Kolleg in München, dessen Förderstipendium es ermöglichte, die Grundlagen für den Band zu legen. Für wertvolle Unterstützung danke ich vor allem „meiner" Teilherausgeberin, Frau Elisabeth Fehrenbach, ganz herzlich, die das Manuskript mehrfach und gründlich geprüft und deren Rat und Ermunterung für den Abschluß des Bandes außerordentlich wichtig war. Vielfältige Unterstützung gewährte der Gesamtherausgeber der Reihe, Herr Lothar Gall, dem ich ebenso herzlich danken möchte wie Herrn Adolf Dieckmann für die Lektoratsarbeit. Bedanken möchte ich mich aber schließlich auch bei Herrn Werner Greiling und Herrn Frank Möller für zahlreiche inhaltliche Anregungen, bei Frau Regina Platen, Frau Judith Klinger sowie den Herren Falk Burkhardt, Frank Firnhaber, Frank Fritsch und Stefan Gerber für Korrektur- und Registerarbeiten sowie die nicht immer einfache Literaturbeschaffung.

Jena, September 1997   Hans-Werner Hahn

Vorwort zur 3. Auflage

Der Zeitabstand zur Erstauflage dieses Bandes beträgt 13 Jahre. In diesem Zeitraum hat sowohl die die allgemeine Industrialisierungsforschung als auch die Forschung zur deutschen Industrialisierung zu einer deutlichen Erweiterung der Ansätze und Erkenntnisse geführt. Hierzu haben vor allem die Debatten über die Globalisierung, das anhaltende Interesse an der Frage nach den Ursachen und Vorbedingungen der Industrialisierung und die Einbeziehung der Genderforschung beigetragen. Der Nachtrag „Tendenzen der Forschung seit 1998" fasst die wichtigsten dieser neuen Forschungsansätze und -ergebnisse zusammen, ohne den Anspruch auf Vollständigkeit zu erheben. Auch die Bibliographie zum Nachtrag Nr. 416–488 enthält nur die im Text erwähnte und kommentierte Literatur. Bei weiterführenden Fragen zu einzelnen Aspekten bieten sich mehrere thematisch eng verwandte

Bände der EDG-Reihe an, die 1998 noch nicht zur Verfügung standen. Dies gilt vor allem für Rudolf Boch „Staat und Wirtschaft im 19. Jahrhundert", Christian Kleinschmidt „Technik und Wirtschaft im 19. und 20. Jahrhundert" sowie Frank Uekötter „Umweltgeschichte im 19. und 20. Jahrhundert". Meinen Mitarbeiterinnen Susan Burger und Susanne Sodan danke ich für die Unterstützung bei der Literaturbeschaffung und den Korrekturen.

Jena, im Januar 2011   Hans-Werner Hahn

I. Enzyklopädischer Überblick

1. Die Industrielle Revolution in Großbritannien und die Ausgangslage in Deutschland

Mit dem Begriff „Industrielle Revolution" wird im allgemeinen jener Umbruchsprozeß von der vorindustriellen, traditionellen Wirtschaftsgesellschaft zur modernen Industriewirtschaft umschrieben, der in der zweiten Hälfte des 18. Jahrhunderts in Großbritannien einsetzte und sich von dort auf immer mehr Länder ausbreitete. Quantitativer Ausdruck dieses Prozesses ist ein alle bisherigen Vorstellungen sprengendes Wirtschaftswachstum, das seit Adam Smith als reale Steigerung des Sozialprodukts pro Kopf der Bevölkerung definiert wird. Gewiß hatte es auch in der vorindustriellen Wirtschaftsgesellschaft Wachstum gegeben, aber es war viel bescheidener geblieben und immer wieder von Zeiten der Stagnation unterbrochen worden. Das mit der Industriellen Revolution einsetzende Wirtschaftswachstum fiel dagegen nicht nur um ein Vielfaches höher aus. Die mit ihm verbundenen strukturellen Veränderungen sorgten zugleich für ein dauerhaftes, sich selbst erhaltendes wirtschaftliches Wachstum. Man hat daher den Zeitraum von der Mitte des 18. Jahrhunderts bis zur Gegenwart auch als Epoche des „modernen Wirtschaftswachstums" bezeichnet (S. Kuznets).

Ermöglicht wurde dieses Wachstum durch eine Fülle von qualitativen Veränderungen wirtschaftlicher, sozialer, kultureller und politischer Art, die untereinander wiederum in einem engen Wirkungszusammenhang standen. Als wichtigster Anstoß wird meist jener Komplex technologischer Neuerungen genannt, mit denen Erkenntnisse naturwissenschaftlichen Denkens und Forschens in Antriebs- und Arbeitsmaschinen sowie in die Nutzung chemischer Prozesse umgesetzt wurden. An die Stelle von menschlicher und tierischer Kraft trat die Kraft der Maschinen, deren Präzision handwerkliche Fertigkeiten ersetzte. Nicht weniger bedeutend in der ersten Phase des Industrialisierungsprozesses war zweitens die Erschließung und massenhafte Nutzung bislang vergleichsweise wenig verwendeter natürlicher Rohstoffe, allen voran von Kohle und Eisen.

Merkmale der Industriellen Revolution

Ursachen und Voraussetzungen

Wirtschaftliche
Folgen

Die Anwendung technologischer Neuerungen und der Einsatz neuer Energieträger führten drittens zu völlig veränderten Produktions- und Kommunikationsstrukturen. Mit dem Fabriksystem entstand eine neue Form der Organisation gewerblicher Massenproduktion, die ältere Praktiken der Gütererzeugung mehr und mehr zurückdrängte. Das neue Fabriksystem war gekennzeichnet durch einen arbeitsteiligen Produktionsprozeß, den Einsatz von Arbeits- und Kraftmaschinen, die ständige rationale Nutzung des stehenden Kapitals, die disziplinierte und spezialisierte Lohnarbeit und die Leitung durch einen marktwirtschaftlich kalkulierenden Privatunternehmer.

Parallel zur Umgestaltung der Produktion vollzogen sich viertens auch in anderen Bereichen grundlegende Wandlungen. Die Entwicklung neuer Verkehrswege und -mittel beschleunigte die Herausbildung großer nationaler und schließlich internationaler Märkte und stellte die Kommunikationsstrukturen auf ganz neue Grundlagen. Zugleich veränderte sich die gesamte Wirtschaftsordnung. Die Industrielle Revolution ermöglichte die volle Entfaltung des modernen kapitalistischen Wirtschafts- und Gesellschaftssystems, in dem der Markt zur zentralen regulierenden Instanz wurde und alle Produktionsfaktoren von seinen

Soziale und politische Auswirkungen

Gesetzen bestimmt wurden. Mit all dem war fünftens ein tiefgreifender soziokultureller und politischer Umbruch verbunden. Das Fabriksystem, die freie Lohnarbeit, die nun für immer mehr Menschen zur maßgeblichen Form des Erwerbs wurde, die Herausbildung neuer sozialer Klassen, das Aufbrechen altgewohnter sozialer und kultureller Bindungen, die Urbanisierung und andere Auswirkungen der Industriellen Revolution führten zu völlig neuen Formen menschlichen Zusammenlebens und politischen Handelns. Die Industrielle Revolution kann somit nicht nur als technische Umwälzung, sondern muß als grundlegende Veränderung der gesamten gesellschaftlichen Verhältnisse verstanden werden.

Rahmenbedingungen in Großbritannien

Fragt man nach den Gründen, warum die epochalen wirtschaftlichen und gesellschaftlichen Umwälzungen gerade in Großbritannien ihren Ausgang nahmen, so ist auf mehrere, teilweise unabhängig voneinander erwachsene günstige Rahmenbedingungen zu verweisen. Hierzu gehörten eine starke Bevölkerungszunahme, schnellere Fortschritte in der landwirtschaftlichen Produktion, die infolgedessen steigende Güternachfrage auf dem Binnenmarkt und die dominierende Stellung, die Großbritannien durch seine Kolonialpolitik im internationalen Handel einnahm. Hinzu kamen ausgesprochen günstige Produktionsfaktoren: große und leicht abbaubare Kohlevorkommen, kurze und kostengünstige Verkehrswege, ausreichendes Kapital und ein großes Angebot von Arbeitskräften. Von Bedeutung waren schließlich aber auch die politischen und gesellschaftlichen Rahmenbedingungen. Der Staat förderte einerseits sowohl durch die Eroberung von Absatzmärkten als auch durch innere Maßnahmen die Entwicklung der britischen Wirtschaft, ließ ihr aber im Unterschied zur absolutistischen und merkantilistischen Politik auf dem europäischen Kontinent andererseits notwendigen Spielraum zur freien Entfaltung. Zudem sorgte die im Vergleich zum Kontinent wesentlich offenere Gesellschaftsstruktur dafür, daß man in Großbritannien flexibler auf neue wirtschaftliche Herausforderungen reagieren konnte.

Diese günstigen Rahmenbedingungen sowie spektakuläre technologische Neuerungen wie Watts Dampfmaschine (1765/69) oder die Spinnmaschinen von Hargreaves (1764) und Arkwright (1769) drängten die wirtschaftliche Entwicklung Großbritanniens in der zweiten Hälfte des 18. Jahrhunderts in neue Bahnen. Der breite Durchbruch zur neuen mechanisierten Massenproduktion erfolgte zunächst in der Baumwollspinnerei. Sie ist auch als erster industrieller Führungssektor bezeichnet worden, der aufgrund seiner technischen und betriebsorganisatorischen Innovationen dynamische Wachstumskräfte entfaltete und durch seine spezifischen Ausbreitungseffekte die gesamtwirtschaftliche Entwicklung beschleunigte. Langfristig von noch größerer Bedeutung als die Baumwollindustrie waren allerdings das Vordringen der Kohle als wichtigster Energieträger und die damit verbundenen Fortschritte im Bereich der Eisenindustrie. In Coalbrookdale begann Abraham Darby schon in der ersten Jahrhunderthälfte mit der Erzeugung von Roheisen in Kokshochöfen. 1784 entwickelte Henry Cort das Puddel-Verfahren zur Stahlherstellung.

Die verschiedenen technologischen Innovationen und ihre erfolgreiche ökonomische Umsetzung führten in den letzten beiden Jahrzehnten des 18. Jahrhunderts zu einem deutlichen Entwicklungsschub der britischen Wirtschaft, dessen Ausmaß jedoch nicht überschätzt werden darf. Die Zuwachsraten der Investitionen, der Industrieproduktion sowie des gesamten Sozialprodukts blieben in den letzten beiden Jahrzehnten des 18. Jahrhunderts im Vergleich zu späteren Perioden noch relativ bescheiden. Gegenüber den neuen Formen der gewerblichen Massenproduktion besaßen vorindustrielle Strukturen um 1800 insgesamt noch immer ein dominierendes Gewicht. Die heraufziehende industrielle Welt nahm zwar in wirtschaftlichen Führungsregionen wie Lancashire oder Shropshire rasch konkrete Gestalt an. Daneben gab es jedoch viele Regionen, die von den neuen Entwicklungen noch gar nicht erfaßt worden waren. Zudem standen selbst Klassiker der briti-

Technische Neuerungen

Wirtschaftswachstum am Ende des 18. Jh.

schen Nationalökonomie wie Malthus und Ricardo noch zu Beginn des 19. Jahrhunderts der Möglichkeit, daß ein Wirtschaftswachstum sich selbst erhalten könne, trotz der inzwischen eingetretenen produktionstechnischen Fortschritte skeptisch gegenüber.

Modell England   Dennoch wies Großbritannien um 1800 im Vergleich zum europäischen Kontinent unbestritten einen Entwicklungsvorsprung auf. Das „Modell England" wurde um 1800 zwar noch keineswegs generell als das große, nachzuahmende Vorbild angesehen. Aber es stellte für das übrige Europa zu diesem Zeitpunkt bereits eine Herausforderung dar, mit der man sich zu befassen begann und von der bald ein starker Sog ausgehen sollte. Im Verlaufe des 19. Jahrhunderts folgten immer mehr Staaten des Kontinents den in Großbritannien eingeschlagenen Wachstumspfaden. Man hat die kontinentaleuropäische Industrialisierung daher vielfach als abgeleitete Industrialisierung oder als Imitationsprozeß bezeichnet. Dies bedeutet nun aber nicht, daß es sich dabei stets um eine nur zeitversetzte blinde Nachahmung des britischen Vorbildes gehandelt hat. Schon wegen des zunächst vorhandenen Gefälles der Entwicklung im Verhältnis zu Großbritannien gab es Unterschiede im Prozeßverlauf. Die Nachzügler konnten auf bereits vorhandene Informationen zurückgreifen und dadurch Fehlentwicklungen des Pioniers vermeiden. Hinzu kam, daß sie auch deshalb eigene Wege einschlagen mußten, weil sich ihre jeweilige Ausgangslage vom Pionierland Großbritannien in vieler Hinsicht unterschied. Dies zeigt nicht zuletzt der Blick auf die deutschen Verhältnisse um 1800.

Faktoren der deutschen Rückständigkeit   Zunächst einmal stand Deutschland vor einer weit ungünstigeren Ausgangssituation. Schon die geographische Lage in der Mitte Europas sowie die politische Zersplitterung des Alten Reiches mit seinen mehr als 300 territorialen Einheiten wirkten sich außerordentlich hemmend auf die wirtschaftliche Entwicklung aus. Immer wieder war das Gebiet des Reiches Schauplatz von Kriegen gewesen, die schwere Verwüstungen hervorgerufen und große Teile des Sozialprodukts aufgezehrt hatten. Die Intensivierung der noch schwach ausgebildeten binnenwirtschaftlichen Verflechtungen wurde durch das ständige Kriegsrisiko ebenso behindert wie durch die Vielfalt der Zollschranken, die unterschiedlichen Maß-, Münz- und Gewichtssysteme, die Stapelrechte und Handelsmonopole. Auch verkehrsgeographisch war der deutsche Raum um 1800 sehr viel schlechter erschlossen als der des industriellen Pionierlandes Großbritannien. Zudem hatte Deutschland auch an der überseeischen Kolonial- und Handelsexpansion, die von den westeuropäischen Nachbarn mächtig vorangetrieben worden war, lange Zeit nur einen sehr bescheidenen Anteil genommen.

Zur Rückständigkeit gegenüber der Entwicklung der britischen Wirtschaft trugen weitere Faktoren bei. Gewiß war um 1800 auch Deutschland kein reines Agrarland mehr, aber seine Wirtschaft wurde doch weit mehr als die britische noch vom primären Sektor geprägt. Man hat die deutsche Gesamtbevölkerung (in den Grenzen von 1871, außer Elsaß-Lothringen) um 1815 auf etwa 23 Millionen geschätzt. Davon lebten noch 90% in Dörfern oder Städten mit weniger als 5000 Einwohnern. Auch wenn das ländliche Nebengewerbe gerade im Laufe des 18. Jahrhunderts stark an Bedeutung gewonnen hatte und die in vielen deutschen Gebieten sehr enge Verknüpfung von landwirtschaftlicher und gewerblicher Tätigkeit genaue Zahlenangaben erschwert, darf doch angenommen werden, daß um die Wende vom 18. zum 19. Jahrhundert noch immer zwischen zwei Drittel und drei Viertel der Bevölkerung überwiegend in der Landwirtschaft tätig waren.

Im Hinblick auf künftige Industrialisierungsprozesse bot der primäre Sektor Deutschlands zu diesem Zeitpunkt viel schlechtere Voraussetzungen, als dies im Pionierland der Industriellen Revolution der Fall war. In Großbritannien waren die Wandlungen der Landwirtschaft im Zuge der sogenannten „Agrarrevolution" durch neue Techniken, verbesserte Anbaumethoden, verstärkten Kapitaleinsatz und die Überwindung feudaler Hemmnisse so weit vorangeschritten, daß sich diese vorteilhaft auf die beginnende Industrialisierung auswirkten. Auch die regional sehr unterschiedlich strukturierte deutsche Landwirtschaft verzeichnete schon im 18. Jahrhundert durch die Erweiterung der Anbaufläche, durch neue Anbaumethoden und Rationalisierungen in der Betriebsführung deutliche Fortschritte. Manche Historiker sprechen vor allem in bezug auf die ostelbische Landwirtschaft von einem Vordringen des Agrarkapitalismus. Man sollte die Wirkungen dieser neuen Entwicklungen aber nicht überschätzen. Das Bild der deutschen Landwirtschaft wurde noch immer in hohem Maße von ertragsschwachen Kleinbetrieben bestimmt, zu denen 70 bis 80% aller Höfe gehörten und deren Betreiber sich oft nur durch nebengewerbliche Tätigkeiten eine bescheidene Existenz sichern konnten. Die Verflechtung dieser Subsistenzbetriebe mit dem Markt war sehr gering, das Geldeinkommen entsprechend niedrig. Folglich konnten von diesem Teil der Landwirtschaft noch keine großen Nachfrageimpulse für die gewerbliche Wirtschaft ausgehen. Hinzu kam, daß die Massenkaufkraft durch feudale Abgaben, staatliche Steuern und die großen Unterschiede bei der Verteilung des Wohlstandes zusätzlich gedämpft wurde. Die unzureichende Massennachfrage konnte auch durch den im 18. Jahrhundert stark anwachsenden Aufwand für Luxuswaren und militärische Güter

Agrarsektor

nicht ausgeglichen werden, deren gesamtwirtschaftliche Bedeutung lange überschätzt worden ist.

Gesellschafts-struktur   Auch in soziokultureller Hinsicht waren die deutschen Ausgangsbedingungen ungünstiger als in England. Während sich die englische Gesellschaft des 17. und 18. Jahrhunderts durch eine relative Offenheit auszeichnete, hatte sich in Deutschland die schroffe Scheidung der Stände nicht nur gehalten, sondern seit dem Ende des Dreißigjährigen Krieges zeitweise noch einmal verstärkt. Zwar scheint das Bewegungspotential der ständischen Gesellschaft auch in Deutschland größer gewesen zu sein, als es die Forschung lange behauptet hat. Dennoch wirkten sich überkommene Rechtsnormen, festgefügte Status-Regelungen und traditionelle Grundeinstellungen in vielen Bereichen hemmend auf die Entwicklung aus. Die Landwirtschaft wurde durch die feudalen Fesseln von Grund- und Gutsherrschaft behindert. Im Handwerk, das mit etwa 1,2 Millionen Erwerbstätigen zumindest von der Zahl der Beschäftigten her der wichtigste Bereich des Gewerbesektors war, hielten die Zünfte vielfach starr an alten Regulierungsmechanismen fest, die ganz am „Nahrungsschutz" der Zunftgenossen, also am gesicherten Auskommen, orientiert waren. Innerhalb dieser moralisch-harmonischen Wirtschaftsauffassung galten individuelles Erfolgsstreben, freie Konkurrenz und Expansion als sozial unerwünscht. Obwohl die absolutistische und merkantilistische Wirtschaftspolitik die Machtstellung der Zünfte durch gesetzliche Maßnahmen und die Förderung neuer Gewerbeformen zurückzudrängen versuchte, engten die Zunftordnungen an vielen Orten, vor allem in den wirtschaftlich einst so bedeutenden Reichsstädten, den Spielraum für innovatorische Impulse bis weit ins 19. Jahrhundert hinein ein.

Deutsches Entwicklungspotential   Politische Ordnung, gesellschaftliche Verfassung und wirtschaftliche Strukturen erschwerten somit ein zügiges Anknüpfen an jenen vor allem von den Großkaufleuten getragenen „Ökonomisierungsprozeß" (K. Borchardt), der in den fortgeschritteneren westeuropäischen Regionen zu einer effizienteren Nutzung vorhandener Ressourcen geführt und in Großbritannien mit der „Industriellen Revolution" eine ganz neue Bahn beschritten hatte. Bei aller Rückständigkeit der deutschen Verhältnisse muß jedoch davor gewarnt werden, die Ausgangslage gegenüber Großbritannien mit jener aktuellen Situation zu vergleichen, wie sie heute zwischen hochindustrialisierten Ländern und sogenannten Entwicklungsländern besteht. Schließlich gehörten die deutschen Gebiete selbst zu den Trägern jenes okzidentalen Modernisierungsprozesses, der mit dem Aufkommen des Städtewesens, der Herausbildung berechenbarer rechtlicher und staatlicher Rahmenbedingungen, dem

Vordringen einer rationalen Wissenschaft und Technik sowie der Ausbreitung eines leistungsorientierten Arbeitsethos erst die Grundvoraussetzungen der modernen Wirtschaftsgesellschaft geschaffen hatte. Gerade die neuere Forschung hat verstärkt darauf hingewiesen, daß auch in Deutschland schon vor 1800 ein nicht zu unterschätzendes wirtschaftliches Entwicklungspotential vorhanden war. Es ist daher mit gutem Grund sogar vermutet worden, daß Deutschland auch ohne die englische Vorreiterrolle zum Schauplatz einer autochthonen Industriellen Revolution hätte werden können (K. Borchardt). Zu den langfristig günstigen Voraussetzungen gehörten etwa das vergleichsweise fortschrittliche Schul- und Universitätswesen, die gut ausgebildeten Verwaltungsapparate und ein hohes Maß an Rechtssicherheit. Ferner gab es zahlreiche Städte, deren Bürger sich bereits lange vor Beginn der Industrialisierung durch, auch im Ausland beachtete, gewerbliche und kaufmännische Fähigkeiten auszeichneten. Deutsche Gewerbeerzeugnisse wie die Augsburger Gold- und Silberwaren oder die Solinger Schneidwaren genossen Weltruf. Das deutsche Gewerbe war auch in technologischer Hinsicht nicht so weit zurückgeblieben, wie es oft behauptet worden ist. Gewiß konnte man mit den spektakulären britischen Neuerungen noch nicht Schritt halten. Vor allem die Watt'sche Dampfmaschine fand in Deutschland nur zögernd Eingang, obwohl sie schon vor 1800 auch hier nachgebaut und eingesetzt wurde. In vielen traditionellen Bereichen, etwa im Salinen- und Montanwesen oder beim Instrumentenbau, standen deutsche Gewerbe jedoch auf einem auch international beachtlichen Niveau.

Hinzu kam, daß auf mehreren Ebenen Expansionstendenzen festzustellen waren. Seit der Mitte des 18. Jahrhunderts setzte auch in Deutschland ein verstärktes Bevölkerungswachstum ein, mit dem sich das Arbeitskräftepotential und die Nachfrage vergrößerten. Dieses sollte langfristig zu einem wichtigen Faktor der Industrialisierung werden. Das Bevölkerungswachstum hing eng mit neuen Entwicklungen zusammen, die sich sowohl in der Landwirtschaft als auch im gewerblichen Sektor abzeichneten. Auch der Gewerbesektor war vor 1800 keineswegs von Stagnation gekennzeichnet. Zwar befand sich das traditionelle Zunfthandwerk als der noch immer größte Bereich der Gewerbewirtschaft um 1800 in einer schweren Strukturkrise, die sich noch lange hinzog. Zugleich aber hatten neue, kapitalistische Formen der gewerblichen Produktion im Verlaufe des 18. Jahrhunderts erheblich an Bedeutung gewonnen.

Expansion der deutschen Wirtschaft

Zum einen betraf dies das Verlagssystem. Hier fertigten rechtlich selbständige Kleinproduzenten im Haus oder in kleinen Betriebsstätten

Verlagssystem und Manufakturen

mit vorindustriellen Techniken vorwiegend Textil-, aber auch Metall-
waren für überregionale und internationale Märkte. Produktion und
Vertrieb wurden von Verlegerkaufleuten gesteuert. Das vor allem in
Form des ländlichen Heimgewerbes betriebene Verlagssystem zählte
um 1800 etwa eine Million Beschäftigte. Den wichtigsten Zweig dieser
sogenannten „Protoindustrie" bildete das Leinengewerbe, das im ausgehenden 18. Jahrhundert auf den überseeischen Märkten große Erfolge erzielen konnte und bis weit ins 19. Jahrhundert hinein expan-
dierte. Zum anderen wuchs seit etwa 1770 auch die Zahl der Manufakturen. Diese neuen Großbetriebe mit ihrer zentralisierten, auch arbeitsteiligen, aber noch weitgehend manuellen Produktion verdankten ihre
Entstehung vielfach der merkantilistischen Gewerbepolitik und produzierten auf der Grundlage staatlicher Privilegien in erster Linie Luxus-
güter. Die Manufakturen beschäftigten um die Jahrhundertwende auf
dem Gebiet des späteren Deutschen Reiches etwas mehr als 100 000
Arbeiter.

Vorstufen der Indu-
strialisierung

Beide Formen gewerblicher Massenproduktion bildeten allerdings keine direkten Vorläufer der späteren Industrialisierung. Wichtige Zentren des ländlichen Heimgewerbes, etwa Niederschlesien oder
Teile Hessens, verzeichneten seit dem Einsetzen der Industrialisierung
eher einen wirtschaftlichen Niedergangsprozeß. Und auch den meisten
Manufakturen blieb ein Übergang zur modernen, durch Zentralisie-
rung, Arbeitsteilung und Maschineneinsatz charakterisierten Fabrik des
Industriezeitalters versagt, weil sich diese privilegierten Großbetriebe
den Erfordernissen freier Märkte nur in den wenigsten Fällen anpassen
konnten. Andererseits waren die neuen Entwicklungen im Bereich der
gewerblichen Wirtschaft für die künftigen Industrialisierungsprozesse
keineswegs irrelevant. Die Ausweitung des Heimgewerbes verstärkte
mit den neuen Erwerbsmöglichkeiten zunächst einmal das Bevölkerungswachstum, das langfristig den Industrialisierungsdruck erhöhte.
Zum zweiten förderten die wachsenden Exporterfolge die Einbindung
in das überregionale kapitalistische Marktgeschehen. Sie trugen dazu
bei, daß auch der deutsche Außenhandel in der zweiten Hälfte des
18. Jahrhunderts eine steigende Tendenz aufwies. Dies galt, wie Erfolge
der Hansestädte Hamburg und Bremen zeigten, nicht zuletzt für den
Überseehandel. Drittens entstand durch die neuen Entwicklungen ein
Reservoir geschulter und disziplinierter Arbeitskräfte. Viertens konsti-
tuierte sich aus Kaufleuten, Garnhändlern, Verlegern und Manufaktur-
betreibern allmählich ein modernes Wirtschaftsbürgertum, das nicht
nur große Kapitalien akkumulieren, sondern auch seine Erfahrungen
bei der Produktion und Distribution von Gütern beträchtlich erweitern

konnte. Fünftens schließlich führten die Expansion des Heimgewerbes, der Aufbau von Manufakturen und die Erfolge im Außenhandel zur Herausbildung neuer und zur Verdichtung bestehender Gewerberegionen, von denen einige um 1800 auch internationalen Vergleichen standhalten konnten. So gehörte Sachsen mit seinen Manufakturen, Verlagen und dem traditionsreichen Bergbau ebenso zu den wachstumsintensiven Gewerbegebieten Europas wie die verschiedenen Regionen der nördlichen Rheinlande, die bereits sehr enge Wirtschaftsverflechtungen mit Westeuropa aufwiesen.

In solchen wirtschaftlich fortgeschrittenen Räumen bildete das dezentrale Heimgewerbe um 1800 zwar noch die vorherrschende Produktionsform. Aber diese wurde zunehmend ergänzt durch zentralisierte Manufakturen sowie kapitalintensive Eisenhütten und Hammerwerke. Darüber hinaus entwickelten sich neben dem traditionsreichen Leinengewerbe zahlreiche neue, zukunftsträchtige textilgewerbliche Branchen wie die Seiden- und Baumwollindustrie. Vor allem das Bergische Land hatte sich aufgrund seiner materiellen Ressourcen, seiner günstigen Verkehrsanbindung sowie seines Reichtums an Unternehmertalenten und handwerklich geschulten Facharbeitern um 1800 so weit entwickelt, daß es dicht an der Schwelle zur Industriellen Revolution stand und sogar bereits als „England im Kleinen" bezeichnet wurde. Von den etwa 260000 Einwohnern des Herzogtums Berg waren am Ende des 18. Jahrhunderts bereits mehr als 40000 in den verschiedenen, ganz auf den Export orientierten Textil- und Kleineisenindustrien beschäftigt. Auch das moderne Fabriksystem hatte hier bereits Fuß gefaßt. 1784 hatte der aus einer Elberfelder Kaufmannsfamilie stammende Johann Gottfried Brügelmann mit Hilfe englischer Fachkräfte in Ratingen eine mechanische Baumwollspinnerei eröffnet, die das erste konsequente Anknüpfen an die fortgeschrittenen Entwicklungen des industriellen Pionierlandes darstellte und bezeichnenderweise den Namen „Cromford" erhielt. Solche Frühformen der modernen Fabrik entstanden vor 1800 auch in anderen Gewerberegionen wie Sachsen oder in der traditionsreichen Gewerbestadt Augsburg. Schließlich hatte auch die Eisenindustrie in Schlesien, an der Saar und an der Ruhr vereinzelt damit begonnen, neue englische Technologien wie die Koksverhüttung einzuführen.

Entwicklungspotential, Innovations- und Imitationsbereitschaft waren somit im ausgehenden 18. Jahrhundert auch in Deutschland vorhanden. Der wirtschaftliche und soziale Wandel war hier längst in Gang gekommen, wenngleich sich das im wirtschaftlichen Wachstum, das sich pro Kopf der Bevölkerung allenfalls geringfügig erhöht haben

Frühindustrielle Zentren

Entwicklungsgrenzen um 1800

dürfte, noch nicht wesentlich niederschlug. Die neuen Wachstumskräfte konnten sich nur sehr zögernd entfalten, weil zahlreiche politische, wirtschaftliche und gesellschaftliche Entwicklungsschranken
nicht schnell genug abgebaut wurden. Notwendig war deshalb eine umfassende Reformpolitik. Der aufgeklärte Absolutismus hatte zwar erste
Schritte in diese Richtung eingeschlagen, aber die merkantilistische
Wirtschaftspolitik konnte nicht zuletzt wegen ihrer fiskalischen und di-
rigistischen Grundausrichtung den neuen Wirtschaftskräften noch nicht
den ausreichenden Freiraum verschaffen. Erst Veränderungen der politischen, rechtlichen und sozialen Rahmenbedingungen, die im Zuge der
französischen Machtexpansion einsetzten, machten auf vielen Feldern
den Weg zu neuen Entwicklungen frei.

Politischer
Umbruch

Die territorialen Flurbereinigungen von 1803 und 1806, denen die
meisten Klein- und Kleinstterritorien des Alten Reiches zum Opfer fielen, brachten allerdings noch immer nicht den großen und einheitlichen
deutschen Wirtschaftsraum. Innerhalb der neuformierten Flächenstaa-
ten konnten nun aber jahrhundertealte Handelsschranken durch die verschiedenen Zollreformen beseitigt werden. Dies war zugleich ein erster
Schritt zur Bildung größerer Wirtschaftsräume. Noch weit wichtiger
war die Fülle jener umfangreichen Verwaltungs-, Gesellschafts- und
Wirtschaftsreformen, mit denen die deutschen Staaten noch bestehende
feudale und partikulare Strukturen beseitigten. Diese Reformen zielten
auf eine Ordnung, die auf der rechtlichen Gleichheit, dem freien Eigentum, der freien wirtschaftlichen Betätigung und der Vertragsfreiheit beruhte und damit die Voraussetzungen für eine voll ausgebildete Marktgesellschaft schaffen sollte.

Agrar- und
Gewerbereformen

Im Hinblick auf die Industrialisierung waren Reformen in zwei
Bereichen von besonderer Bedeutung: die sogenannte Bauernbefreiung
und die Neuordnung der Gewerbegesetzgebung. Die Aufhebung der alten Agrarverfassung mit ihren an Person und Eigentum haftenden Bindungen sollte dazu beitragen, die landwirtschaftliche Produktion zu
steigern. Sie zog sich allerdings in weiten Teilen Deutschlands über
mehrere Jahrzehnte hin und fand erst in der Revolution von 1848/49 ihren Abschluß. Auch die Gewerbefreiheit wurde nicht überall mit einem
Schlag eingeführt. In Preußen, wo die Reformbürokratie die wirt-
schaftsliberale Gesetzgebung im Sinne von Adam Smith am weitesten
vorantrieb, folgte man in den Gewerbeedikten von 1810/11 zwar jenem
konsequenten Deregulierungskurs, der zuvor schon in den unter direkter oder indirekter französischer Herrschaft stehenden deutschen Gebieten eingeschlagen worden war. Demgegenüber scheuten die meisten
Staaten des Rheinbundes aus sozialpolitischen Gründen noch bis tief

ins 19. Jahrhundert hinein davor zurück, die überkommene Zunftver-
fassung vollständig aufzuheben. Allerdings waren auch sie bestrebt,
das Zunftsystem durch neue Bestimmungen und Kontrollen flexibler zu
gestalten. Zugleich sorgten sie durch die Aufhebung von Monopolen
und Privilegien sowie durch eine großzügige Konzessionierung nicht-
zünftiger Gewerbe dafür, daß die Ausbreitung der neuen Gewerbereformen nicht weiter blockiert wurde.

Die Wirtschaftsreformen der napoleonischen Ära schufen insgesamt bessere Voraussetzungen für den Aufbau der modernen Industriewirtschaft. Allerdings darf man die unmittelbaren Folgen dieser Reformpolitik nicht überschätzen. Die positiven Wirkungen der Moderni-
sierungpolitik konnten sich erst langfristig entfalten. Auf die wirtschaftliche Entwicklung bis 1815 hatten die Reformen nur geringen
Einfluß. Weit folgenreicher für die wirtschaftlichen Abläufe waren äu-
ßere Einflußfaktoren wie die Kriege, die territorialen Veränderungen
und Maßnahmen der napoleonischen Handels- und Wirtschaftspolitik.

Die 1806 von Napoleon gegen England verhängte Kontinental- **Kontinentalsperre**
sperre, die den Höhepunkt eines längeren Wirtschaftskrieges darstellte,
wirkte sich zunächst einmal sehr negativ auf wichtige exportorientierte
deutsche Wirtschaftszweige aus. Dies galt für die nord- und nordost-
deutsche Landwirtschaft, die vom wichtigen englischen Markt abgeschnitten wurde, ebenso wie für das Leinengewerbe, das nach seinen
beachtlichen Exporterfolgen im ausgehenden 18. Jahrhundert nun seine
überseeischen Märkte verlor. Zwar war dieses alte Gewerbe angesichts
der vordrängenden Konkurrenz billiger Baumwollprodukte langfristig
ohnehin zum Niedergang verurteilt. Mit den plötzlichen Exporteinbu-
ßen wurde dieser Prozeß jedoch dramatisch beschleunigt. Neben dem
Verlust von Absatzmärkten und dem Niedergang ganzer Branchen und
Regionen wurde die wirtschaftliche Entwicklung durch weitere Faktoren beeinträchtigt. Kriege, Zerstörungen, Kontributionen und wachsender Steuerdruck bürdeten dem Großteil der Bevölkerung schwerste La-
sten auf und schwächten die Nachfrage. Andererseits aber standen all
diesen Verlusten beachtliche Gewinne gegenüber.

In dem schon vor 1800 aufstrebenden deutschen Baumwollge- **Neue Industrien**
werbe brachten die neuen handelspolitischen Rahmenbedingungen einen deutlichen Modernisierungsschub. Das Verbot englischer Importe
setzte in der mechanischen Spinnerei eine bemerkenswerte Investiti-
onswelle in Gang. Im Königreich Sachsen stieg die Zahl der Baum-
wollspindeln zwischen 1806 und 1813 von 13 000 auf 256 000. Gleichzeitig begann der Aufbau einer eigenen Maschinenbauindustrie. Wie in
Sachsen wurde auch in den alten Gewerberegionen des linksrheini-

schen Deutschland die gewerbliche Basis beträchtlich erweitert. Die Ausschaltung der englischen Konkurrenz, der freie Bewegungsspielraum auf dem großen französischen Markt und die rasche Einführung der modernen Wirtschafts- und Sozialordnung sorgten dafür, daß sich die bereits vor 1800 in Gang gekommene Expansion der Gewerbewirtschaft während der „Franzosenzeit" weiter verstärkte, wovon nicht zuletzt die frühere Reichsstadt Aachen profitierte. Weniger günstig verlief die Entwicklung im rechtsrheinischen Berg. Hier führte das sogenannte Kontinentalsystem, mit dem Napoleon der französischen Wirtschaft die Vorherrschaft auf dem Kontinent sichern wollte, zu einigen Einbußen, wenngleich das große Entwicklungspotential dieser Region nicht nachhaltig beeinträchtigt wurde. Auch in den süddeutschen Staaten lassen sich während der Rheinbundzeit Neugründungen von Manufakturen und Fabriken feststellen, doch blieb ihre Zahl weit hinter den Entwicklungen der führenden Gewerberegionen zurück. Der Ausbau bestehender Gewerbe und der Aufbau neuer Branchen wie der Baumwollspinnerei oder der von der Kontinentalsperre begünstigten Rübenzuckerindustrie trugen dazu bei, daß die gewerbliche Gesamtproduktion trotz der Einbußen in anderen Branchen insgesamt weiter anstieg.

Außenhandel   Ähnliches gilt für den Handel, der zwar durch die Kriege und Blockaden schwieriger und risikoreicher, keineswegs aber drastisch reduziert wurde. Im Gegenteil, die Expansionstendenzen setzten sich auch hier fort, weil der deutsche Handel immer wieder Mittel und Wege fand, bestehende Behinderungen nicht zuletzt durch den ausgedehnten Schmuggel zu umgehen. Neuere Untersuchungen zur Entwicklung des deutschen Außenhandels zwischen der Französischen Revolution und dem Wiener Kongreß haben nachgewiesen, daß die deutschen Staaten in dieser Umbruchszeit handelspolitisch und gesamtwirtschaftlich keineswegs bleibende Schäden erlitten, sondern insgesamt sogar eher profitiert haben dürften. Überhaupt hat die deutsche Wirtschaft alle Belastungen der napoleonischen Ära letztlich weit besser verkraftet, als dies lange angenommen worden ist. Die wirtschaftliche Gesamtbilanz fiel keineswegs völlig negativ aus. Gewiß gab es keine stürmische Aufwärtsentwicklung, die dann rasch in ganz neue Bahnen mündete und bereits die Industrialisierung einleitete. Aber es war eben auch keine reine Stagnations- oder Rezessionsphase.

Bilanz der napoleo-   Langfristig gesehen schlugen die positiven Folgen jedenfalls weit
nischen Ära   stärker zu Buche als die negativen. Die Voraussetzungen eines erfolgreichen Industrialisierungsprozesses waren in mehrfacher Hinsicht deutlich verbessert worden. Zu der territorialen Neuordnung und der Reformpolitik kam hinzu, daß sich die Hauptachsen der kontinentalen

2. Die deutsche Frühindustrialisierung 1815–1840   13

Wirtschaft nach dem Zusammenbruch der „atlantischen Wirtschaft" von den Küsten weg nach Osten verlagerten und die Märkte des Kontinents fortan einen größeren Stellenwert erhielten. Diese Standortverschiebungen begünstigten auf lange Sicht die wichtigsten deutschen Gewerberegionen, allen voran das an der bedeutendsten Nord-Süd-Achse gelegene Rheinland, aber auch das an der östlicheren Achse gelegene Sachsen. Nicht zu unterschätzen waren ferner die technologischen Erfahrungen, die Unternehmer wie Arbeiter beim Aufbau neuer moderner Industriezweige sammeln konnten. Schließlich erwiesen sich auch die Prozesse des gesellschaftlichen Wandels – der Abbau ständischer Schranken, die damit verbundene Abschwächung überkommener Bindungen sowie die aus der Umbruchszeit erwachsene Umverteilung von Chancen und Vermögen – langfristig als wichtige Antriebsfaktoren für neue Entwicklungen. Die erweiterten Spielräume zur wirtschaftlichen Entfaltung, wie sie die Gewerbefreiheit und der freiere Güterverkehr mit sich brachten, die profitablen Heereslieferungen und nicht zuletzt die auf neue Grundlagen gestellte Finanzierung staatlicher Schulden brachten neue Chancen der Kapitalakkumulation und beschleunigten in den führenden Regionen den Formierungsprozeß eines kapitalkräftigen und selbstbewußten Wirtschaftsbürgertums, das in den folgenden Jahrzehnten den Industrialisierungsprozeß von einer verbesserten Grundlage aus vorantreiben konnte. Bis zum Durchbruch der Industriellen Revolution bedurfte es freilich noch einmal einer längeren Vorbereitungsphase.

2. Die deutsche Frühindustrialisierung 1815–1840

Unter Frühindustrialisierung wird in der Regel jene Anlaufs- oder Vorbereitungsphase verstanden, die der entscheidenden Beschleunigung des Wirtschaftswachstums und dem Durchbruch der Industriellen Revolution vorausgeht. Diese Phase zeichnet sich nicht nur durch einen weiteren Abbau von Entwicklungsschranken und eine wachsende Effizienz in wichtigen nichtindustriellen Sektoren aus, sondern vor allem auch durch die verstärkte Einführung neuer Techniken und Produktionsformen sowie ein allmählich ansteigendes Wachstum der Produktion und der Zahl der Erwerbstätigen im Industriebereich. Selbstverständlich kann man Beginn und Ende der deutschen Frühindustrialisierung nicht auf ein bestimmtes Jahr festsetzen. Die Anlaufperiode be-

Merkmale der Frühindustrialisierung

gann, wie der Blick auf die Ausgangslage gezeigt hat, in den führenden
deutschen Wirtschaftsregionen bereits vor der Jahrhundertwende. Dennoch gibt es gute Gründe, die politische Zäsur des Jahres 1815 auch innerhalb der Geschichte der Industrialisierung als Einschnitt anzusehen.
Zum einen wurden die Jahre davor durch eine Fülle von Sonderbedingungen geprägt, die nun weggefallen waren. Zum zweiten erhielt
Deutschland 1814/15 mit dem Deutschen Bund eine neue territoriale
und staatliche Ordnung, die sich auch auf den Verlauf der Industrialisierung auswirken sollte. Die lockere Struktur dieses Bundes weitgehend souveräner Staaten und der noch fehlende einheitliche Wirtschaftsraum waren in dieser Hinsicht ebenso bedeutsam wie die neue
wirtschaftsgeographische Position der beiden Vormächte des Deutschen Bundes. Österreich war durch die territoriale Neuordnung an den
Rand der deutschen Entwicklungen gedrängt worden. Dagegen war
Preußen nicht nur nach Deutschland hineingewachsen, sondern es hatte
mit dem Rheinland, Westfalen und Teilen Sachsens weitere führende
Gewerberegionen und wichtige Verkehrsachsen hinzugewonnen, die
seine wirtschaftliche Stellung innerhalb Deutschlands beträchtlich
stärkten.

Bevölkerungs-   Die Jahrzehnte zwischen 1815 und den vierziger Jahren waren
wachstum   wirtschaftlich vom eigentümlichen Nebeneinander von schweren Krisen vorindustrieller Wirtschaftszweige mit weit verbreiteter sozialer
Not einerseits und dem Aufbau moderner industrieller Wirtschaftsfor-
men andererseits bestimmt. Es war eine schwierige Übergangszeit, in
der sich die Auflösung der alten Strukturen beschleunigte, während die
neuen vor allem bis Mitte der dreißiger Jahre nur allmählich an Gewicht gewannen. Zu den entscheidenden Faktoren des wirtschaftlichen
Geschehens gehörte die enorme Bevölkerungsexpansion, die auch in
Deutschland schon im 18. Jahrhundert eingesetzt hatte, aber in der ersten Hälfte des 19. Jahrhunderts weiter an Dynamik gewann. Zwischen
1816 und 1845 stieg die Bevölkerungszahl des späteren Reichsgebietes
(außer Elsaß-Lothringen) von 23 auf 32,7 Millionen an. Zu den Ursachen dieser Entwicklung zählten sowohl wirtschaftliche Verbesserungen in Landwirtschaft und Protoindustrie als auch Veränderungen soziokultureller Verhaltensmuster, die Aufhebung restriktiver Ehegesetze
und schließlich medizinisch-hygienische Fortschritte.

Das deutsche Bevölkerungswachstum wies starke regionale Unterschiede auf. In den ostelbischen Gebieten Preußens war die Zunahme der Bevölkerung nicht zuletzt durch den hier früher einsetzenden Wandel der landwirtschaftlichen Struktur und den seit 1806 zügiger verlaufenden wirtschaft- und gesellschaftlichen Deregulierungs-

kurs besonders hoch. Obwohl auch die frühindustriellen Zentren wie
das Königreich Sachsen oder das preußischen Rheinland bereits überdurchschnittliche Wachstumsraten verzeichneten, betraf das Bevölkerungswachstum zunächst vor allem das platte Land und war damit noch
nicht die Folge rascher industrieller Fortschritte. Auf lange Sicht hat
das Bevölkerungswachstum durch die steigende Güternachfrage und
das größere Arbeitskräftepotential zwar zur Expansion von Landwirtschaft, Gewerbe und Handel beigetragen. Bis in die vierziger Jahre
stand es aber noch nicht im Einklang mit den allgemeinen wirtschaftlichen Fortschritten. Das Arbeitskräftepotential wuchs vielmehr weit
schneller als das Arbeitsplatzangebot. Man hat für die Zeit um 1835
von einem Fehlbestand von bis zu 800000 Arbeitsplätzen gesprochen.
Und in den vierziger Jahren nahm das Arbeitskräftepotential durchschnittlich weiter um 1% pro Jahr zu, während das Arbeitsplatzangebot
nur um etwa die Hälfte wuchs. Dieser Bevölkerungszuwachs der ersten
Jahrhunderthälfte konnte selbst dort wirtschaftlich nicht bewältigt werden, wo starke Abwanderungsverluste durch Auswanderung zur Entla-
stung des Arbeitsmarktes beitrugen.

Als Folge dieser Entwicklungen kam es zu einer ständig steigen- Pauperismuskrise
den Massenverelendung. Die Ursachen der sogenannten Pauperismuskrise, die in den vierziger Jahren ihren Höhepunkt erreichte, lagen zum
Teil bereits in der Arbeitsplätze vernichtenden Wirkung der neuen industriellen Konkurrenz, vor allem aber in den Strukturkrisen der vorindustriellen Wirtschaftssektoren. Zwar fand ein Großteil der Überschuß-
bevölkerung noch Aufnahme in den traditionellen Sektoren. Diese Integration führte jedoch in den meisten Bereichen rasch zu Unterbeschäftigung, damit zur Verminderung der Arbeitseinkommen und zur
Verstärkung der Elendstendenzen. In den besonders betroffenen Real-
teilungsgebieten, wo das Land zu gleichen Teilen an die Kinder vererbt
wurde, nahm die Zahl nicht mehr subsistenz-erhaltender Kleinbauern-
stellen stark zu. Die sozialen Krisen in den ländlichen Regionen konnten auch durch eine weitere Expansion der heimgewerblichen Produktion nicht aufgehalten werden. Die Beschäftigtenzahlen im Heimgewerbe stiegen zwar in der ersten Jahrhunderhälfte noch einmal deutlich
von geschätzten 1,0 auf 1,5 Millionen an. Dies galt im besonderen
Maße für das Leinengewerbe. Zugleich aber geriet dieser Gewerbe-
zweig in eine immer tiefere Strukturkrise. Ein Überangebot an Arbeitskräften drückte die Einkommen zunehmend nach unten. Hinzu kamen
schwere Absatzeinbußen auf den früheren überseeischen Märkten und
auch bereits ein wachsender Konkurrenzdruck durch industriell gefer-
tigte englische Textilerzeugnisse.

Lage des
Handwerks

Auch der zweite große Bereich der vorindustriellen Gewerbeproduktion, das Handwerk, war von einer schweren Strukturkrise betroffen. Das Handwerk wies zwar nach 1815 in fast allen Branchen Expansionstendenzen auf und nahm zunächst noch weit mehr Arbeitskräfte
auf als die Manufakturen und die neuen Fabriken. Das Wachstum von
Beschäftigten und Produktion kann jedoch ebensowenig wie der soziale Aufstieg vom Meister zum Fabrikanten, der mancherorts zu beob-
achten war, darüber hinwegtäuschen, daß sich die wirtschaftliche und
soziale Lage in vielen Bereichen des Handwerks gerade in den dreißiger und vierziger Jahren erheblich verschlechterte. Nur in wenigen
Branchen, etwa im Baugewerbe, signalisierte die wachsende Zahl der
Beschäftigten wirtschaftlichen Fortschritt. In vielen anderen Branchen
– so vor allem bei Schneidern und Schuhmachern – war sie Ausdruck
einer tiefen Strukturkrise. Hier nahm auch infolge der in Teilen
Deutschlands geltenden Gewerbefreiheit die Zahl der Meister weit
schneller zu als die Absatzchancen für die jeweiligen Produkte, so daß
die Abwertung der einzelnen Meisterstellen und sinkende Einkommen
die Folge waren.

Langsamer Aufstieg
des Industrie-
kapitalismus

Die traditionellen agrarisch-vorindustriellen Wirtschaftszweige
waren in den Jahrzehnten zwischen 1815 und 1845 am Ende ihrer Auf-
nahmekapazität angelangt. Die klaffende Lücke zwischen Arbeitskräftepotential und Arbeitsplatzangebot war langfristig nur durch den Aufbau moderner industrieller Erwerbszweige zu schließen. Dieser Aufbau
schritt jedoch in den Jahren nach 1815 trotz der nun einsetzenden Frie-
densperiode nur sehr zögernd voran. Man hat geschätzt, daß das
Wachstum der deutschen Fabrik- und Manufakturproduktion bis 1840
im Durchschnitt nur um 2,2% pro Jahr zunahm. Die Gründe für diesen
„beschwerlichen Aufstieg des deutschen Industriekapitalismus" (H.-U.
Wehler) waren vielschichtig. Zunächst einmal standen einer Entfaltung
der deutschen Industrie noch immer viele hemmende Faktoren im

Ungünstige Rah-
menbedingungen

Wege. Hierzu gehörten fortbestehende rechtliche Schranken freier wirtschaftlicher Entfaltung ebenso wie die noch ungünstigen Verkehrsverhältnisse, der damit verbundene Rückstand bei der Erschließung von
Rohstoffvorkommen, der gesellschaftliche Traditionalismus und die
politischen Strukturen der deutschen Staatenwelt. Innerhalb des Deutschen Bundes nahm die zollpolitische Abschottung nach 1815 noch
einmal weiter zu. Alte Binnenzölle und vor allem die neuen einzelstaatlichen Grenzzollsysteme hemmten den innerdeutschen Handel und
schwächten Innovations- und Investitionsbereitschaft der Unternehmer. Hinzu kamen zahlreiche Übergangsschwierigkeiten auf dem Felde
des internationalen Handels. Viele europäischen Nachbarstaaten steu-

erten nach 1815 einen streng protektionistischen Kurs und erschwerten den Absatz deutscher Gewerbeerzeugnisse. Besonders aber klagten weite Teile der aufstrebenden Gewerbezweige in den ersten Jahren nach der Aufhebung der Kontinentalsperre darüber, daß die britische Konkurrenz auf den nur wenig geschützten deutschen Märkten ein immer größeres Übergewicht erhalte. Gerade die im Schutze der Kontinentalsperre entstandenen neuen Industrien, allen voran die Baumwollspinnerei, fühlten sich der überlegenen britischen Konkurrenz noch nicht gewachsen, die nun mit Dumpingpreisen auf die Märkte des Kontinents drängte.

Obwohl der Aufbau der modernen Industrie während der napoleonischen Ära in den wichtigsten deutschen Gewerberegionen spürbar vorangeschritten war, hatte sich die relative Rückständigkeit gegenüber Großbritannien in dieser Phase nicht verringert. Im Gegenteil, in vielen Fällen war sie noch einmal weiter angewachsen, weil die Industrie des Kontinents durch die napoleonische Politik für mehrere Jahre vom Import der fortgeschritteneren britischen Technologie abgeschnitten gewesen war. Auch in den folgenden Jahrzehnten wurde der Technologietransfer durch die englischen Verbote der Auswanderung von Fachkräften und das bis 1843 aufrechterhaltene Exportverbot für viele Maschinen behindert. Der von den Zeitgenossen übertrieben dargestellte Konkurrenzdruck der britischen Industrie wirkte sich allerdings nur kurzfristig entwicklungshemmend aus. Langfristig gesehen schlugen die belebenden Effekte dieses Konkurrenzverhältnisses und das Vorbild der englischen Entwicklung positiv zu Buche. *Englischer Vorsprung*

Zu den ungünstigen Faktoren, die nach 1815 die deutsche Gewerbeproduktion und insbesondere den Aufbau moderner Industrien hemmten, gehörte schließlich auch die mangelnde Unterstützung von der Nachfrageseite her. So ging die Staatsnachfrage infolge der Demobilisierung und eines vor allem in Preußen betriebenen Sparkurses in den ersten Friedensjahren deutlich zurück. Die private Nachfrage litt unter der außerordentlich schlechten Entwicklung der Einkommen, von der ein großer Teil der Selbständigen und vor allem die Masse der Lohnabhängigen betroffen waren. Die nominalen Lohneinkommen von Arbeitern und Gesellen stagnierten zwischen 1810 und 1835 auf einem niedrigen Niveau, und auch der Index der Reallöhne deutet auf keine Aufwärtsentwicklung hin. Zu den ohnehin geringen Einkommen in weiten Teilen der völlig übersetzten traditionellen Wirtschaftssektoren kamen nach 1815 noch die negativen Wirkungen außerordentlich ungünstiger Agrarkonjunkturen hinzu. Diese Agrarkrisen wirkten sich deshalb so negativ auf die Gesamtwirtschaft aus, weil die wirtschaftli- *Schwache Inlandsnachfrage*

Agrarkrisen

che Entwicklung Deutschlands ungeachtet aller bis dahin eingetretenen gewerblichen Fortschritte noch immer ganz eindeutig vom Agrarsektor bestimmt wurde. Die Landwirtschaft beschäftigte um 1825 noch etwa 60% aller Erwerbstätigen und dürfte die Hälfte des Nettosozialproduktes erwirtschaftet haben. Im Gefolge gesamteuropäischer Mißernten kam es 1816/17 auch in Deutschland zu einer schweren Teuerungskrise, die weite Teile der Bevölkerung zwang, einen noch größeren Teil ihres Budgets für Nahrungsmittel auszugeben, deren Beschaffung schon in Normaljahren bis zu 70% eines Haushaltsaufkommens aufbrauchte. Dies schwächte die Nachfrage nach gewerblichen Erzeugnissen ebenso wie der Umstand, daß auch die meisten Landwirte trotz der Preissteigerungen niedrigere Nettoerträge hinnehmen mußten.

All dies führte folglich auch zu Stockungen in Handel und Gewerbe. Die Teuerungskrise konnte zwar schon 1818 wieder überwunden werden, doch nun sorgten reiche Ernten und die zeitweise recht hohen englischen Einfuhrzölle für eine bis Mitte der zwanziger Jahre anhaltende Überproduktionskrise. Durch den damit verbundenen Preisverfall konnten die Konsumenten zwar wieder einen größeren Teil ihres Budgets für gewerbliche Produkte verwenden. Diesem Vorteil standen aber die Nachteile gegenüber, die sich gleichzeitig aus dem Rückgang der landwirtschaftlichen Nettoerträge und der damit sinkenden Nachfrage des noch immer wichtigsten Wirtschaftssektors ergaben. Erst seit 1826 nahm die Agrarkonjunktur einen günstigeren Verlauf. Dieser wirkte sich in den folgenden Jahren allmählich auch positiv auf die Entwicklung der gewerblichen Wirtschaft aus.

Allmähliches Wirtschaftswachstum   Trotz der geschilderten ungünstigen Agrarkonjunkturen, trotz der Krisenerscheinungen in weiten Bereichen der gewerblichen Produktion und trotz der mit all dem verbundenen, durch die Zollpolitik noch verstärkten Beeinträchtigungen im Handelssektor befand sich die deutsche Wirtschaft zwischen 1815 und dem Beginn der dreißiger Jahre keineswegs in einer ausgesprochenen Stagnations- oder gar Rezessionsphase, sondern auf einem allmählichen Expansionskurs. Die Höhe der gesamtwirtschaftlichen Wachstumsrate ist nur schwer zu erfassen, weil das statistische Quellenmaterial nicht ausreicht. Die vorliegenden Berechnungen der jährlichen Wachstumsrate des deutschen Nettosozialprodukts pro Kopf der Bevölkerung schwanken für die Zeit der Frühindustrialisierung zwischen 0,15% bis 0,5%. Man sollte aber auch eine solch bescheidene Wachstumssteigerung nicht unterschätzen, weil sie zum einen in der Phase eines historisch vorbildlosen Bevölkerungsanstiegs stattfand und zum anderen zumindest langfristig wichtige Voraussetzungen für die Entfaltung der Industriellen Revolution schuf.

Simon Kuznets hat „ein Mindestmaß an Effizienz in einigen wesentlichen nichtindustriellen Wirtschaftssektoren" zu den wichtigen Vorbedingungen erfolgreicher Industrialisierungsprozesse gezählt und in diesem Zusammenhang vor allem den Agrarsektor sowie das Transport- und Kommunikationswesen genannt. Betrachtet man die Entwicklung, die beide Sektoren im ersten Drittel des 19. Jahrhunderts in Deutschland nahmen, so sind hier in der Tat bereits wichtige Vorleistungen festzustellen. Dies gilt in besonderem Maße für die Landwirtschaft. Sie verzeichnete trotz eigener Krisen schon in der ersten Hälfte des 19. Jahrhunderts, also noch vor der großen Technisierung der Landwirtschaft, beachtliche Fortschritte. Es ist geschätzt worden, daß die pflanzliche Produktion von 1800 bis 1835 um 60% und die tierische Produktion um 50% zugenommen hat. Zwischen 1800 und 1850 verdoppelte sich die Agrarproduktion, obwohl die Zahl der im Agrarsektor Beschäftigten in diesem Zeitraum nur um etwa 20% zunahm. Die Gründe für die Fortschritte von Produktion und Produktivität lagen auf mehreren Gebieten. Der wichtigste Faktor war der Ausbau der landwirtschaftlichen Nutzfläche, der vor allem in Preußen in starkem Umfang betrieben wurde. Hinzu kamen produktionstechnische Verbesserungen wie eine rationellere Düngung, bessere Nutzung der Brache, die Züchtung hochwertigerer Viehrassen und der Anbau ertragreicherer Pflanzen, wobei der Kartoffel eine besondere Bedeutung zukam. Ferner müssen auch das allmähliche Vordringen agrarkapitalistischer Wirtschaftsführung und -gesinnung sowie die verschiedenen staatlichen Förderungsmaßnahmen genannt werden. In diesem Zusammenhang ist vor allem auf die Agrarreformen zu verweisen, denen besonders in Preußen eine wichtige Rolle bei der Dynamisierung der Landwirtschaft zugesprochen werden muß.

Gewiß war der Agrarsektor bis zur Jahrhundertmitte noch von fortbestehenden Entwicklungshemmnissen und Strukturschwächen bestimmt. Das Vordringen agrarkapitalistischer Tendenzen betraf nur einen Teil der Agrargesellschaft, bürgerliche und adlige Gutsbesitzer oder auch Großbauern, während die Masse der Mittel- und Kleinbauern, aber auch große Teile des Kleinadels am agrarwirtschaftlichen Fortschritt kaum teilnahmen. Der Abbau der leistungshemmenden alten Agrarverfassung zog sich vielerorts bis 1850 hin. Der Absatz der Agrarprodukte wurde ferner noch durch die Unzulänglichkeit der Verkehrsverhältnisse behindert. In Deutschland kann deshalb keine Rede davon sein, daß der agrarwirtschaftliche Fortschritt im Sinne einer Agrarrevolution zur Initialzündung der Industriellen Revolution wurde. Die vom Agrarsektor ausgehende Nachfrage nach industriellen Erzeug-

Landwirtschaft und Frühindustrialisierung

Fortschritte im Agrarsektor

nissen blieb im ersten Drittel des 19. Jahrhunderts noch zu gering, und
das in der Landwirtschaft akkumulierte Kapital floß zunächst nur in
Ausnahmefällen wie den Zuckerrübenfabriken oder der Schnapsbren-
nerei in neue großgewerbliche Unternehmungen. Dennoch verbesserte
die Expansion der landwirtschaftlichen Produktion letztlich auch in
Deutschland die Voraussetzungen für die Ingangsetzung einer Indu-
striellen Revolution. Der Agrarsektor absorbierte noch einen großen
Teil des wachsenden Arbeitskräftepotentials und entlastete damit den
Arbeitsmarkt. Vor allem aber sorgten die über dem demographischen
Zuwachs liegenden Produktionssteigerungen dafür, daß die deutsche
Landwirtschaft – von den großen Hungerkrisen 1816/17 und 1846/47
einmal abgesehen – weitgehend in der Lage war, den Nahrungsmittel-
bedarf der wachsenden Bevölkerung abzudecken. Darüber hinaus blieb
Deutschland bis in die siebziger Jahre des 19. Jahrhunderts ein Land,
das mehr Agrargüter aus- als einführte. Dieser vor allem Getreide umfassende Agrarexport sorgte über einen langen Zeitraum für eine vergleichsweise günstige Außenhandelsbilanz, die dem gesamten wirtschaftlichen Wachstum zugute kam.

Expansion des
tertiären Sektors

Neben der Landwirtschaft verzeichnete auch der tertiäre Sektor
der deutschen Volkswirtschaft während der Frühindustrialisierungs-
phase bereits deutliche Expansionstendenzen. So stieg das Gesamtvo-
lumen der deutschen Exporte zwischen 1820 und 1835 von 395 auf 540
Millionen Mark und das der Importe von 365 auf 500 Millionen. Bemerkenswert ist, daß der deutsche Außenhandel für die zehn Jahre zwischen 1823 und dem Inkrafttreten des Deutschen Zollvereins sogar eine
positive Bilanz aufwies. Selbst gegenüber Großbritannien gab es zwischen 1827 und 1833 eine positive Handelsbilanz, die gängige zeitgenössische Klagen über die Ausbeutung Deutschlands durch das industrielle Pionierland relativiert. Bei der Struktur des deutschen Außenhandels zeigt sich um 1830 freilich sehr deutlich, daß Deutschland
noch ein vorwiegend von der Agrarwirtschaft geprägtes Land war. 68%
der Exporte entfielen noch auf Agrarprodukte und Rohstoffe, 23% auf
Fertigwaren und 9% auf Kolonialwaren. Demgegenüber stellten die vor
allem aus England bezogenen Fertig- und Halbfertigwaren 30,5% des
Imports, während 38,5% auf Kolonialwaren und 31% auf Agrarerzeug-
nisse und Rohstoffe entfielen. Diese Struktur signalisierte somit zwar,
jedenfalls im Vergleich zu Großbritannien, noch eine industriell-ge-
werbliche Rückständigkeit Deutschlands. Die Expansion der deutschen
Wirtschaft schlug sich aber nicht nur in den beachtlichen Steigerungsraten von Ex- und Import nieder. Auch die binnenwirtschaftlichen Verflechtungen nahmen innerhalb des deutschen Raumes, begünstigt durch

die Abgabenerleichterungen auf den großen Flüssen (Rheinschiffahrts-
akte von 1831), die Einführung der Dampfschiffahrt und die vermehrten staatlichen Investitionen im Straßenbau, schon vor der Gründung
des Zollvereins deutlich zu. Das preußische Straßennetz wuchs zwischen 1816 und 1835 von 3836 auf 10120 Kilometer. Die Vermehrung
von Streckenkilometern oder die Steigerung der Schiffstonnagen be-
deuteten zwar nicht automatisch auch eine Zunahme von Verkehr, dennoch deutet vieles darauf hin, daß das Verkehrsvolumen schon vor dem
Eisenbahnbau stetig zunahm.

Man kann also festhalten: Die deutsche Wirtschaft litt zwischen
1815 und 1835 nicht an Stagnationstendenzen, sondern zeichnete sich
durch eine allmähliche Aufwärtsentwicklung aus. Diese fiel freilich
noch nicht so aus, daß der industrielle Fortschritt eine Dynamik erreichte, die schon mit der englischen Entwicklung zu vergleichen gewesen wäre. Gerade im Hinblick auf die moderne großgewerbliche
Produktion trat der Rückstand Deutschlands noch immer deutlich zu-
tage. Gewiß gab es auch auf diesem Felde trotz der Übergangskrise
nach 1815 keinen Stillstand oder gar einen Deindustrialisierungspro-
zeß. Selbst die 1815 von der britischen Exportoffensive hart getroffene
deutsche Baumwollspinnerei konnte ihre Produktion zwischen 1815
und 1834 von 1963 Tonnen auf 4462 Tonnen steigern. Auch die Zahl
der mechanischen Wollspinnereien nahm zu, und mit den Fortschritten
in der Textilindustrie begann sich meist aus handwerklichen Anfängen
auch der Maschinenbau zu entwickeln. In Preußen, das mit dem Ruhrgebiet, Oberschlesien und dem Saargebiet die wichtigsten Steinkohlen-
reviere Deutschlands besaß, wies die Steinkohleförderung im gleichen
Zeitraum Steigerungsraten um 70% auf. Die preußische Roheisen- und
Stahlproduktion stieg zwischen 1800 und 1835 um 135%, beziehungsweise 100%. Aber all dies waren Wachstumsraten, die von einem relativ niedrigen Niveau ausgingen und nicht vergleichbar waren mit späteren Wachstumsprozessen. Weder die deutsche Textilindustrie noch
die vor allem auf Preußen konzentrierte Schwerindustrie waren um
1830 in der Lage, die Rolle eines industriellen Führungssektors zu
übernehmen. Noch 1834 wurden in Deutschland erst 5% des Roheisens
mit Koks erschmolzen, während im Pionierland der Industriellen Revolution die Koksverhüttung die Holzkohle inzwischen nahezu völlig ver-
drängt hatte. Auch das Puddelverfahren zur Stahlherstellung setzte sich
in Deutschland bis 1840 nur zögernd durch.

Die gesamte Entwicklung der modernen großgewerblichen Produktion verlief also bis in die dreißiger Jahre hinein eher schleppend.
1840 betrug die PS-Kraft aller innerhalb des Deutschen Bundes einge-

Großgewerbliche Produktion

setzten Dampfmaschinen nur 6% der zur gleichen Zeit für England ermittelten Zahl. Fabriken, die mehrere hundert Arbeiter beschäftigten, waren bis zu Beginn der vierziger Jahre in Deutschland noch ausgesprochen selten. Die Kruppsche Gußstahlfabrik beschäftigte um 1835 gerade 67 Arbeiter und galt für die deutschen Verhältnisse doch schon als größerer Betrieb. Insgesamt wiesen Manufakturen, Fabriken und Bergbau Mitte der dreißiger Jahre erst 300000 Beschäftigte auf. Das waren zwar deutlich mehr als zu Beginn des Jahrhunderts (100000), aber noch immer nur knapp 10% aller im Gewerbesektor tätigen Personen, der im übrigen wiederum nur 23% aller Beschäftigten umfaßte.

Ursachen der deutschen Rückständigkeit

Die Ursachen dieser Rückständigkeit in der modernen Großgewerbeproduktion lagen weder im Kapitalmangel noch im Fehlen von innovationsfreudigen Unternehmertalenten und Arbeitskräften. Blokkiert wurde der Aufbau moderner Großgewerbe vor allem durch die noch zu geringe Nachfrage nach den dort produzierten Gütern und durch preiswerte Importe aus industriell fortgeschritteneren Staaten. Dadurch ließen die Marktlage und das an ihr orientierte Gewinnkalkül die entsprechenden industriellen Investitionen für potentielle Unternehmer oft noch als zu risikoreich erscheinen. Zwei wichtige Ereignisse der dreißiger Jahren haben dann freilich recht rasch zum Abbau dieser Investitionshemmnisse beigetragen. Dies war zum einen die Gründung des Deutschen Zollvereins und zum anderen der Beginn des deutschen Eisenbahnbaus. Friedrich List hat beide Entwicklungen als die „siamesischen Zwillinge" der deutschen Wirtschaftsgeschichte bezeichnet. Da der Deutsche Bund nicht in der Lage war, eine gemeinsame Handels- und Verkehrspolitik zu entwickeln, richtete sich das durch die wirtschaftliche Misere verstärkte Streben nach einer deutschen Wirtschaftseinheit sehr schnell auf regionale Teillösungen. In diesem Prozeß ergriff der preußische Staat seit Mitte der zwanziger Jahre schließlich die Führung und bildete seit 1834 mit der Mehrheit der deutschen Bundesstaaten einen Zollverein, der von wenigen Ausnahmen abgesehen einen von allen Handelsschranken freien Binnenmarkt schuf. Nach außen galt ein gemeinsamer Zolltarif, der sich an dem relativ liberalen preußischen Zollgesetz von 1818 orientierte.

Gründung des Zollvereins

Die Gründung des Zollvereins war zweifellos auch eine Reaktion auf wirtschaftliche Engpässe und dadurch verursachte Unzufriedenheit. Sie kann aber noch nicht als eine bewußte Industrialisierungsstrategie der beteiligten Regierungen gesehen werden. Die fiskalischen Interessen, zum Teil auch die machtpolitischen Ambitionen spielten bei den zum Zollverein führenden Entscheidungen vielfach noch eine größere Rolle als wirtschaftspolitische Zielsetzungen. Im übrigen dürfen die unmittelbar aus dem Zollverein resultierenden ökonomischen Erfolge nicht überschätzt werden. Der Zollverein von 1834 fungierte nicht als Initialzündung der deutschen Industriellen Revolution. Seine Bedeutung als wirtschaftshistorische Zäsur ist oft überbewertet worden. Das gilt insbesondere im Hinblick auf seine Schutzwirkung gegenüber der englischen Konkurrenz. Der von Preußen durchgesetzte Zollvereinstarif war nicht extrem schutzzöllnerisch, sondern ging einen Mittelweg zwischen Freihandel und Protektionismus, durch den die deutsche Industrie einerseits einen gewissen Schutz erhielt, andererseits aber von den weiter notwendigen Importen englischer Industrieerzeugnisse und einem entwicklungsfördernden Konkurrenzdruck nicht völlig abgeschnitten wurde.

Der Deutsche Zollverein war allerdings in anderer Hinsicht schon auf mittlere Sicht für den deutschen Industrialisierungsprozeß alles andere als unwichtig. Die Zolleinigung beseitigte zahlreiche Störungen im deutschen Wirtschaftsleben und schuf erstmals seit vielen Jahren stabile handelspolitische Verhältnisse. Sie trug ferner durch den Beginn monetärer Integration in Form fester Wechselkurse zwischen den Taler- und Guldenstaaten dazu bei, die innerdeutschen Wirtschaftsverflechtungen zu intensivieren und die teils nur locker miteinander verbundenen, teils isolierten und lokal zersplitterten Wirtschaftsräume allmählich zu einem großen nationalen Markt zu verschmelzen. Dieser größere Markt spornte nicht nur die Konkurrenz zwischen Staaten, Regionen und Unternehmern an. Er gab auch größere Sicherheiten beim Absatz von gewerblichen Massenprodukten, minderte folglich das Risiko von Kapitalanlagen im Bereich der modernen Großgewerbe, verbesserte das Investitionsklima und begünstigte damit den Aufbau neuer Industriezweige.

Die Gründung des Zollvereins förderte somit die gesamtwirtschaftlichen Expansionstendenzen und insbesondere den weiteren Aufbau großgewerblicher Produktionsbereiche. So gab es in der Baumwollspinnerei zwischen 1834 und 1840 einen vom Zollverein begünstigten Modernisierungsschub. Die Zahl der Beschäftigten wuchs von 15 400 auf 19 500, und die Produktion stieg von 4462 auf 9858 Tonnen. In der Eisenindustrie und im Kohlenbergbau beschleunigte sich die Einführung neuer Techniken und damit das Wachstum der Produktion, und auch der Maschinenbau begann sich ab 1835 stärker zu entfalten. Die konjunkturhistorische Forschung hat für die Jahre zwischen 1834 und 1837 ebenfalls eine spürbare Belebung der Wirtschaftstätigkeit festgestellt, die freilich nicht allein mit der Zollvereinsgründung zusammenhing.

Wirtschaftliche Folgen des Zollvereins

Entwicklungsschub um 1835

Wegen der unübersehbaren wirtschaftlichen Fortschritte sind die
dreißiger Jahre oft schon als entscheidende Zäsur in der industriellen
Entwicklung Deutschlands angesehen worden. Als weiteres Argument
wird in diesem Zusammenhang auch die Eröffnung der ersten deutschen Eisenbahnlinie von Nürnberg nach Fürth am 7. Dezember 1835
genannt, der bald schon weitere Linien und vor allem hektische Planungen und Gesetzesvorbereitungen folgten. In der Tat waren die dreißiger
Jahre aus den genannten Gründen für den Durchbruch der deutschen
Industrialisierung alles andere als unwichtig. Sie legten nicht zuletzt
durch die steigende Nachfrage nach Transportkapazitäten, die in wachsendem Maße Kapital in den Bahnbau lenkte, entscheidende Grundlagen für die künftigen Fortschritte. Aber es erfolgte vor 1840 noch kein
quantitativer und qualitativer Sprung im Sinne eines „Take-Off". Dieser vom amerikanischen Nationalökonomen Walter W. Rostow in die
Wirtschaftsgeschichte eingeführte Begriff umschreibt in Anlehnung an
das Bild eines startenden Flugzeuges jene Entwicklungsphase, in der
ein von der modernen Industrie getragener Wachstumsschub zu einem
dauerhaften, sich selbst tragenden Wirtschaftswachstum einmündet.
Der Eisenbahnbau und vor allem die von ihm ausgehenden Begleiteffekte blieben bis 1840 noch vergleichsweise bescheiden. Die konjunkturelle Belebung der Jahre 1834 bis 1837 war nicht von Dauer, und
sie zeichnete sich noch nicht durch einen kraftvollen industriellen
Wachstumszyklus aus. Erst in der Mitte des folgenden Jahrzehnts traten
die neuen, vom industriellen Wachstum induzierten Konjunkturbewegungen erstmals klar hervor. Jetzt konnte sich mit der enormen Beschleunigung des Eisenbahnbaus und seiner Begleiteffekte jener Führungssektor herausbilden, der die nun einsetzende Durchbruchsphase
der deutschen Industriellen Revolution bestimmte.

**Beginn des Eisen-
bahnbaus** *(Marginalie)*

3. Die Durchbruchsphase der deutschen Industriellen Revolution 1845/50–1873

*Zäsurcharakter der
40er Jahre* *(Marginalie)*

Es war lange Zeit Konsens der Forschung, daß die Jahre zwischen 1850
und dem Konjunktureinbruch von 1873 für Deutschland die erste kom-
primierte Beschleunigungsphase des modernen Wirtschaftswachstums
darstellten, also eine Industrielle Revolution im engeren Sinne, die die
deutsche Wirtschaft in relativ kurzer Zeit auf eine neue Entwicklungsstufe führte. In den letzten Jahren wächst jedoch die Neigung, die Anfänge dieser Dynamik vorzuverlegen und schon die Mitte der vierziger

Jahre in dieser Hinsicht als eine wichtige Zäsur anzusehen. Der junge, mit der englischen Entwicklung bereits gut vertraute rheinische Wirtschaftsbürger Gustav Mevissen schrieb bereits zu Beginn der vierziger Jahre: „Die Industrie ist zu einer selbständigen Macht inmitten des deutschen Lebens erstarkt, und nicht eine vergängliche Handelsindustrie, sondern eine weit bleibendere, dem Inland zugekehrte Fabrikindustrie... Deutschland geht durch die Schaffung dieser neuen sozialen Macht in seinem Inneren unleugbar einer neuen Ära entgegen."

Diese Fortschrittseuphorie, der Glaube an den Siegeszug der neuen Welt von Industrie und Technik, wurde freilich noch nicht von allen Zeitgenossen geteilt. Im Gegenteil, in den Jahren vor der Revolution von 1848/49 war in aller Regel mehr von wirtschaftlichen Krisen als von ungebremstem industriellen Fortschritt die Rede, weil die Strukturkrise der vorindustriellen Wirtschaftszweige und das damit einhergehende Massenelend erst in diesem Jahrzehnt ihren Höhepunkt erreichten. Die Strukturprobleme in Handwerk, Heimgewerbe und Teilen der Landwirtschaft wurden durch neue ungünstige Agrarkonjunkturen teilweise dramatisch verschärft. Die schlechten Ernten des Jahres 1845 und die verheerende Mißernte des folgenden Jahres ließen die Lebensmittelpreise steil ansteigen und führten im Winter 1846/47 zu einer schweren Hungerkrise. Angesichts stagnierender, teilweise zurückgehender Realeinkommen schwächten die hohen Lebensmittelpreise die Nachfrage nach gewerblichen Gütern erheblich, wovon vor allem die Produzenten von Gütern des Massenverbrauchs, allen voran das Textilgewerbe, betroffen waren. Auch beim Blick auf den deutschen Außenhandel der vierziger Jahre scheint zunächst wenig für eine prosperierende, von einer beschleunigten Industrialisierung bestimmte Wirtschaft zu sprechen. In der Handelsbilanz, die in den dreißiger Jahren noch einen leichten Überschuß aufgewiesen hatte, kam es von 1842 bis 1847 zu einem negativen Saldo zwischen 36 und 59 Millionen Talern pro Jahr.

Diese von einer ersten großen Auswanderungswelle begleiteten Krisenerscheinungen und die sich nun häufenden Klagen, daß die deutsche Volkswirtschaft von Großbritannien ausgebeutet werde, dürfen jedoch nicht zu falschen Schlüssen über Entwicklungsstand und Entwicklungschancen führen. Auch wenn die deutsche Wirtschaft in vielen Bereichen sowohl quantitativ als auch qualitativ noch deutlich hinter dem industriellen Pionierland Großbritannien zurückblieb, so war Mitte der vierziger Jahre nicht mehr zu übersehen, daß sich der industrielle Fortschritt auch in Deutschland immer stärker Bahn brach. Treibende Kraft dieser Entwicklung war der Eisenbahnbau, der vor allem

Struktur- und Konjunkturkrisen

Industrieller Fortschritt

durch private Aktivitäten, aber auch durch das staatliche Engagement forciert wurde. Nachdem sich das Tempo des Eisenbahnbaus in den dreißiger Jahren noch in Grenzen gehalten hatte und bis 1840 im Gebiet des späteren Deutschen Reiches erst 579 Streckenkilometer gebaut worden waren, wuchs die Streckenlänge im folgenden Jahrzehnt bereits

Beschleunigung des Bahnbaus

auf beachtliche 7123 Kilometer an. Schon um 1850 waren in Deutschland mit dem nord- und mitteldeutschen Bahnnetz zwischen Hamburg-Hannover-Berlin und Leipzig, dem mittelrheinischen Netz um Köln, dem südwestdeutschen Netz um Frankfurt und dem bayerischen Netz um München und Nürnberg vier verkehrsgeographische Zentren entstanden, die nur noch durch kleine, bald nach 1850 geschlossene Lücken getrennt blieben.

Vor allem zwischen 1841 und 1847 verzeichnete der deutsche Bahnbau beachtliche Zuwachsraten, die sogar das Eisenbahnwachstum anderer Industrienationen wie Großbritannien, Belgien und Frankreich übertrafen. Die jährlichen Nettoinvestitionen stiegen in diesem Bereich, bezogen auf das spätere Reichsgebiet, von 22,5 Millionen Goldmark im Jahre 1841 auf 177,6 Millionen Goldmark im Jahre 1846, ein Wert, der dann erst 1859 wieder übertroffen werden sollte. In den vierziger Jahren überschritten die Nettoinvestitionen des Bahnbaus, die zwischen 20% und 30% der gesamtwirtschaftlichen Nettoinvestitionen lagen, bereits die der Landwirtschaft, in der noch immer die meisten Erwerbstätigen beschäftigt waren. Auch als Beschäftigungsfaktor spielte der Bahnbau in den vierziger Jahren eine immer wichtigere Rolle. Die Zahl der Beschäftigten stieg zwischen 1841 und 1846 von circa 30 000 auf 178 000, deren Realeinkommen den negativen Nachfrageeffekten der Struktur- und Agrarkrisen entgegenwirkten. Die Investitionen in den überwiegend von privaten Aktiengesellschaften betriebenen Eisenbahnbau wurden zum einen durch hohe Gewinnerwartungen und eine überdurchschnittliche Kapitalverzinsung und zum anderen durch eine steigende Transportnachfrage getragen. Während sich die Verzinsung preußischer Staatsanleihen in den vierziger Jahren unter 4% bewegte, lag die der privaten Bahnlinien stets über 5%, teilweise sogar über 6%, womit die Bahndividenden auch die durchschnittliche Rendite industrieller Betriebe deutlich überstiegen. Die Nachfrage nach Eisenbahnaktien nahm in den vierziger Jahren bereits solche Größenordnungen an, daß sich der preußische Staat 1844 zu spekulationsdämpfenden Maßnahmen veranlaßt sah. Ermöglicht wurden die hohen Eisenbahndividenden durch die wachsende Nachfrage nach den neuen Verkehrsdienstleistungen. Die deutschen Eisenbahnen waren keine Investition, die dem volkswirtschaftlichen Bedarf vorauseilte; sie waren

vielmehr bereits eine Reaktion auf entstandene Engpässe und deshalb
so außerordentlich profitabel. Schon in den vierziger Jahren stieg der
Personenverkehr von 62 Millionen Personenkilometer auf 782 Millionen, und der Güterverkehr wuchs im gleichen Zeitraum von 3,2 Millionen auf 302 Millionen Tonnenkilometer. Trotz sinkender Transport-
preise wuchsen die Einnahmen der deutschen Bahngesellschaften von
3,26 auf 63,78 Millionen Goldmark.

Die vielfältigen Begleiteffekte, die der Eisenbahnbau für die deut- Folgen des
sche Volkswirtschaft mit sich brachte, schlugen sich zunächst einmal Bahnbaus
am stärksten in den Bereichen Schwerindustrie, Steinkohlenförderung
und Maschinenbau nieder. Die in weiten Teilen noch vorindustriell bestimmte, das heißt auf den energetischen Grundlagen von Holzkohle
und Wasserkraft arbeitende deutsche Eisenindustrie war zwar in den
vierziger Jahren dem durch den Bahnbau rasch wachsenden inländischen Bedarf noch nicht gewachsen, so daß die Importe von Roheisen
wie von Eisenprodukten kräftig anstiegen. In der eisenverarbeitenden
Industrie kam der Anpassungsprozeß an die neuen Produktionstechniken der englischen und belgischen Konkurrenz aber schon in den vierziger Jahren immer rascher voran. In Preußen, das über die wichtigsten
schwerindustriellen Zentren verfügte, stieg die Zahl der in der Eisen-
verarbeitung beschäftigten Personen zwischen 1843 und 1847 von
circa 12500 auf 19000 an. Einen starken Wachstums- und Entwicklungsschub erhielt ferner der Maschinenbau, in dem sich nun immer
mehr der Großbetrieb durchsetzte. Während 1843 noch über 88% der
auf deutschen Eisenbahnen eingesetzten Lokomotiven aus dem Ausland kamen, stammten um 1850 schon fast zwei Drittel von deutschen
Herstellern, die sich wie Borsig, Kessler, Henschel oder Maffei recht
schnell den neuen Verhältnissen anpassen konnten. Wichtige Wachstumsimpulse erhielt schließlich auch die Steinkohlenförderung, die einerseits von der wachsenden Nachfrage der Eisenindustrie profitierte
und andererseits durch den neuen Verkehrsträger mit seinen wesentlich
niedrigeren Kosten und der Beschleunigung des Transports in neue
Märkte vorstoßen konnte.

Der Bahnbau der vierziger Jahre, der sich bis Ende 1847 auf ho- Schwerindustrieller
hem Niveau hielt, ist daher aus mehreren Gründen als wichtiger Ein- Führungssektor
schnitt im deutschen Industrialisierungsprozeß anzusehen. Er schuf die
Grundlagen jenes schwerindustriellen Führungssektors aus Eisenbahnen, Eisen- und Stahlindustrie, Steinkohlenbergbau und Maschinenbau, der sich dann bis in die siebziger Jahre des 19. Jahrhunderts als der
eigentliche Motor der deutschen Industriellen Revolution erweisen
sollte. Die mit dem neuen Verkehrsträger und dem Sinken der Trans-

portkosten einhergehende „Kommunikationsrevolution" förderte den Abbau regionaler Preisgefälle und mehr noch als der Zollverein die Herausbildung eines sich zunehmend verdichtenden Binnenmarktes. Der Bahnbau beschleunigte ferner die bereits begonnene Herausbildung industrieller Führungsregionen, zwang die deutschen Staaten zu neuen, wachstumsfördernden wirtschaftspolitischen Maßnahmen und stärkte jene gesellschaftlichen Kräfte, die den industriellen Fortschritt bejahten und durchzusetzen versuchten. Die symbolträchtigen Eisenbahnen wurden zum sichtbarsten Zeichen dafür, daß ein neues wirtschaftliches Zeitalter anzubrechen begann.

Erster industrieller Wachstumszyklus

Schließlich schlug sich der Eisenbahnbau in den vierziger Jahren auch bereits auf den Konjunkturverlauf nieder. Der sich herausbildende schwerindustrielle Führungssektor führte Mitte der vierziger Jahre zu einem ersten Wachstumszyklus der deutschen Wirtschaft, dessen Impulse primär aus dem industriell-gewerblichen Bereich kamen. Nach einem gedämpften Wachstum in den Jahren zwischen 1840 und 1843 und konjunkturellen Schwächetendenzen der Jahre 1843/44 setzte im folgenden Jahr eine Tendenzwende ein, die vor allem von Eisenbahnbau und Schwerindustrie, aber auch vom Handel sowie dem Geld- und Kreditsektor getragen wurde. Dieser Aufschwung des Investitionsgütersektors vollzog sich allerdings in einer Zeit, in der die Agrarkonjunktur außerordentlich ungünstig verlief und in der sich auch die Konsumgüterindustrie in einer ausgesprochenen Depressionsphase befand. Die deutsche Volkswirtschaft wies zwischen 1845 und 1847 also zwei völlig konträre Konjunkturverläufe des alten agrarwirtschaftlichen und gewerblichen Sektors einerseits und des modernen industriellen Sektors andererseits auf. 1846/47 durchlebte Deutschland die letzte große Agrarkrise „alten Typs" (W. Abel), die durch schwere Mißernten hervorgerufen wurde und durch große Steigerungen bei den Lebensmittelpreisen die Pauperismuskrise dramatisch verschärfte. Dieses ungünstige Umfeld trug maßgeblich dazu bei, daß der erste industrielle Wachstumszyklus im Vergleich zu späteren Jahren relativ schwach blieb. Eine gesamtwirtschaftlich beachtliche Investitionstätigkeit läßt sich nur im Eisenbahnbau feststellen. Das Ausmaß der involvierten ökonomischen Transaktionen und auch die vom Bahnbau ausgelösten Beschäftigungseffekte waren noch vergleichsweise bescheiden.

Wachstumsstockungen 1847–1850

Darüber hinaus wurde die Entwicklung des schwerindustriellen Sektors seit Mitte 1846 durch Finanzierungsprobleme massiv behindert. Nachdem die Emissionen der Eisenbahnaktien in den Jahren zuvor in der Regel sehr schnell zum Erfolg geführt hatten, sorgten jetzt Kreditverknappungen und Zinssteigerungen vorübergehend für Zu-

rückhaltung bei neuen großen Investitionsvorhaben. Die sich anbah-
nende monetäre Krise war nur zum Teil auf den boomenden Bahnbau
und seine starke Kapitalnachfrage zurückzuführen. Weit stärker wirkten sich die ungünstige Agrarkonjunktur und ihre negativen Folgen für
die Komsumgüterindustrie und die Außenhandelsbilanz aus. Angesichts dieser Entwicklungen, eines noch unzureichenden Bankensy-
stems und einer restriktiven staatlichen Geldpolitik, insbesondere in
Preußen, war der monetäre Sektor den gleichzeitigen Belastungen aus
der Agrarkrise und den rasch wachsenden Anforderungen des industriellen Aufschwungs noch nicht gewachsen. Obwohl die Agrarkrise
in der zweiten Hälfte des Jahres 1847 infolge günstigerer Ernten überwunden werden konnte, setzten sich nun, verstärkt durch eine internationale Banken- und Börsenkrise, die rezessiven Impulse im Investiti-
onsgüterbereich vollends durch. Noch vor Ausbruch der Revolution
von 1848 war der erste industrielle Wachstumszyklus der deutschen
Wirtschaft wieder zusammengebrochen. Die revolutionären Ereignisse
mit ihren politischen Unsicherheiten und Handelsstockungen haben die
Depression dann noch zusätzlich verschärft. Erst nach 1850 sollte sich
die Investitionstätigkeit allmählich wieder beleben und einen neuen
Konjunkturaufschwung einleiten, der nun sehr viel kräftiger und dauer-
hafter ausfiel.

Trotz der Kürze des ersten industriellen Aufschwungzyklus und
der krisenhaften Gesamtentwicklung kann man die Mitte der vierziger
Jahre als eine wichtige Zäsur im Verlauf der deutschen Industrialisierung ansehen. Dies zeigt gerade der Blick in die industriellen Führungsregionen, die in den vierziger Jahren eine besondere Dynamik
entfalteten und ihren Entwicklungsvorsprung vergrößerten. So verzeichnete im Königreich Sachsen vor allem der Maschinenbau, der zuvor schon durch die Textilindustrie wichtige Impulse erhalten hatte,
eine rasche Aufwärtsentwicklung. In dieser industriellen Kernregion,
in der bereits um 1850 weit mehr Erwerbstätige im Bereich Handwerk
und Industrie beschäftigt waren als in der Landwirtschaft, vollzog sich
um 1845 der entscheidende Durchbruch im Bereich der Industrie zum
selbsttragenden Wirtschaftswachstum. Auch in der für die gesamte
deutsche Entwicklung so wichtigen Industrieregion an der Ruhr zeichneten sich zu diesem Zeitpunkt mit dem Wachstum der Steinkohlenpro-
duktion, der sich beschleunigenden Einführung neuer eisenindustrieller
Techniken und dem Aufblühen des Maschinenbaus die Muster der
künftigen strukturellen Entwicklung bereits ab. Durch die Wachstumsschübe, die diese Führungsregionen in den vierziger Jahren erfuhren,
traten hier alle wesentlichen qualitativen Merkmale der modernen in-

Entwicklungsschub
in den Führungs-
regionen

dustriellen Welt immer deutlicher hervor: der breitere Einsatz der
neuen Produktionstechniken; die massenhafte Nutzung von Rohstoffen
wie Kohle und Eisen; das Fabriksystem als Organisationsform arbeits-
teiliger Wirtschaft und die freie Lohnarbeit.

Strukturwandel der 50er Jahre

Auch wenn sich die regionalen Fortschritte in den Wachstumsraten der deutschen Volkswirtschaft, die bis 1850 recht bescheiden
blieben, vor 1850 erst in geringem Umfang niederschlugen, hatten die
industriellen Wachstumsprozesse eine neue Qualität gewonnen. Den
Stockungen, die am Ende der ersten Jahrhunderthälfte auch den industriellen Sektor betrafen, folgte schon in den fünfziger Jahren ein
neuer, wesentlich kräftigerer Aufschwung, der bis 1873 anhielt und in
dem das moderne Wirtschaftswachstum „gleichsam die institutionelle
Garantie seiner Fortsetzung" erhielt (K. Borchardt). Der Strukturwandel beschleunigte sich gerade in den fünfziger Jahren in einem Maße,
daß die meisten Historiker dieses Jahrzehnt als den wichtigsten Abschnitt der deutschen Industriellen Revolution angesehen haben. Werner Sombart schrieb beispielsweise: „Die 1850er Jahre sind die erste
große spekulative Periode, die Deutschland erlebt hat. In ihnen wird
der moderne Kapitalismus definitiv zur Grundlage der Volkswirtschaft
gemacht."

Weltwirtschaftliche Rahmen-bedingungen

Was die Ursachen dieses Beschleunigungsprozesses betrifft, so ist
zunächst festzuhalten, daß das innerhalb und außerhalb Deutschlands
bereits in Gang gekommene Wachstum mit all seinen Rückkoppelungs-
effekten und Wechselwirkungen das stärkste Erklärungsmoment bildet.
Die Industrialisierung hatte in Teilen Westeuropas und in Nordamerika
um die Mitte des 19. Jahrhunderts eine solche Dynamik erreicht, daß sie
die modernen Volkswirtschaften immer enger zusammenschweißte und
für eine wechselseitige Stimulation der Wachstumsprozesse sorgte.
„Die Welt ist ein Ganzes. Industrie und Handel haben sie dazu gemacht", so umschrieb die Elberfelder Handelskammer diese neuen Entwicklungen. Der Welthandel wuchs in den beiden Jahrzehnten zwischen 1850 und 1870 um 260%. Durch die neuen Kommunikationsfor-
men, die Dampfschiffahrt auf den großen Strömen und Weltmeeren,
das wachsende Netz der Eisenbahnen und die neuen Nachrichtentech-
niken wurden immer neue Teile der Welt in diese Prozesse einbezogen.
Ein typischer Ausdruck der weltweiten Verflechtungen und eines weiter ausgreifenden Fortschrittsoptimismus waren die großen, 1851 in
London beginnenden Weltausstellungen, auf denen auch die deutsche
Industrie ihre Errungenschaften immer eindrucksvoller zu dokumentie-
ren begann. Zum günstigen internationalen Umfeld des deutschen Aufschwungs gehörten schließlich auch die umfangreichen Goldfunde in

Kalifornien, Mexiko und Australien, die der Weltwirtschaft neue Zahlungsmittel zuführten und den internationalen Handel förderten.

Begünstigt wurde das Wachstum der deutschen Wirtschaft schließlich aber auch durch Verbesserungen der innerdeutschen Rahmenbedingungen. Die Revolution von 1848/49 hatte zwar nicht zu dem vom Bürgertum erstrebten freiheitlichen Nationalstaat geführt und zudem die eingetretenen Stockungen im Wirtschaftsleben verstärkt. Trotzdem beschleunigten Verlauf und Ausgang der Revolution in mehrfacher Hinsicht die wirtschaftlichen Wachstumsprozesse. Die Revolution vollendete in Deutschland den Prozeß der sogenannten Bauernbefreiung, befreite die Landwirtschaft von den letzten feudalen Fesseln und begünstigte damit die Modernisierung des Agrarsektors, der nun einen weiteren beträchtlichen Produktionszuwachs verzeichnete. Hinzu kam, daß schon 1848, vor allem aber im Anschluß an die Revolution bei vielen deutschen Regierungen die Neigung wuchs, durch Umorientierung ihrer Wirtschaftspolitik weit stärker als zuvor den Ausbau des industriellen Sektors zu fördern. Die Zahlungsunfähigkeit großer privater Bankhäuser und drohende Konkurse von Fabriken veranlaßten deutsche Regierungen schon 1848, finanzielle Mittel zur Sanierung von Betrieben bereitzustellen und die gesetzlichen Rahmenbedingungen rascher den Erfordernissen der neuen Industriewirtschaft anzupassen. So gab die preußische Regierung 1848 ihre strikte Ablehnung gegenüber der Errichtung von privaten Aktienbanken auf und ermöglichte die Umwandlung des zahlungsunfähigen Kölner Bankhauses Schaaffhausen in eine Aktiengesellschaft. Damit konnten neue Wege zur Finanzierung der Großindustrie beschritten werden. 1851 folgte in Preußen ein neues liberales Bergrecht, das die Entfaltungschancen der Unternehmer vergrößerte und die gewaltigen Produktionssteigerungen des Steinkohlenbergbaus erleichterte. Auch wenn dieser Deregulierungskurs noch keineswegs in allen deutschen Staaten beschritten wurde und selbst bei Vorreitern wie Preußen noch Defizite zu verzeichnen waren, so bleibt doch festzuhalten, daß die deutschen Staaten mit industriellen Entwicklungsregionen in den fünfziger Jahren zu Schrittmachern des wirtschaftlichen Fortschritts wurden. Zum einen konnten es sich vor allem große Staaten wie Preußen und Österreich schon aus machtpolitischen Gründen gar nicht mehr leisten, zu weit hinter den ökonomischen Fortschritten Westeuropas zurückzubleiben. Zum anderen waren sie auch aus innenpolitischen Gründen bestrebt, die Energien des mit seinen politischen Ansprüchen vorerst gescheiterten bürgerlichen Lagers stärker auf die neuen wirtschaftlichen Entfaltungschancen zu lenken.

Neue Wirtschaftspolitik in Deutschland

Treibende Kraft des von den skizzierten internationalen und innerdeutschen Rahmenbedingungen geförderten kräftigen Aufschwungs
der deutschen Wirtschaft war seit 1850 ganz eindeutig der Führungssektor aus Eisenbahnen, Schwerindustrie, Steinkohlenbergbau und Maschinenbau. Nach den Stockungen der Revolutionsjahre führten die
Wiederaufnahme begonnener Bahnbauten, die wachsenden Frachtraten
im Personen- und Güterverkehr, der steile Anstieg der Gewinne und die
anziehende Nachfrage nach Ausrüstungsgegenständen seit 1850, besonders aber seit 1854, zu einem enormen Wachstum dieses Sektors.
Vor allem die Jahre zwischen 1854 und 1857 waren ausgesprochene
Boomjahre, wie es sie zuvor noch nicht gegeben hatte. Der expandierende deutsche Maschinenbau drängte die ausländische Konkurrenz
nun mehr und mehr vom heimischen Markt ab. 1852 gab es in Preußen
239 Betriebe mit 11 470 Beschäftigten. Schon 1858 waren es 399 Betriebe mit über 26 000 Beschäftigten. Die größten Zuwachsraten erziel-
ten zunächst die Fabriken, die direkt für den Bahnbetrieb produzierten,
also vor allem die großen Lokomotivfabriken, allen voran das Berliner
Borsig-Werk, in dem 1858 schon die 1000. Lokomotive fertiggestellt
werden konnte. Der jetzt zunehmend vom Großbetrieb mit mehreren
hundert Arbeitern dominierte Maschinenbau erhielt aber in wachsendem Maße auch Aufträge aus anderen Wirtschaftszweigen wie der
Landwirtschaft und der Konsumgüterindustrie. Nach der allerdings
nicht ganz vollständigen Statistik von 1846 gab es im Zollverein erst
1518 Dampfmaschinen. Die Zählung des Jahres 1861 verzeichnete dagegen bereits 8695 Stück. Die Gewerbeproduktion löste sich also immer rascher von den traditionellen naturgegebenen Kraftquellen wie
Wind, Wasser, tierischer und menschlicher Energie und ersetzte sie auf
breiter Front durch die Maschinenkraft.

Auch die Eisenindustrie, in der die knappe und teure Holzkohle
durch den technologischen Wandel nun immer mehr vom Koks ver-
drängt wurde, verzeichnete in den fünfziger Jahren ausgesprochen hohe
Zuwachsraten. Die Investitionen innerhalb der Schwerindustrie – neue
Hochöfen, Walzwerke, Gießereianlagen – führten zu einer beträchtlichen Ausweitung der Nachfrage nach Eisen- und Stahlerzeugnissen.
Die Eisenerzförderung wuchs ebenso wie die Stahlerzeugung um das
Doppelte, die Roheisenerzeugung um mehr als das Dreifache. In den
Aufschwungjahren bis 1857 gründete die Schwerindustrie die meisten
neuen Großunternehmen und zog einen erheblichen Teil des neugebil-
deten Kapitals an sich. Die Essener Firma Krupp, die von der wachsenden Nachfrage nach Gußstahl profitierte, begann das Jahrzehnt 1850
mit rund 250 Arbeitern. 1860 waren es fast 2000. Das Wachstum der

Schwerindustrie förderte zugleich die Expansion des Steinkohlenbergbaus. In den fünfziger Jahren entstanden zahlreiche neue Zechengesellschaften, und die Produktion erfuhr schon zwischen 1850 und 1857 eine Verdoppelung. Aufgrund seiner reichen Steinkohlenvorkommen und günstigen Verkehrslage stieg das Ruhrgebiet nun endgültig zum Zentrum der deutschen Schwerindustrie auf.

In anderen Sektoren der deutschen Wirtschaft blieb der Aufschwung bis zur Mitte der fünfziger Jahre vorerst noch verhalten, da die Ende der vierziger Jahre aufgetretenen Schwierigkeiten erst allmählich überwunden werden konnten. Die bis 1854 noch starke Zunahme der Auswanderung, die nicht allein auf politische Gründe zurückzuführen war, signalisierte, daß das Mißverhältnis zwischen Arbeitskräftepotential und Arbeitsplatzangebot noch nicht beseitigt war. Auch die für die Übergangzeit so typischen Unterschiede im Konjunkturverlauf hielten zunächst noch an. Die Konsumgüterindustrie schien sich zwar schon 1849 von der schweren Krise zu erholen, weil die Agrarpreise sanken und die Reallöhne und damit die Massenkaufkraft vorübergehend stiegen. Doch diese Tendenz brach schon 1850 wieder ab. Schwächere Ernten, steigende Preise und ein bis 1855 anhaltendes Fallen der Reallöhne sorgten dafür, daß das Wachstum der Konsumgüterindustrie zunächst relativ schwach blieb. Wenn es dennoch zu Produktionssteigerungen der Textilindustrie kam, so war dies in den frühen fünfziger Jahren vor allem dem Export zu verdanken, bei dem diese sich nun stärker modernisierende Branche neue Erfolge verzeichnen konnte. Bis 1855 blieben die Anstöße, die Konsumgüterindustrie und Landwirtschaft dem neuen Aufschwung gaben, trotzdem relativ bescheiden. Erst Mitte der fünfziger Jahre traten auch in diesen Sektoren die Prosperitätstendenzen deutlicher hervor.

Konsumgüterindustrie

Der nun folgende Aufschwung der Konsumgüterindustrie hing eng mit den gesamtwirtschaftlichen Folgen des schwerindustriellen Wachstumszyklus zusammen. Mitte der fünfziger Jahre machte sich nämlich auf dem deutschen Arbeitsmarkt infolge des Booms erstmals seit langer Zeit eine Arbeitskräfteverknappung bemerkbar. Das Gespenst des Pauperismus, der massenhaften Unterbeschäftigung, das vor 1848 die Debatte bestimmt hatte, verlor nun endgültig seinen Schrecken. Die wachsende Nachfrage nach Arbeitskräften führte zu Steigerungen der Nominallöhne, die auch angesichts eines leichten Rückgangs der Agrarpreise zu einem Anstieg des realen Lohnniveaus und zu größerer Massenkaufkraft führten. Dies kam der Textilindustrie, aber auch anderen Branchen des Konsumgütergewerbes zugute. Die deutsche Baumwollspinnerei, der am stärksten industrialisierte Zweig der

Anstieg der Kaufkraft

Textilindustrie, konnte die Produktion zwischen 1850 und 1857 von 13 000 auf etwa 30 000 Tonnen steigern. Auch die Baumwollweberei verdoppelte in dieser Phase ihre Produktion. Beachtliche Fortschritte gab es ferner in der Wollindustrie, in der sich Maschinenspinnerei und -weberei nun zügiger durchsetzten. Die regionalen Schwerpunkte des Textilgewerbes lagen in Sachsen, im Berliner Raum, in Schlesien und im Rheinland. Aber auch in Süddeutschland faßte die moderne Textilindustrie in den fünfziger Jahren immer stärker Fuß. Zu den expandierende Branchen der Konsumgüterindustrie gehörten schließlich auch wichtige Teile des Nahrungs- und Genußmittelsektors. 1846 beschäftigten die preußischen Tabak- und Zuckerfabriken jeweils etwas mehr als 10 000 Arbeiter. Bei der nächsten Zollvereinsstatistik des Jahres 1861 waren es in den Zuckerfabriken fast 35 000 und in der Tabakindustrie über 26 000 Erwerbstätige.

Tertiärer Sektor   Die Konsumgüterindustrie profitierte nicht allein von der allmählich wachsenden Kaufkraft, die der Ausbau des Investitionsgütersektors mit sich brachte, und dem nach einigen Stagnationsjahren seit Mitte der fünfziger Jahre wieder einsetzenden Bevölkerungswachstum. Ihr kamen nun auch die Begleiteffekte der Verkehrsrevolution immer mehr zugute. Rohstoffbezug und Export der eigenen Produkte wurden durch die neuen Bahnlinien und die Dampfschiffahrt spürbar verbilligt. Baumwoll- und Tabakindustrie, die beide deutlich expandierten, konnten ihre Rohstoffe billiger aus Amerika beziehen, und sie konnten ihre Fertigprodukte dank der günstigeren Transportkosten wiederum zu einem beträchtlichen Teil dort absetzen. Überhaupt wirkten sich die deutschen Erfolge auf den Exportmärkten seit den fünfziger Jahren in zunehmendem Maße wachstumsfördernd aus. Zwischen 1848 und 1857 verdreifachte sich der Umfang der deutschen Ausfuhr von Fertigwaren. Die für den Zollverein errechnete Exportquote am Nettosozialprodukt, die vor 1850 noch unter 10% gelegen hatte, stieg bis 1856 auf 13,1% an.

Boomjahre 1854–56   Diese außenwirtschaftlichen Erfolge waren ein weiterer wichtiger Faktor zur Abstützung der guten Konjunktur. Zwischen 1854 und 1856 brachte der Krimkrieg – an dem die deutschen Staaten nicht beteiligt waren, von dessen Nachfragesog sie aber profitierten – eine weitere Steigerung der Auslandsnachfrage. 1856 erlebte die deutsche Wirtschaft einen Aufschwung, der alles bisherige in den Schatten stellte und dessen Expansionskraft bis in die neunziger Jahre des 19. Jahrhunderts nicht mehr übertroffen wurde. 1857 folgte jedoch eine Krise, bei der teils „hausgemachte" Ursachen, teils die Wirkungen einer internationale Börsen- und Handelskrise zusammentrafen. In Deutschland waren

durch den vorangegangenen starken Aufschwung Überkapazitäten geschaffen worden, so daß es nun zu Preissenkungen und Erlöseinbußen
kam. Noch negativer aber wirkte sich die durch den Krimkrieg ange-
heizte internationale Überspekulation und Überproduktion aus, weil sie
im August 1857 zu einer von der New Yorker Börse ausgehenden Han-
dels- und Bankenkrise führte und in allen industrialisierten Ländern
vorübergehend das Wachstum dämpfte.

Innerhalb der deutschen Wirtschaft, die über das Einfallstor Hamburg in den Sog dieser ersten industriekapitalistischen „Weltwirtschaftskrise" geriet, verzeichneten sowohl der schwerindustrielle Führungssektor als auch die Konsumgüterindustrie durch die zurückgehende Binnen- und Außennachfrage Produktions- und Gewinneinbu-
ßen. Im Vergleich zu späteren Krisen hielten sich diese schon um 1860
wieder überwundenen Wachstumsstockungen aber in Grenzen. Sie
führten zu keinem scharfen Einbruch in der gesamtwirtschaftlichen
Entwicklung. Eine Ausnahme bildete allerdings Österreich, das neben
Hamburg am stärksten von den Krisenerscheinungen betroffen war.
Auch die Habsburger Monarchie, die vor 1850 hinter den wirtschaftlichen Fortschritten des zollvereinten Deutschlands zurückgeblieben
war, hatte in den fünfziger Jahren zunächst im Zeichen eines kräftigen,
vom neoabsolutistisch regierten Staat maßgeblich geförderten Wirt-
schaftsaufschwungs gestanden. Die Krise des Jahres 1857, aber auch
die finanzpolitischen Folgen der österreichischen Gewehr-bei-Fuß-Po-
litik während des Krimkrieges sorgten dann aber dafür, daß sich das
Wirtschaftswachstum nicht in gleichem Maße weiterentwickelte und
daß die Habsburger Monarchie gerade im Vergleich zum machtpolitischen Rivalen Preußen einen immer größeren Rückstand aufwies. In
den sechziger Jahren nutzte Preußen diesen Vorsprung und die größere
wirtschaftliche Dynamik, um seine Führungsrolle im Zollverein zu ver-
teidigen und seine Ansprüche auf die politische Führung in Deutschland zusätzlich zu untermauern.

Zu Beginn der sechziger Jahre waren die Folgen der Wirtschaftskrise von 1857 im Gebiet des späteren Deutschen Reiches weitgehend
überwunden. Der Ausbau der Industriewirtschaft ging in hohem Tempo
weiter, wobei die konjunkturelle Entwicklung zwischen 1860 und 1870
insgesamt stetiger verlief als im Jahrzehnt davor und danach. Es gab
keinen abrupt einsetzenden Aufschwung, aber auch keine schweren
konjunkturellen Einbrüche. Die Gründe für diesen Konjunkturverlauf
lagen zum einen darin, daß die Schwerindustrie durch den vorhergehenden Aufschwung bereits Kapazitäten geschaffen hatte, die sich zu
Beginn der sechziger Jahre angesichts einer nicht mehr in gleichem

„Weltwirtschafts-
krise" 1857

Konjunkturentwick-
lung der 60er Jahre

Tempo wachsenden Nachfrage als zu groß erwiesen. Zum anderen gingen auch von politischen Ereignissen dieses Jahrzehnts gewisse wachstumsdämpfende Effekte aus. So wirkte sich der amerikanische Bürgerkrieg negativ auf die von Rohstofflieferungen abgeschnittene deutsche Baumwollindustrie, aber auch auf andere exportabhängige Branchen der Konsumgüterindustrie aus. Darüber hinaus sorgten besonders die politischen Krisen und kriegerischen Ereignisse im Vorfeld der Entscheidung von 1866 für Unsicherheiten und kurzfristige Stockungen im Wirtschaftsleben. Die Kriege von 1864 und 1866 verursachten gewisse Anspannungen auf dem Geld- und Kreditmarkt, trieben die Zinsen nach oben und wirkten auch durch die Inanspruchnahme von Transportkapazitäten und Arbeitskräften wachstumsdämpfend. Dies galt insbesondere für das Kriegsjahr 1866, als sich unabhängig von innerdeutschen Vorgängen auch vorübergehend internationale Krisentendenzen negativ niederschlugen.

Aufschwung nach 1866

Ungeachtet dieser Tendenzen blieb die deutsche Wirtschaft aber auch um die Mitte der sechziger Jahre auf dem eingeschlagenen Wachstumspfad und verzeichnete eine kontinuierliche Steigerung des Sozialprodukts. Nach den politischen Entscheidungen des Jahres 1866 setzte nochmals eine deutliche Beschleunigung des Wirtschaftswachstums ein. Begünstigt wurde diese Entwicklung durch die liberale Wirtschaftsgesetzgebung des Norddeutschen Bundes. Der von Preußen seit langem betriebene Deregulierungskurs wurde nun auf das gesamte Bundesgebiet ausgedehnt und beeinflußte zudem die Wirtschaftspolitik der süddeutschen Staaten. Hinzu kamen preußische Investitionen in die Infrastruktur der annektierten nord- und mitteldeutschen Gebiete. Gerade der Eisenbahnbau erlebte in den Jahren zwischen 1866 und 1870 einen ausgesprochenen Boom. Die jährlichen Nettoinvestitionen lagen über der 200 Millionen Mark-Grenze, die in den Jahren zuvor nur zweimal erreicht worden war. 1870 stiegen sie sogar auf 319 Millionen Mark. Die deutsche Schwerindustrie nutzte die wachsende Nachfrage und die ausgesprochen niedrigen Zinsen zur Expansion und zur weiteren technologischen Modernisierung.

Auswirkungen des Krieges 1870/71

Der schwerindustrielle Führungssektor erwies sich weiterhin als der entscheidende Wachstumsmotor. Bemerkenswert an dem neuen stürmischen Aufschwung war ferner, daß nun auch die Konsumgüterindustrie und die Landwirtschaft stärker einbezogen waren und daß es somit erstmals in der deutschen Wirtschaftsgeschichte des Industriezeitalters eine weitgehend synchrone Konjunkturentwicklung gab. Dieser Aufschwung erfuhr durch den deutsch-französischen Krieg von 1870/71 eine vorübergehende Dämpfung. Nach dem militärischen Sieg über

Frankreich und der Reichsgründung setzte aber ein regelrechter Boom ein. Dieser hatte sich schon vor dem Krieg angekündigt, erhielt nun aber durch die Ereignisse von 1870/71 zusätzliche Impulse. Die vom Wirtschaftsbürgertum seit langem gehegten Wünsche nach einem homogenen nationalen Wirtschaftsraum mit einer einheitlichen liberalen Wirtschaftsgesetzgebung wurden in kürzester Zeit erfüllt. Dies sorgte in der wichtigsten Trägerschicht des Industriekapitalismus für einen anhaltenden, sich noch verstärkenden Fortschrittsoptimismus. Die von Frankreich gezahlte Kriegskontribution in Höhe von 5 Milliarden Goldfranc führte zu einer beträchtlichen Ausweitung des Kapitalmarktes und beförderte sowohl auf der staatlichen wie auf der privaten Seite die Investitionsneigung. Vor allem die Eisenbahninvestitionen zogen nun mit über 600 Millionen Mark im Jahre 1873 steil an. Infolge dieser Entwicklung erhielten Schwerindustrie, Kohlebergbau und Maschinenbau jetzt den kräftigsten Wachstumsschub. Die Roheisenproduktion wuchs allein zwischen 1870 und 1873 um 61%. Eine rasch anziehende Nachfrage, steigende Preise und hohe Gewinne regten den Ausbau der Produktionskapazitäten an. Auch die weitere Liberalisierung des Gesetzes über die Aktiengesellschaften gab zusätzliche Impulse. Allein in den Jahren 1871 bis 1873 wurden im Deutschen Reich 928 neue Aktiengesellschaften mit einem Gesamtkapital von 2,78 Milliarden Mark gegründet. Dies war weit mehr als im gesamten Zeitraum zwischen 1851 und 1870.

Der schwerindustrielle Führungssektor blieb der wichtigste Wachstumsmotor, aber auch dem Wohnungsbau kam infolge des sich beschleunigenden Städtewachstums jetzt eine immer größere Bedeutung zu. Im Konsumgüterbereich sorgten zwar steigende Reallöhne und der wachsende private Verbrauch ebenfalls für Expansionstendenzen. Diese blieben aber erneut schwächer als die des schwerindustriellen Führungssektors. Während der Preisindex bei den Investitionsgütern zwischen 1869 und 1873 um 54% stieg, waren es im Konsumgüterbereich nur 19%. Die mit der Reichsgründung einsetzende rapide Beschleunigung des Wachstumsprozesses sollte allerdings nicht lange anhalten. Mit der enormen Ausweitung von Produktionskapazitäten wuchs die Gefahr, daß die Nachfrage für die Auslastung der Anlagen nicht mehr ausreichte und damit die Rentabilität des eingesetzten Kapitals nicht mehr gewährleistet war. In Erwartung weiter steigender Gewinne und angesichts günstiger Kredite schoß das Spekulationsfieber der Anleger weit über das reale Ausmaß des Aufschwungs hinaus. Die Folge waren Überkapazitäten und eine Überbewertung von Anlagen und Aktien. Nachdem die Spekulation und das Kursniveau der deut-

Boom der Gründerzeit

schen Aktien an der Wende 1872/73 einen neuen Höhepunkt erreicht hatten, tendierten die Kurse seit dem Bekanntwerden einer österreichischen Börsenkrise im Mai 1873 deutlich nach unten, ehe dann im Oktober 1873 angesichts neuer weltwirtschaftlicher Verwerfungen auch der Reichsgründungsaufschwung zusammenbrach und die deutsche Volkswirtschaft auf ihre realen Wachstumsmöglichkeiten zurückgeworfen wurde.

Gründerkrise von 1873

Die sogenannte Gründerkrise muß ungeachtet der unterschiedlichen Bewertungen, die sie unter den Historikern erfahren hat, als ein epochaler Einschnitt in der deutschen Wirtschaftsgeschichte angesehen werden. Mit ihr endete jene große Wachstumsphase, in der die Industrielle Revolution zum Durchbruch gelangte und die deutsche Wirtschaft die Grundlagen jenes Aufhol- und Überholprozesses legte, der sie am Jahrhundertende zur führenden Volkswirtschaft in Europa werden ließ. Blickt man auf die zu einigen Schlüsselbranchen des Industrialisierungsprozesses vorliegenden Zahlen, so wird das Ausmaß der zwischen 1845 und 1873 eingetretenen Veränderungen noch anschaulicher. Die Roheisenproduktion im späteren Reichsgebiet stieg von 1845 bis 1870 von 194 000 auf 1,4 Millionen Tonnen pro Jahr, die Stahlerzeugung von 185 000 auf 1 Million Tonnen. Die Steinkohlenförderung hatte 1848 noch bei 4,6 Millionen Tonnen gelegen, 1870 waren es 26,5 Millionen. Und die Baumwollspinnerei vergrößerte ihr Produktionsvolumen von 13 000 Tonnen im Jahre 1845 auf 65 000 Tonnen im Jahre 1870. Während das Nettosozialprodukt vor 1850 eine durchschnittliche jährliche Wachstumsrate pro Kopf der Bevölkerung aufwies, die unter 0,5 % gelegen haben dürfte, wird die zwischen 1850 und 1873 erreichte durchschnittliche jährliche Wachstumsrate auf 1,6 % geschätzt. Dies war auch im europäischen Vergleich eine beachtenswerte Steigerung. Das Nettosozialprodukt pro Kopf der Bevölkerung, das für die Zeit um 1800 noch auf jährlich 250 Mark und um 1850 erst auf 268 Mark geschätzt worden ist, stieg bis 1870 auf 347 Mark.

Entwicklungsbilanz 1873

Zwar war Deutschland auch zu Beginn der siebziger Jahre noch stark von den vorindustriellen, ländlich-agrarischen Verhältnissen geprägt. Viele Regionen waren von der Industrialisierung kaum erfaßt. Fast die Hälfte der deutschen Erwerbsbevölkerung war noch in der Landwirtschaft tätig, und der Anteil der Stadtbevölkerung lag noch deutlich unter dem der Landbevölkerung. Trotzdem bleibt festzuhalten, daß der Industrialisierungsprozeß zu diesem Zeitpunkt eine Dynamik erreicht hatte, die seinen Siegeszug bereits unumkehrbar erscheinen ließ. Der Anteil, den der nun maßgeblich von der Industrie bestimmte gewerbliche Sektor an der deutschen Volkswirtschaft besaß, stieg kontinuierlich an. Dies galt sowohl für die Beschäftigtenanteile als auch für die Anteile an der gesamtwirtschaftlichen Wertschöpfung und an den Nettoinvestitionen. Die Zahl der in Fabriken und anderen großgewerblichen Einrichtungen in freier Lohnarbeit beschäftigten Personen nahm nun rascher zu als je zuvor. Während die Fabrik- und Bergarbeiter 1846/49 in Preußen erst auf einen Anteil von 4,7% der Erwerbsbevölkerung gekommen waren, lag ihr Anteil 1871 bereits bei 12%. Grundlegend verändert hatte sich ferner die räumliche Struktur der deutschen Volkswirtschaft. In Führungsregionen wie dem Ruhrgebiet, dem Königreich Sachsen, der schlesischen Bergbauregion oder der Saar waren moderne Industrielandschaften entstanden, die deutlich signalisierten, daß das Industriezeitalter nun endgültig angebrochen war.

4. Hochindustrialisierung und Aufstieg zum Industriestaat

Die Gründerkrise von 1873 leitete in der deutschen Wirtschaftsentwicklung des 19. Jahrhunderts eine neue Phase ein, die erst Mitte der neunziger Jahre zu Ende ging. Während die Jahre vor 1873 angesichts explodierender Wachstumsraten ganz vom Fortschrittsoptimismus bestimmt waren, herrschte in den Jahren zwischen 1873 und 1895 weithin eine pessimistische und unzufriedene Grundstimmung vor. Krisenhafte Erschütterungen des wirtschaftlichen Wachstums hatte es zwar auch vorher schon gegeben. Im Unterschied zu früheren Zeiten wurde jetzt aber endgültig deutlich, daß die Zyklizität des wirtschaftlichen Wachstums nicht mehr von den „Wechsellagen alten Typs", also den meist wetterbedingten Ernteschwankungen der Landwirtschaft, bestimmt war, sondern in erster Linie mit den Entwicklungprozessen des Industriekapitalismus zusammenhing. Dies zeigte sich schon daran, daß diese wirtschaftlichen Wechsellagen „neuen Typs" in der zweiten Hälfte des 19. Jahrhunderts infolge der weltweiten Verflechtungen der Wirtschaft in der Regel alle Industrienationen erfaßten und die Bedeutung autonomer Phasenabfolgen einzelner Volkswirtschaften zurückging.

Konjunkturentwicklung nach 1873

　　Man hat in Anlehnung an Nikolaj D. Kondratieffs Theorie der „langen Wellen" versucht, die Trendperiode zwischen 1873 und 1895 als ausgedehnte Abschwungphase einer langen, sich über mehr als ein halbes Jahrhundert erstreckenden Konjunkturwelle zu deuten, und sie als „Große Depression" eingestuft. Trotz der konjunkturellen Ab-

„Große Depression"?

schwünge, des starken Rückgangs von Preisen, Umsätzen, Aktienkursen und Gewinnen sowie zeitweise steigender Arbeitslosenzahlen hat sich dieser Begriff jedoch innerhalb der wirtschaftshistorischen Forschung nicht behaupten können. Die Kontinuität des Wachstums der deutschen und auch der anderen industriellen Volkswirtschaften blieb nämlich trotz der Krisenerscheinungen nahezu ungebrochen. Einen absoluten Produktionsrückgang gab es in Deutschland nur für eine kurze Zeit und nur in wenigen Branchen. Der Industrialisierungsprozeß selbst wurde in der Periode zwischen 1873 und 1895 nicht unterbrochen. Im Gegenteil, er schritt mit einem etwas langsameren Wachstumstempo stetig und eindrucksvoll voran. Selbst das sich in den siebziger Jahren abzeichnende Erschlaffen der bisherigen Führungssektoren hatte nur relativ kurzfristige negative Folgen, weil sich in den Jahren zwischen 1873 und 1895 neue Führungssektoren herausbilden konnten. Ihre volle Kraft entfalteten diese Führungssektoren aber erst in einer neuen Trendperiode, die Mitte der neunziger Jahre einsetzte und bis zum Ersten Weltkrieg anhielt.

Krisenbewußtsein   Auch wenn die Belastungen, die sich aus den konjunkturellen Trends und dem mit ihnen verbundenen Verfall von Preisen, Gewinnen und Renditen ergaben, nicht unterschätzt werden sollten, so war das Krisengefühl der Zeitgenossen in den Jahren zwischen 1873 und 1895 deutlich größer, als es den wirtschaftlichen Realitäten entsprach. Dies hing zum einen damit zusammen, daß die Aufschwungphasen, die zwischen 1879 und 1882 sowie zwischen 1886 und 1890 zu verzeichnen waren, stets wieder durch Konjunktureinbrüche gebremst wurden. Zum anderen wurde die wirtschaftliche Entwicklung auch deshalb als unbefriedigend eingestuft, weil die ungelösten sozialen und politischen Folgeerscheinungen des wirtschaftlichen Strukturwandels in der Phase der Hochindustrialisierung immer stärker hervortraten.

Stockungsphase 1873–79   Die Krisenstimmung betraf besonders die erste Stockungsphase, die von Ende 1873 bis 1879 andauernde „Gründerkrise". In dieser Phase erreichte die jährliche Wachstumsrate des Nettoinlandsproduktes, die im Boomjahr 1872 bei 8% gelegen hatte und auch 1873 noch 4,2% betrug, zeitweise sogar Minuswerte. Selbst die Industrieproduktion war anfangs leicht rückläufig und stagnierte in einigen Sektoren auch in der Folgezeit. Betroffen waren vor allem die Schwerindustrie, der Maschinenbau und das Baugewerbe. In der Schwerindustrie waren vor 1873 große Überkapazitäten aufgebaut worden, die angesichts sinkender Nachfrage nun zu Massenentlassungen führten. Gleichzeitig aber nutzten die Schwerindustriellen die Krise, um bei günstigen Preisen für Investitionsgüter ihre Betriebe zu rationalisieren und die Pro-

duktivität durch technische Verbesserungen zu erhöhen. Die rasche
Einführung der neuen Techniken, wie das Bessemer- und das Thomas-
verfahren der Stahlerzeugung im Konverter sowie das Siemens-Martin-
Verfahren, legte die Grundlagen für eine schon in den achtziger Jahren
wieder einsetzende Produktionssteigerung der deutschen Schwerindustrie, die an der Jahrhundertwende sogar die englische Konkurrenz
überholte.

Die Gründerkrise wurde im Herbst 1879 durch eine verhaltene
Belebung der Wirtschaftstätigkeit abgelöst, die vor allem von wachsenden Exporten in die Vereinigten Staaten getragen wurde und von der
besonders die Schwer- sowie Teile der Textilindustrie profitierten.
Diese Exportnachfrage flaute aber schon 1882 wieder ab. Die neue, bis
1886 anhaltende Stockungsphase war jedoch längst nicht so schwer-
wiegend wie der Konjunktureinbruch von 1873. Das Wachstum des
Nettosozialprodukts und vor allem das der Industrieproduktion setzte
sich auf einem durchaus beachtlichem Niveau fort. Zwischen 1882 und
1886 wurden allein 528 neue Aktiengesellschaften mit einem Gesamtkapital von einer halben Milliarde Mark gegründet. Im Herbst 1886
folgte ein neuer zyklischer Aufschwung, der eine vierjährige Hochkonjunktur einleitete und wieder fast alle Industriezweige erfaßte. Die alten
Leitsektoren, Schwerindustrie und Kohlenförderung, verzeichneten
hohe Produktionszuwächse. Auch die Metallverarbeitung, die Textil-
und Lederindustrie sowie die Bauindustrie profitierten von der neuen
Hochkonjunktur, in der nun auch die Warenpreise wieder anzogen.
Zwischen 1886 und 1890 stiegen die Nettoinvestitionen um 70%. Das
Nettosozialprodukt wuchs um 25%. Damit konnte die deutsche Volkswirtschaft wieder an die Spitzenwerte aus der Zeit vor 1873 anknüpfen.
Auch die Nachfrage nach Arbeitskräften zog stark an. Durch die seit
1882 stetig ansteigenden Reallöhne erhielt die in den ersten Jahrzehnten der Industrialisierung eher unbefriedigende Binnennachfrage jetzt
wieder kräftigere Impulse. Ende 1890 führte zwar ein erneuter Konjunktureinbruch auch im industriellen Sektor nochmals zu einem Nach-
lassen der Investitionstätigkeit. Dennoch erreichte auch diese dritte De-
pressionphase seit der Gründerkrise längst nicht mehr die Ausmaße der
siebziger Jahre. In einzelnen Sektoren setzte schon seit Ende 1893 wieder ein Aufschwung ein, der im Frühjahr 1895 eine mit dem Wachstum
der Gründerjahre durchaus vergleichbare Dynamik entfaltete und bis
zur Jahrhundertwende auf hohem Niveau anhielt.

Die Nettoinvestitionen lagen zwischen 1895 und 1899 über 15%
des Nettosozialprodukts und erreichten damit neue Höchstwerte (1898:
18%). Der Index der gesamten Gewerbeproduktion stieg bei einem

Konjunkturverlauf
1879–1899

Neue Wachstums-
industrien

Richtwert von 100 im Jahre 1913 zwischen 1894 und 1900 von 45,4 auf 61,4. Aktienkurse und Dividenden kletterten steil nach oben. Entscheidend für die hohen Wachstumsraten in den letzten fünf Jahren des 19. Jahrhunderts waren zum einen auf der Angebotsseite spektakuläre Basisinnovationen in den neuen Wachstumsbranchen Elektrotechnik und Chemie. Zum anderen sorgte auf der Nachfrageseite der mit der beschleunigten Urbanisierung steigende Bedarf an Wohnungen und Infrastruktur für kräftige Impulse. Die ganz ungewöhnliche Prosperitätskonstellation war vor allem dem Zusammenwirken von Urbanisierung und Elektrifizierung zu verdanken. Die Baukonjunktur schuf die Voraussetzung dafür, daß die bahnbrechenden Innovationen durch Elektrifizierung von Beleuchtung und städtischem Nahverkehr rasch für die Gesellschaft nutzbar gemacht werden konnten. Neben den günstigen binnenwirtschaftlichen Rahmenbedingungen, die auch viele andere Teile der gewerblichen Wirtschaft zur Expansion nutzten, wirkte sich auch die günstige Weltkonjunktur belebend auf die deutsche Wirtschaftsentwicklung aus. Die deutschen Exporte, die schon in der Trendperiode zwischen 1873 und 1895 weiter zugenommen hatten, stiegen am Ende des Jahrhunderts nochmals steil an, was vor allem den Erfolgen industriell gefertigter Waren zu verdanken war.

„Zweite Industrielle Revolution"   Am Ende des Jahrhunderts war nicht nur die pessimistische Grundstimmung der siebziger und achtziger Jahre wieder einer optimistischen wirtschaftlichen Zukunftserwartung gewichen, vielmehr war Deutschland in ein ganz neues Stadium seiner Industrialisierungsgeschichte getreten, das von manchen Historikern und Ökonomen auch als „Zweite Industrielle Revolution" bezeichnet wird. Begründet wird diese Bezeichnung mit dem rapiden Wachstum der neuen Führungssektoren, vor allem der Chemie und der Elektrotechnik. Ihre Bedeutung für die deutsche Industrialisierung bestand nicht allein darin, daß sie die Schwerindustrie als führenden industriellen Sektor ablösten. Das Auftreten dieser neuen Wachstumsindustrien ist auch deshalb als wichtiger Einschnitt anzusehen, weil ihr Aufstieg nicht mehr auf erfolgreich imitierten und importierten Techniken beruhte, sondern hier autonome Entwicklungen erstmals Deutschland in die Rolle eines industriellen Pioniers und führenden Technologieexporteurs treten ließen. Der deutsche Vorsprung in den neuen Wachstumsbranchen resultierte nicht zuletzt aus einer engen Verbindung von wissenschaftlicher Forschung und industrieller Produktion. Bei diesem Prozeß der Verwissenschaftlichung der Technik erwies sich die aus dem Föderalismus erwachsene dezentrale Struktur im Bereich der Technischen Hochschulen, die auch im Ausland über ein hohes Ansehen verfügten, als besonders förderlich. Zu den wichtigen wissenschaftsintensiven Branchen zählte neben der Chemie, der Elektrotechnik und dem Maschinenbau auch die optische Industrie. So verdankten die Carl-Zeiss-Werke in Jena ihren raschen Aufstieg zu Weltgeltung dem engen Zusammenwirken von universitärer Forschung und industrieller Produktion.

Während die Chemische Industrie in der ersten Jahrhunderthälfte als Zulieferer der Textilindustrie nur bescheidene Fortschritte gemacht hatte, begann im letzten Drittel des 19. Jahrhunderts ihr großer Siegeszug. Zunächst profitierte sie vom steigenden Bedarf an Kunstdünger. Die wichtigsten Anstöße kamen dann aber durch die Entdeckung und Entwicklung der synthetischen Teerfarben, bei deren Produktion Deutschland um 1900 fast ein Weltmarkt-Monopol besaß. Auch die Arzneimittelherstellung gewann schon vor 1900 an Bedeutung. Ein noch höheres Produktionswachstum als die Chemische Industrie wies die Elektrotechnische Industrie auf, bei der die 1847 gegründete Firma Siemens die Vorreiterrolle übernahm. Von deutschen Erfindern mitentwickelte technische Innovationen wie die Dynamomaschine und vor allem die Starkstromtechnik, die Beleuchtung und Antrieb ermöglichten, ließen ganz neue Wirtschaftszweige entstehen und schufen auch für den kleinen Handwerksbetrieb völlig neue Produktionsbedingungen. Vor allem der Maschinenbau nutzte diese neuen Chancen und blieb damit ein wichtiger Leitsektor der neuen Industrialisierungsphase. Durch Modernisierung und Diversifizierung seiner Produktion erhielt dieser Zweig im letzten Drittel des 19. Jahrhunderts einen eindrucksvollen Wachstumsschub. 1861 hatte die Zahl der hier beschäftigten Arbeiter noch bei 51 000 gelegen, 1882 betrug sie bereits 365 000 und kurz nach der Jahrhundertwende über eine Million.

Neben den neuen Wachstumsbranchen behielten die klassischen Sektoren der ersten Industrialisierungsphase nach wie vor eine große gesamtwirtschaftliche Bedeutung. Schwerindustrie und der eng mit ihr verflochtene Steinkohlenbergbau übten auch an der Jahrhundertwende noch einen entscheidenden Einfluß auf die Konjunkturbewegungen aus. Die Steinkohlenförderung nahm zwischen 1870 und 1900 von 26,5 auf 109,3 Millionen Tonnen zu. Die Stahlindustrie konnte ihre Produktion allein in den Jahren zwischen 1880 und 1900 um das Zehnfache steigern. Andere Branchen wie die Textil-, Bekleidungs- und Lederindustrie oder die Nahrungs- und Genußmittelindustrie blieben zwar deutlich unter den durchschnittlichen Wachstumsraten der Industrieproduktion. Aber zum einen konnten auch sie ihr Produktionsvolumen ausweiten, und zum anderen besaßen sie nicht zuletzt aufgrund ihrer noch anwachsenden Beschäftigtenzahlen eine beträchtliche gesamt-

Chemische Industrie

Elektrotechnik

Schwer- und Konsumgüterindustrie

wirtschaftliche Bedeutung. Insgesamt vergrößerte Deutschland zwischen 1860 und 1900 seinen Anteil an der Weltindustrieproduktion von 4,9% auf 13,2% und wurde damit nur noch von Großbritannien sowie den USA übertroffen.

Industrieller Groß-betrieb Zu den besonderen Kennzeichen deutschen Hochindustrialisierung gehörte der Trend zum Großbetrieb. Während der Anteil der Kleinbetriebe an der Gewerbeproduktion im letzten Drittel des 19. Jahrhunderts stetig sank, spielten die Mittelbetriebe mit bis zu 200 Beschäftigten noch immer eine wichtige Rolle. Die Entwicklung der wachstumsintensivsten Industriebranchen war jedoch bestimmt vom unaufhaltsamen Aufstieg der Großunternehmen mit über tausend Beschäftigten, die von einem kaufmännisch und technisch hochqualifizierten Management geführt wurden. Diese Großunternehmen, bei denen Kapitalbesitzer-, Unternehmer- und Managerfunktionen zunehmend auseinandertraten, zeichneten sich nicht allein durch eine ständige Verbesserung der Produktionsprozesse aus, sondern auch durch die Bürokratisierung und Rationalisierung der Unternehmensverwaltung und des Vertriebs. Ihre Organisationsstruktur ist als wichtiger Beitrag zu jener Dynamik angesehen worden, die der deutsche Industrialisierungsprozeß am Ende des 19. Jahrhunderts erreichte. Der hohe Integrations- und Diversifizierungsgrad der Großunternehmen glich nicht nur die Rückstände aus, die der Nachzügler Deutschland im gewerblich-kommerziellen Sektor gegenüber dem Pionier England noch aufwies, sondern gab seinerseits wichtige Entwicklungsimpulse.

Großbanken Die bevorzugte Organisationsform der Großunternehmen war die Aktiengesellschaft. Die Anzahl dieser Gesellschaften, die ganz neue Chancen der Kapitalmobilisierung boten, nahm seit den frühen siebziger Jahren sprunghaft zu. Am Ende des Jahrhunderts gehörten schon vier Fünftel der deutschen Großunternehmen zu diesem Typus, darunter auch die wichtigen Großbanken. Deren Stellung im wirtschaftlichen Geschehen muß ebenfalls zu den Besonderheiten im Verlauf der deutschen Industrialisierung gezählt werden. In zwei Gründungswellen – nach der Jahrhundertmitte und dann vor allem um 1870 – waren von Privatbankiers getragene Aktienbanken entstanden. Die neuen Großbanken (Deutsche Bank, Dresdener Bank, Darmstädter Bank, Disconto-Gesellschaft, Commerzbank) widmeten den Großteil ihrer Geschäfte der kurz- und langfristigen Finanzierung von Industrie- und Verkehrsunternehmungen und nahmen auch über ihre starke Stellung in den Aufsichtsräten der Großindustrie einen im internationalen Vergleich außerordentlich starken Einfluß auf die Industrieentwicklung des Kaiserreichs. Durch die Krise der siebziger Jahre wurde diese Bereit-

schaft zu aktiver Kontrolle und Eingriffen in die Unternehmensführung
zusätzlich verstärkt.

　　Das Ausmaß dieser Macht der Großbanken über die Industrie ist
allerdings ebenso häufig überschätzt worden wie der aus der Verbindung von Banken und Großindustrie resultierende Trend zu Konzentration und Kartellierung der deutschen Industrie. Wegen der starken
Wachstumsschwankungen in der Hochindustrialisierungsphase wuchsen vor allem in der Schwerindustrie die Bestrebungen zu einer privat-
wirtschaftlichen Regulierung der Märkte durch interne Absprachen.
Später folgten auch die prosperierenden neuen Wachstumsindustrien
diesem Beispiel. Hinzu kam, daß auch die staatliche Seite mit der 1878/
79 durchgesetzten neuen Schutzzollpolitik zugunsten der Landwirtschaft und der Schwerindustrie in weit stärkerem Maße in das Wirt-
schaftssystem eingriff, als dies noch in der Durchbruchsphase der Industriellen Revolution der Fall gewesen war. Manches spricht dafür, daß
diese Eingriffe des entstehenden Interventionsstaates und die Abkehr
vom reinen liberalen Marktsystem das Tempo des deutschen Industrialisierungsprozesses eher verlangsamt haben. Dennoch bleibt festzuhalten, daß die in der Öffentlichkeit noch strittige Frage, ob das Deutsche
Reich vorrangig ein „Agrar-" oder ein „Industriestaat" sei, am Ende des
Jahrhunderts entschieden war. Trotz der anfänglichen konjunkturellen
Belastungen hatte die deutsche Industrieproduktion zwischen 1870 und
1900, insbesondere aber in den neunziger Jahren, eine solche Wachs-
tumsdynamik entfaltet, daß sie zumindest am Ende dieses Zeitraumes
das wirtschaftliche Geschehen eindeutig dominierte.

　　In welchem Maße sich die Struktur der deutschen Volkswirtschaft
in der zweiten Hälfte des 19. Jahrhunderts veränderte, zeigt der Blick auf
das Wachstum der Anteile, die dem sekundären Sektor – also Industrie,
Bergbau und Handwerk – innerhalb der Gesamtwirtschaft zufielen.

Interventionsstaat

*Strukturwandel
1850–1900*

Tabelle: Anteile der einzelnen Sektoren an der deutschen Volkswirtschaft 1850–
1904 (Quelle: W. Fischer, Bergbau, Industrie und Handwerk 1850–1914, in: 18:
H. Aubin/W. Zorn, Hrsg., Handbuch, S. 528)

Beschäftigungsstruktur %				Struktur des Nettoinlandsprodukts in Preisen von 1913 (%)			
Periode	I	II	III	Periode	I	II	III
1849/58	55	25	20	1850/58	45	22	33
1861/71	51	28	21	1860/69	44	25	31
1878/79	49	29	22	1870/79	37	32	31
1880/89	47	31	22	1880/89	36	33	31
1890/99	41	35	24	1890/99	31	38	31
1900/04	38	37	25	1900/04	29	40	31

Bedeutung des
sekundären Sektors

Bei den Beschäftigten lag der primäre Sektor (Land- und Forst-
wirtschaft, Fischerei) zwar an der Jahrhundertwende noch immer leicht
vor dem sekundären Sektor. Betrachtet man aber die Anteile, die den
einzelnen Sektoren bei der Wertschöpfung zufielen, so ergibt sich seit
den neunziger Jahren ein ganz anderes Bild. Bei dem von der Industrie
bestimmten dynamischen Wachstum des sekundären Sektors ist zudem
zu berücksichtigen, daß es auch im primären Sektor zwischen 1850 und
1900 keinen Stillstand, sondern ebenfalls eine beträchtliche Steigerung
der Produktion gab. Zwischen 1850 und 1913 wuchs der Beitrag des
primären Sektors am Nettoinlandsprodukt pro Jahr um durchschnittlich
1,6%. Weit darüber lagen freilich die Wachstumsraten von Industrie
und Handwerk (3,8%), von Bergbau (5,1%) und Verkehr (6,4%). Insgesamt erhöhte sich das deutsche Nettoinlandsprodukt zwischen 1850
und 1913 von etwa 9,5 auf 48,5 Milliarden Mark. Dies bedeutete eine
durchschnittliche jährliche Zuwachsrate von 2,6%, was bei der sich im
gleichen Zeitraum etwa verdoppelnden Bevölkerung einer jährlichen
Zuwachsrate von 1,6% pro Einwohner entsprach. Es ist errechnet worden, daß dieses Wachstum zu 58% auf den vermehrten Einsatz von Kapital und Arbeit und zu 42% auf Verbesserungen von Produktionstech-
nik und -organisation, also auf den technischen Fortschritt, zurückzuführen war.

Tertiärer Sektor

Was den tertiären Sektor (Handel, Verkehr, Dienstleistungen, öf-
fentlicher Dienst) betrifft, so veränderte sich sein Anteil am Nettoinlandsprodukt zwischen 1850 und 1900 laut der Tabelle insgesamt
zwar nur wenig. Doch den Durchschnittszahlen ist nicht zu entnehmen,
welche Wandlungen sich gerade innerhalb dieses Sektor seit dem Beginn der Industriellen Revolution vollzogen. Während der traditionell
größte Teil dieses Sektors, die häuslichen Dienste, stagnierte, beziehungsweise rückläufig war, verzeichneten andere Teile, allen voran der
Verkehrssektor, gewaltige Zuwachsraten.

Rückgang des
Agrarsektors

Auch bei der Verwendung des Sozialprodukts zeichneten sich die
großen Strukturveränderungen, denen die deutsche Wirtschaft seit dem
Durchbruch der Industriellen Revolution unterworfen war, eindrucksvoll ab. Während in den Jahren 1851/54 beispielsweise noch 25,3% der
Nettoinvestitionen auf die Landwirtschaft entfielen und diese zehn
Jahre später (1860/64) sogar einen Anteil von 37,5% stellte, lagen Gewerbe und Industrie zur selben Zeit mit Anteilen von 13,5% beziehungsweise 17,3% noch deutlich zurück. Am Ende des Jahrhunderts erreichten Gewerbe und Industrie einen Rekordanteil von 54,5%. Dagegen sank der Anteil der Landwirtschaft zeitweise auf unter 10% ab. Die
abnehmende Bedeutung der Landwirtschaft läßt sich schließlich auch

an der Struktur des deutschen Außenhandels erkennen. Noch um die Mitte des 19. Jahrhunderts war die Hälfte der deutschen Ausfuhren auf Nahrungsmittel und Rohstoffe entfallen. Danach wies der bis 1913 um jährlich mehr als 4% wachsende Export einen stetig steigenden Anteil von Fertig- und Halbfertigwaren auf. Schon 1880 stellten Halb- und Fertigwaren einen Anteil von über 60% am deutschen Gesamtexport. Zwanzig Jahre später waren es 72,1%. Diese beeindruckenden Exporterfolge, zu denen die neuen Wachstumsbranchen Chemie, Elektro, Maschinenbau und Metallverarbeitung in besonderem Maße beitrugen, erwiesen sich als wichtige Antriebskräfte der Hochindustrialisierung.

Das Nachzüglerland Deutschland, das am Beginn des 19. Jahrhunderts noch zögernd den neuen Entwicklungspfaden des industriellen Pionierlandes gefolgt war, hatte sich am Ende des Jahrhunderts mit einem Anteil von 11,9% am gesamten Welthandel auf den zweiten Platz hinter Großbritannien emporgearbeitet. Es trat auf den Weltmärkten als wichtigster Rivale der führenden Industrienation auf und lief England in etlichen Branchen bereits den Spitzenrang ab. Die Industrialisierung und die hieraus erwachsenen wirtschaftlichen Rivalitäten wurden zu einem immer wichtigeren Faktor der Außen- und Machtpolitik. *Deutschland in der Weltwirtschaft*

Auch im Inneren stellte der Siegeszug der Industrie Staat und Gesellschaft vor ganz neue Herausforderungen. Mit der Hochindustrialisierung verstärkten sich noch einmal die räumlichen Disparitäten der deutschen Volkswirtschaft. Die frühen Führungsregionen der Industriellen Revolution – der rheinisch-westfälische Wirtschaftsraum, das Königreich Sachsen und der Berliner Raum – bauten ihren industriellen Vorsprung weiter aus. Andere Wirtschaftsräume wie der Rhein-Main-Raum holten mit dem Durchbruch neuer Wachstumsbranchen stark auf. Dagegen fielen vor allem die agrarisch strukturierten Gebiete im Osten und Südosten in ihrer Wirtschaftskraft weiter zurück. *Regionale Disparitäten*

Der Bedeutungsverlust der Landwirtschaft und die daraus erwachsene Bedrohung der politischen Positionen traditionaler Eliten führten gerade um 1900 zu heftigen Auseinandersetzungen um den Vorrang von „Agrar- oder Industriestaat". Zugleich war das Emanzipationsstreben der zahlenmäßig stark angewachsenen Industriearbeiterschaft in ein neues Stadium getreten. Am Ende des 19. Jahrhunderts hatte der Siegeszug der modernen Industrie das Alltagsleben der meisten Deutschen in einer bis dahin nicht gekannten Weise verändert. Viele profitierten von der sich nun deutlicher abzeichnenden Steigerung des allgemeinen Wohlstandes. Die Pauperismuskrise war in Deutschland überwunden, doch waren mit der Industrialisierung neue *Ambivalenz des industriellen Fortschritts* soziale Probleme entstanden, zu deren Lösung es weiterer Anstrengungen bedurfte. Zugleich waren um 1900 auch die ökologischen Kosten des wirtschaftlichen Modernisierungsprozesses bereits deutlich zu erkennen. Sie sollten aber erst Jahrzehnte später nach der weltweiten Expansion des in Europa entstandenen Industriesystems und der damit verbundenen Potenzierung der Umweltbelastungen ganz neue Reflexionen über Gewinn- und Verlustbilanz des Industriesystems hervorrufen.

Karte: Die Verteilung der nichtlandwirtschaftlichen Erwerbstätigen nach Regierungsbezirken bzw. Bundesstaaten 1882 (Quelle: 344: G. A. RITTER/K. TENFELDE, Arbeiter, 75)

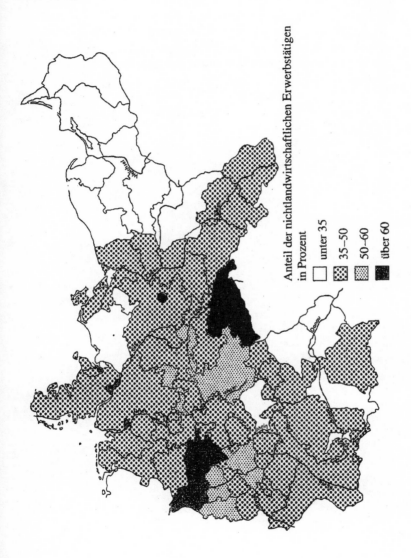

II. Grundprobleme und Tendenzen der Forschung

1. „Industrielle Revolution" oder Industrialisierung?

Der Begriff „Industrielle Revolution" gehört zwar zu den gebräuchlichsten, zugleich aber auch zu den umstrittensten Begriffen der Wirtschaftsgeschichte. Seit über 150 Jahren ist er als Folge unterschiedlicher Ansätze und Zielvorstellungen sehr verschieden definiert worden. Die einen haben den Begriff sachlich auf die rein wirtschaftlich-technische Revolutionierung der Produktionsweise eingeengt. Andere dagegen haben neben den technischen Innovationen und dem Durchbruch des Fabriksystems auch die damit zusammenhängenden soziokulturellen und politischen Wandlungsprozesse einbezogen. Für die einen umschließt der Begriff „Industrielle Revolution" eine auf wenige Jahrzehnte begrenzte Periode beschleunigten Wirtschaftswachstums. Andere wiederum sehen in der „Industriellen Revolution" einen relativ langfristigen, von einem anhaltenden Wirtschaftswachstum geprägten Wandlungsprozeß, ziehen dann aber nicht selten den Begriff Industrialisierung vor. Zwischen den einzelnen Richtungen gibt es zahlreiche fließende Übergänge. Der Streit um die Aussagekraft und die Berechtigung des Begriffes „Industrielle Revolution", der in den letzten Jahren gerade von der angelsächsischen Wirtschaftsgeschichte wieder aufgegriffen worden ist [57: R. CAMERON, New View; 56: DERS., Industrial Revolution] hat der Forschung wichtige Anstöße gegeben und zugleich neue Aufschlüsse über den Verlauf und den Charakter des Industrialisierungsprozesses geliefert [84: T. PIERENKEMPER, Umstrittene Revolutionen].

    Zur Begriffsgeschichte liegt inzwischen eine breite Literatur vor [vgl. 65: D. HILGER/L. HÖLSCHER, Industrie; 54: O. BÜSCH, Industrialisierung und Geschichtswissenschaft]. Der Begriff „Industrielle Revolution" findet sich erstmals bei französischen Autoren, die ihn in den zwanziger Jahren des 19. Jahrhunderts in Analogie zum Begriff „politische Revolution" zunächst allgemein als Bezeichnung für den qualitativen Wandel in den mechanisierten Produktionsprozessen benutzten.

Problematik des Begriffs

Begriffsgeschichte

1837 wurde der Begriff „Industrielle Revolution" von dem französischen Nationalökonomen A.-J. Blanqui aber bereits zu einem Epochenbegriff erweitert, der nun auch die gesellschaftlichen und politischen Veränderungen im Gefolge der technisch-betriebsorganisatorischen Neuerungen einbezog. In diesem Sinne benutzte ihn auch F. Engels in dem 1845 erschienenen und vieldiskutierten Buch über „Die Lage der arbeitenden Klasse in England". Er schrieb: Die Erfindungen der Dampfmaschine und der textilverarbeitenden Maschinen „gaben bekanntlich den Anstoß zu einer industriellen Revolution, einer Revolution, die zugleich die ganze bürgerliche Gesellschaft umwandelte und deren weltgeschichtliche Bedeutung erst jetzt anfängt bekannt zu werden." [Zit. nach 65: D. HILGER/L. HÖLSCHER, Industrie, 295. Zur Industriellen Revolution bei Marx und Engels ausführlich 79: H.-P. MÜLLER, Karl Marx; 80: E. NOLTE, Marxismus].

Weltgeschichtliche Bedeutung　　In der Folgezeit wurde diese weitergefaßte, über die technischen Neuerungen hinausgehende Definition von politischen Ökonomen und Sozialphilosophen wie K. Marx oder J. St. Mill untermauert. Mit A. Toynbees 1884 veröffentlichten „Lectures on the Industrial Revolution in England" bürgerte sich der Begriff „Industrielle Revolution" endgültig in den allgemeinen Sprachgebrauch ein. Er blieb nun auch nicht mehr ausschließlich auf das Pionierland England beschränkt. Je rascher die Staaten des europäischen Kontinents, Nordamerika und schließlich auch Staaten anderer Kontinente den britischen Vorsprung aufzuholen begannen, desto mehr verlor der Begriff „Industrielle Revolution" seine ursprüngliche zeitliche und geographische Fixierung. Er wurde mehr und mehr zur Kennzeichnung einer Epochenwende von universalgeschichtlicher Bedeutung. In diesem Sinne hat E. HOBSBAWM die Industrielle Revolution als „die gründlichste Umwälzung menschlicher Existenz" bezeichnet, „die jemals in schriftlichen Quellen festgehalten worden ist" [105: Industrie, 14]. Andere Autoren wie C. CIPOLLA haben die Meinung vertreten, daß dieser fundamentale Einschnitt in der Menschheitsgeschichte allenfalls mit der sogenannten „neolithischen Revolution" verglichen werden könne, in deren Verlauf sich Jäger- und Sammlerkulturen vor etwa 10000 Jahren in bäuerliche Gesellschaften wandelten [Die Industrielle Revolution in der Weltgeschichte, in: 22: Bd. 3, 1–10, 10].

Umstrittene „Industrielle Revolution"　　Trotz dieser tiefen universalgeschichtlichen Zäsur, die das Heraufziehen der industriellen Welt darstellt, ist der Epochenbegriff „Industrielle Revolution" nicht unumstritten geblieben. Ihm wird beispielsweise von H. SIEGENTHALER entgegengehalten, daß die Entwicklungen, die zur modernen industriellen Welt geführt haben, weder chronologisch noch sachlich scharf abzugrenzen seien. Zum einen dauern die Diffusionsprozesse, die von den Kerngebieten der „industriellen Revolution" aus immer neue Regionen der Welt erfaßt haben, noch an. Zum anderen betreffen die „ökonomischen und sozialen Umwälzungen, die der modernen Welt ihr Gepräge gegeben haben, keineswegs allein die Industrie", so daß die Bedeutung der letzteren gegenüber anderen, das soziopolitische Gefüge bewegenden Impulsen durch den Begriff „Industrielle Revolution" überhöht würde [92: Industrielle Revolution, 142].

Der allgemeinhistorischen Verwendung des Terminus „Industrielle Revolution" wird ferner entgegengehalten, daß sie „mechanistischen Vorstellungen Vorschub leiste und dem spezifischen Eigencharakter der einzelnen nationalen Ökonomien und den mannigfachen regional- und kulturspezifischen Sonderentwicklungen nicht gerecht werden könne" [77: H. MATIS, Industriesystem, 19]. Man hat deshalb vorgeschlagen, den Terminus „Industrielle Revolution" nur für die britische Entwicklung zu verwenden [222: H. LINDE, Hannover, 442]. Während K. BORCHARDT in einem umfassenden Forschungsüberblick von 1968 noch die Ansicht vertrat, daß der Begriff Industrielle Revolution für die Beschreibung der englischen Entwicklung gerechtfertigt, ja „praktisch unentbehrlich" sei [98: Probleme, 7], gehen inzwischen viele Historiker selbst beim Pionierland der Industriellen Revolution wieder sehr viel vorsichtiger mit diesem Begriff um.

Zu dieser Einschätzung hat nicht zuletzt die breite Diskussion beigetragen, die sich seit den sechziger Jahren am Entwicklungsmodell des amerikanischen Sozialwissenschaftlers W. W. ROSTOW [88: Stadien] entzündete. ROSTOWS Konzept, das an ältere Lehren von den Wirtschaftsstufen anknüpfte und sich als Alternative zur marxistischen Entwicklungstheorie verstand, geht von insgesamt fünf „Stadien des wirtschaftlichen Wachstums" aus. Der traditionellen Gesellschaft mit geringem Wachstum folgt eine Vorbereitungsphase, die in Westeuropa im ausgehenden 17. Jahrhunderts einsetzt. In ihr werden die Vorbedingungen für die dritte Stufe, die relativ kurze sogenannte „Take-off-Phase", geschaffen. Diese Stufe zeichnet sich dadurch aus, daß das Wachstum des Sozialprodukts durch einen von der modernen Industrie getragenen Schub die entscheidende Beschleunigung erfährt, um wie ein vom Boden abhebendes Flugzeug in ein anhaltendes Wachstum überzugehen. Nach diesem sprunghaften Übergang zu einem dauerhaften, sich selbst tragenden Wirtschaftswachstum folgen das Stadium der Reife, in dem der Ausbau des Industriesystems zügig voranschreitet, und schließlich die Periode des Massenkonsums.

W. W. ROSTOWS
Stadienmodell

Take-off Modell

Kritiker haben zu Recht darauf hingewiesen, daß ROSTOWS Stadienmodell ebenso wie die längst wieder aufgegebenen älteren wirt-
schaftsgeschichtlichen Stufenlehren für eine angemessene Beschreibung der langfristigen historischen Prozesse wenig geeignet ist [41: H.-
U. WEHLER, Gesellschaftsgeschichte, Bd. 2, 600; W. FISCHER, Stadien
wirtschaftlichen Wachstums, in: 59: 28–39]. Dennoch hat vor allem die
analytische Kategorie des Take-off die wirtschaftshistorische Forschung der letzten Jahrzehnte nachhaltig beeinflußt. ROSTOW definiert
den Take-off als „industrielle Revolution, die mit radikalen Veränderungen in den Produktionsmethoden und ihren entscheidenden Wirkungen in relativ kurzer Zeit verbunden ist" [88: Stadien, 75]. Eine Take-
off-Phase wird nach ROSTOWS Modell durch drei Hauptmerkmale bestimmt. Erstens muß der Anteil der produktiven Investitionen von 5%
oder weniger auf 10% oder mehr des Nettosozialprodukts ansteigen.
Zweitens sollen ein oder mehrere industrielle Führungssektoren vorhanden sein, die mit überdurchschnittlichen Wachstumsraten die Gesamtentwicklung vorantreiben. Und drittens muß ein politischer, sozialer und institutioneller Rahmen existieren beziehungsweise rasch geschaffen werden, „der die Impulse für eine Erweiterung im industriellen Sektor ausnutzt ... und das Wachstum fortschreiten läßt" [88: Stadien, 57].

Take-off in England

Den Take-off der britischen Industrialisierung datiert ROSTOW auf
die Jahre 1783 bis 1802, in denen Großbritannien mit Hilfe des Leitsektors Baumwollindustrie den entscheidenden Durchbruch zum modernen Wirtschaftswachstum geschafft habe. Gegen diesen Periodisie-
rungsvorschlag sind allerdings zahlreiche Einwände vorgebracht worden. So hat P. DEANE in ihren Gesamtdarstellungen [101: Industrial Revolution; DIES., Die Industrielle Revolution in Großbritannien 1700–
1880, in: 22: Bd. 4, 1–42] und in ihrem mit W. A. COLE herausgegebenen Standardwerk zur Geschichte des britischen Wirtschaftswachstums
[102: British Economic Growth] darauf verwiesen, daß die jährliche
Wachstumsrate des Sozialprodukts pro Kopf der Bevölkerung zwischen 1780 und 1800 nur bei 0,9% gelegen habe und selbst in den folgenden drei Jahrzehnten erst auf 1,6% angestiegen sei. Zugleich warnt
sie davor, die Leitsektorfunktion der Baumwollindustrie zu überschätzen, weil die entscheidende Beschleunigung des wirtschaftlichen Wandels und der Beginn eines sich selbst tragenden Wachstums auch in
Großbritannien erst mit dem Eisenbahnbau und der damit verbundenen
Expansion der Eisenindustrie in den dreißiger Jahren des 19. Jahrhunderts erfolgt seien. In Anlehnung an ältere Periodisierungsschemata,
die auch den Beginn der Industriellen Revolution schon 1760 oder frü-

her ansetzen (A. Toynbee), plädiert DEANE daher dafür, die entscheidende Übergangsphase von der vorindustriellen zur industriellen Wirtschaftsweise auf einen längeren Zeitraum zu datieren.

Die schon in Teilen der älteren Forschung geäußerten Zweifel an einem spektakulären, auf wenige Jahrzehnte begrenzten Entwicklungssprung sind durch die Forschungsergebnisse der New Economic History in den letzten Jahre weiter verstärkt worden. Die an streng quantifizierenden Methoden orientierten Kliometriker haben auf der Grundlage ihrer Berechnungen des britischen Wirtschaftswachstums mehrfach hervorgehoben, daß es selbst im Pionierland der „Industriellen Revolution" keinen radikalen Bruch mit der Vergangenheit gegeben habe und Tempo wie Ausmaß des technologischen wie gesellschaftlichen Umbruchs nicht überschätzt werden sollten. Nach den Berechnungen von N. CRAFTS [100: British Economic Growth] betrug das Wachstum des Nettosozialprodukts pro Kopf der Bevölkerung zwischen 1780 und 1801 nur 0,35%, und es blieb auch in den folgenden drei Jahrzehnten mit 0,52% noch weit hinter dem von DEANE angegebenen Wert von 1,61% zurück.

Evolutionärer Charakter von Industrialisierung

Im Gefolge dieser Ergebnisse wird daher von zahlreichen Wirtschaftshistorikern der evolutionäre Charakter des Wandels zur modernen Industriegesellschaft wieder weit stärker betont als der revolutionäre [114: E. A. WRIGLEY, Continuity; 71: J. KOMLOS/M. ARTZROUNI, Simulationsmodell]. So schreibt der Nobelpreisträger D. C. NORTH in seinem vielbeachteten Werk „Theorie des institutionellen Wandels": „Die Zeit, die wir als Industrielle Revolution zu bezeichnen gewöhnt sind, war nicht der radikale Bruch mit der Vergangenheit, für den wir sie manchmal halten." [81: Theorie, 167]. Während DEANE trotz ihrer Kritik an ROSTOWS Periodisierungsschema am Begriff „Industrielle Revolution" festgehalten hat, sprechen andere Historiker bereits vom „Mythos einer britischen Industriellen Revolution" [103: M. FORES, Myth] und plädieren dafür, den von R. CAMRON als „Misnomer" eingestuften umstrittenen Begriff „Industrielle Revolution" ganz aufzugeben [56: Industrial Revolution; 359: Geschichte der Weltwirtschaft, Bd. 1, 241–244).

Mythos „Industrielle Revolution"?

In den letzten Jahren verstärkt sich jedoch auch in der angelsächsischen Forschung wieder die Kritik an dieser Sicht. So hat etwa J. HOPPIT in einer kritischen Prüfung der neueren Wachstumsforschung versucht, die Grenzen der rein kliometrischen Ansätze aufzuzeigen. Die bis 1830 zur Verfügung stehende Datenbasis ist nach HOPPITS Ansicht zu schmal und damit nicht repräsentativ genug, um gesicherte Zahlen über die Entwicklung des britischen Nationalprodukts zu liefern. Zu-

Neubekräftigung des revolutionären Charakters

dem seien keineswegs alle wesentlichen Elemente der Industriellen Revolution über nationale gesamtwirtschaftliche Berechnungen zu erfassen [106: Counting, 189]. In der Tat besteht bei einem Überbetonen gesamtstaatlicher Daten die Gefahr, spektakuläre Erfolge, wie sie sich etwa in der Baumwollindustrie vor 1800 unbestritten ergaben, gleichsam statistisch einzuebnen und in ihrer Bedeutung zu unterschätzen.

Region und Industrielle Revolution — Dieser Einwand wird vor allem durch die Erforschung der regionalen Industrialisierung bekräftigt, die durch S. POLLARD entscheidende Anstöße erfahren hat. „Above all," so lautet POLLARDs Kernthese, „the British industrial revolution was a regional phenomenon." [113: Conquest, 14]. Gerade der Blick auf durchaus spektakuläre Entwicklungsschübe wie in der von der Baumwollindustrie geprägten Region Lancashire bestärkt einen offenbar wieder wachsenden Teil der Forschung darin, den Begriff „Industrielle Revolution" trotz aller Kritik keineswegs völlig aufzugeben. Ausgehend von einem weiter gefaßten, auch die politischen und gesellschaftlichen Aspekte stärker einbeziehenden Verständnis von „Industrieller Revolution" betont beispielsweise P. HUDSON in ihrem die Forschung vorzüglich zusammenfassenden Reader ganz entschieden den fundamentalen Wandel, der sich in der britischen Wirtschaftsgeschichte am Ende des 18. Jahrhunderts vollzog [107: Industrial Revolution]. Auch P. MATHIAS unterstreicht trotz seiner Kritik an der Vorstellung eines „Take-off", daß die letzten beiden Jahrzehnte des 18. Jahrhunderts für die britische Wirtschaft und schließlich für die gesamte Menschheitsgeschichte „ein großer historischer Wendepunkt" gewesen seien [110: Industrial Revolution, 30]. Vor allem aber wendet sich P. O'BRIEN in der Festschrift für R. M. HARTWELL, einen der entschiedenen Verfechter des Begriffs „Industrielle Revolution", gegen alle Tendenzen, den industriellen Wandel nur noch als allmähliche, evolutionäre Entwicklung darzustellen. Trotz der Bedeutung langfristiger Vorbedingungen und Vorbereitungen plädiert O'BRIEN dafür, die Elemente der Diskontinuität in den wirtschaftlichen Wandlungsprozessen nicht zu übersehen und den Begriff „Industrielle Revolution" zumindest für Großbritannien beizubehalten [Introduction. Modern Conceptions of the Industrial Revolution, in: 112: 1–30. Zur Diskussion vgl. ferner 95: U. WENGENROTH, Igel].

Industrielle Revolution in der deutschen Diskussion — Eine andere Frage ist es, inwieweit der Begriff „Industrielle Revolution" auch für den deutschen Industrialisierungsprozeß verwendet werden sollte. Innerhalb der deutschen Wirtschaftsgeschichtsschreibung finden sich hierzu ebenfalls unterschiedliche Meinungen, wenngleich in dieser Frage längst nicht so intensiv gestritten wird wie innerhalb der angelsächsischen Forschung. Die marxistisch-leninistische

Geschichtsschreibung der DDR hat den bereits von Marx und Engels verwendeten Begriff „Industrielle Revolution" nicht nur weiterbenutzt, sondern auch energisch verteidigt. J. Kuczynski sprach sich entschieden gegen die Vorstellung einer „revolutionslosen Kontinuität" des wirtschaftlichen Wachstums aus [73: Studien, 33; vgl. auch 74: Ders., Revolutionen]. H. Mottek definierte die Industrielle Revolution noch klarer als einen „qualitativen Sprung" in Form einer plötzlichen Steigerung der „Massenanlage von konstantem fixem Kapital" und der gewerblichen Produktion [78: H. Mottek u. a., Studien, 16 u. 26]. Und T. Kuczynski warnte davor, daß die Industrielle Revolution durch die in der Bundesrepublik vielfach vollzogene Umdeutung zu einer „Industrialisierung" ihrer konkret-historischen Bestimmung entkleidet werde [75: Industrielle Revolution, 164 f.].

Die nichtmarxistische Geschichtsschreibung ist bei der deutschen Entwicklung mit dem Begriff „Industrielle Revolution" vorsichtiger umgegangen. In wichtigen älteren Gesamtdarstellungen zur deutschen Wirtschaftsentwicklung des 19. Jahrhunderts wurde ganz auf diesen Begriff verzichtet [vgl. 35: A. Sartorius von Waltershausen, Wirtschaftsgeschichte]. Auch unter den Historikern der Bundesrepublik zogen und ziehen viele den Begriff Industrialisierung vor, weil er der langen Dauer des wirtschaftlichen Strukturwandels besser gerecht zu werden scheint [54: O. Büsch, Industrialisierung und Geschichtswissenschaft, 15 ff.; W. Fischer, Ökonomische und soziologische Aspekte der frühen Industrialisierung, in: 59: 15–27, 17]. Trotz seiner Schwächen ist der Begriff „Industrielle Revolution", wie schon zahlreiche Buchtitel zeigen [47: Braun u. a. (Hrsg.), Gesellschaft; 48: Dies. (Hrsg.) Industrielle Revolution], seit den sechziger Jahren aber auch von Wirtschaftshistorikern der Bundesrepublik häufig benutzt worden. Hierzu trug nicht zuletzt die Tatsache bei, daß die Industrialisierung Europas immer weniger als Abfolge einzelstaatlicher Vorgänge, sondern trotz regionaler und nationaler Besonderheiten als einheitlicher Vorgang mit vielfältigen zwischenstaatlichen Wechselwirkungen begriffen wurde [113: S. Pollard, Conquest; 86: Ders., Industrialization; 87: Ders., Typology]. Nach Ansicht von K. Borchardt, der in den siebziger Jahren das Standardwerk zum deutschen Industrialisierungsprozeß vorlegte, ist es daher sinnvoll, „auch die deutsche Entwicklung vor dem Hintergrund der vorhergehenden Jahrhunderte mit dem Ausdruck ‚Industrielle Revolution' zu bezeichnen" [Die Industrielle Revolution in Deutschland 1750–1914, in: 22: Bd. 4, 135–202, 135]. Plädoyer für Begriff „Industrielle Revolution"

Dieser Einschätzung haben sich viele Historiker mittlerweile angeschlossen, wenngleich auch weiterhin keine allgemeingültige Definition vorliegt. Die einen engen den Begriff „Industrielle Revolution" auf einen bestimmten Zeitabschnitt der deutschen Geschichte des 19. Jahrhunderts ein. So benutzen etwa H.-U. WEHLER [41: Gesellschaftsgeschichte, Bd. 2, 585 ff.] und R. H. TILLY [38: Zollverein, 183] den Begriff im Sinne des ROSTOWschen Take-off und beziehen ihn auf einen

Beginn der Industriellen Revolution

vergleichsweise kurzen Zeitraum. Nach Ansicht WEHLERs weisen die Jahre zwischen 1845 und 1873 so spektakuläre Veränderungen auf, „daß man durchaus von einer deutschen Industriellen Revolution im Sinne eines klar abgrenzbaren, komprimierten Beschleunigungsprozesses sprechen kann" [41: Gesellschaftsgeschichte, Bd. 2, 612]. Die Industrielle Revolution erscheint hier somit als eigener Abschnitt der umfassenderen Industrialisierung, dem die sogenannte Frühindustrialisierung vorausgeht und der dann in die sogenannte Hochindustrialisierung einmündet. Andere Historiker verwenden den Oberbegriff „Industrielle Revolution" eher als Ausdruck für einen umfassenden sozialökonomischen Umbruchsprozeß zur modernen Industriegesellschaft. G. HARDACH plädiert etwa dafür, den Beginn der deutschen Industrielle Revolution auf das Jahr 1784 zu datieren, als in Ratingen die erste moderne Fabrik entstand, und das Ende auf das Jahr 1895 anzusetzen, weil erst zu diesem Zeitpunkt der Übergang zur modernen Industriegesellschaft zu einem gewissen Abschluß gekommen sei [61: Aspekte, 104]. Auch K. BORCHARDT datiert die Industrielle Revolution auf einen längeren Zeitabschnitt der deutschen Geschichte und läßt diese sogar erst mit dem Wachstumsschub zwischen 1896 und 1914 enden [Die Industrielle Revolution in Deutschland 1750–1914, in: 22: Bd. 4, 135–202]. Im gleichen Sinne äußert sich H. KIESEWETTER, der dazu rät, die begrifflichen Streitigkeiten nicht zu überziehen [28: Industrielle Revolution, 15].

Revolutionäre Wirkungen

Ungeachtet aller angedeuteten Mängel und Schwächen wird man zur Zeit auf den umstrittenen Begriff „Industrielle Revolution" kaum völlig verzichten können. Der mit ihm umschriebene Prozeß war zwar weder ausschließlich industriell getragen noch ist er stets revolutionär verlaufen, doch von seinen Wirkungen her läßt sich dieser Vorgang zu Recht als grundlegender Umbruch und zentrale Epochenschwelle der Menschheitsgeschichte deuten. R. P. SIEFERLE hat dies jüngst am Beispiel des Energiesystems nochmals eindrucksvoll untermauert. Dieses habe „seinen Charakter im Prozeß der Industrialisierung innerhalb relativ kurzer Zeit" so verändert, „daß hier von einem qualitativen Sprung die Rede sein kann" [Industrielle Revolution und die Umwälzung des Energiesystems, in: 85: 147–158, 148]. Zudem wurde der Übergang zur modernen industriellen Wirtschaftsweise schon von vielen Zeitgenossen durchaus als rapider, fundamentaler und revolutionärer Vorgang wahrgenommen. D. S. LANDES, der sich ausführlich mit den Einflüssen des Pionierlandes auf die industriellen Nachzügler Westeuropas befaßt hat, kommt deshalb auch in einem die gesamte Debatte resümierenden Beitrag zu dem Schluß: „The Revolution was a revolution. It was slower than some people would like, it was fast by comparison with the traditional pace of economic change... Now as before, no serious history of Europe or the world will be able to make sense of our times without taking the Industrial Revolution und its sequels as the progenitors of a new kind of modernity." [The Fable of a Dead Horse; or, The Industrial Revolution Revisited in: 111: 132–170, 170).

2. Ursachen und Vorbedingungen der Industriellen Revolution

Die Frage nach den Ursachen und den Vorbedingungen gehört zu den am meisten diskutierten Aspekten der Industriellen Revolution. Schon in seinem Forschungsüberblick von 1968 zur englischen Industriellen Revolution erschien es K. BORCHARDT unmöglich, auf die ganze Fülle der mit diesen Kontroversen verbundenen Fragen einzugehen [98: Probleme, 12]. In den folgenden Jahrzehnten sind zahlreiche weitere Arbeiten zu diesem Fragenkomplex erschienen. Gute deutschsprachige Einblicke in die Diskussion bieten neben den beiden von R. BRAUN und anderen herausgegebenen, zahlreiche klassische Beiträge enthaltenden Aufsatzsammlungen [47: Gesellschaft in der industriellen Revolution; 48: Industrielle Revolution] die neueren Überblicksdarstellungen von H. MATIS [77: Industriesystem], C. BUCHHEIM [52: Industrielle Revolution] und H. KIESEWETTER [69: Das einzigartige Europa]. *Ursachendebatte*

Im Mittelpunkt der Debatte über die Ursachen steht zunächst einmal die erste Industrielle Revolution in England, während es für die Nachfolgeländer weniger um die Frage nach dem auslösenden Faktor als um die Frage nach den vorhandenen, beziehungsweise nicht vorhandenen Faktoren eines raschen Aufhol- oder Imitationsprozesses geht. Die Debatte über die Ursachen der ersten Industriellen Revolution ist jedoch auch für das Verständnis des deutschen Industrialisierungsprozesses von großer Bedeutung. Es hat bei der Erklärung für die englische Industrielle Revolution nicht an Versuchen gefehlt, den einen entscheidenden Auslösungsfaktor oder die Haupttriebkraft zu bestimmen. Hierzu zählt die auf Marx zurückgehende These, daß erst die *Bedeutung des Außenhandels*

überseeische Expansion und die Ausplünderung der „Peripherie" durch
den Aufstieg des europäischen Zentrums die Akkumulation des Kapitals entscheidend beschleunigt und damit eine ganz wesentliche Voraussetzung der Industriellen Revolution geschaffen habe. Diese Thesen
sind im Zusammenhang mit I. WALLERSTEINS Ausführungen über die
Entwicklung des kapitalistischen Weltsystems [151: World-System]
noch einmal intensiv diskutiert, in der Regel aber ebenso wie andere
monokausale Erklärungsmuster zurückgewiesen worden [82: P.
O'BRIEN, European Economic Development]. Die meisten Historiker
neigen im übrigen heute zu der Ansicht, daß die stärksten Impulse zur
Ingangsetzung der Industriellen Revolution nicht vom durchaus wichtigen Außenhandel mit den überseeischen Gebieten kamen, sondern
von der Binnennachfrage, bei der ein allmählich wachsender Lebensstandard positiv zu Buche schlug [99: C. BUCHHEIM, Industrielle Revolution und Lebensstandard, 513].

Technologischer
Wandel als Haupt-
auslöser

Zahlreiche Historiker haben – wiederum in Anlehnung an Marx –
den technologischen Wandel, also die Erfindung und Anwendung neuer
Antriebskräfte und mechanischer Anlagen, als den alles entscheidenden Faktor für einen qualitativen Sprung im Sinne der Industriellen
Revolution hervorgehoben. So betont J. F. GASKI, daß ein erfolgreicher
Industrialisierungsprozeß zwar eine Verbindung vielfältiger günstiger
Umstände voraussetze, daß aber „only one of the factors represents a
sufficient condition, because it alone could have induced the others:
That factor is technology" [121: Cause, 228]. Kritiker dieser Sicht räumen zwar ein, daß die neuen Techniken zweifellos eine ganz entscheidende Voraussetzung für die Industrielle Revolution waren, daß sie ihre
bahnbrechenden Wirkungen aber nur dann entfalten konnten, wenn die
ökonomischen und soziokulturellen Voraussetzungen dafür gegeben
waren. Folglich sind die allgemeinen wirtschaftlichen und sozialen
Entwicklungen für den Verlauf des industriellen Wandels ebenso wichtig wie die technischen Neuerungen [122: F. GEARY, Cause, 172 f.; A.
PAULINYI, Das Wesen der technischen Neuerungen in der industriellen
Revolution, in: 85: 136–146].

Kulmination lang-
fristiger Wachs-
tumsprozesse

J. KOMLOS und M. ARTZROUNI wenden sich in ihrem jüngst vorgelegten,
ebenfalls auf einen Hauptfaktor zulaufenden Erklärungsmodell [71:
Simulationsmodell] sogar ausdrücklich gegen die Vorstellung, daß die
Industrielle Revolution von einer plötzlichen Welle technischen Fortschritts ausgelöst worden sei. Sie führen die Industrielle Revolution in
ihrem mit Computereinsatz erstellten Simulationsmodell vor allem auf
die Wechselwirkungen von Bevölkerungsentwicklung, Ernährungszu-
stand und Kapitalakkumulation zurück, die KOMLOS in einer wegwei-

senden Arbeit über das Wirtschaftswachstum der Habsburger Monarchie im 18. Jahrhundert selbst ausführlich erforscht hat [133: Nutrition]. Die Industrielle Revolution erscheint in dem von ihm entwickelten Simulationsmodell als Kulmination eines jahrhundertelangen demographisch-ökonomischen Prozesses, der durch allmähliche Verbesserungen der Ernährungssituation gekennzeichnet war, die bedrohlichen „Malthusianischen Schranken" des Bevölkerungswachstums verschwinden ließ und zu einer stetigen Akkumulation von Human- und Sachkapital beitrug (71: Simulationsmodell, 337).

Die Interdependenzen zwischen Bevölkerungsentwicklung, Nahrungssituation und Wirtschaftsentwicklung stehen auch im Mittelpunkt des von G. HESSE vorgelegten Erklärungsmodells zur Entstehung industrialisierter Volkswirtschaften [64: Entstehung]. HESSE führt den Beginn der Industrialisierung in Nord-West-Europa vor allem darauf zurück, daß es die erste und einzige größere Region der Welt war, die in der Frühen Neuzeit eine hohe und steigende Bevölkerungsdichte aufwies und zusätzlich wegen der großen saisonalen Witterungsschwankungen „unumgehbaren Restriktionen bei der zeitlichen Allokation der Elementarprozesse in der Produktion der Nahrungsmittel unterworfen war" [G. HESSE, Die frühe Phase der Industrialisierung in der Theorie der langfristigen wirtschaftlichen Entwicklung, in: 142: 139–171, 159]. Dies zwang in wachsendem Maße zur Auffüllung der Produktionsleerzeiten durch nichtlandwirtschaftliche Tätigkeit. *Ernährungslage als Erklärungsfaktor*

Die Zusammenhänge zwischen Bevölkerungswachstum und wirtschaftlichem Wandel haben schon die ältere Forschung zur Industriellen Revolution stark beschäftigt, wobei bis heute umstritten bleibt, ob der Bevölkerungsanstieg ein autonomes Ereignis oder bereits auch die Folge wirtschaftlicher Verbesserungen war [120: D. V. GLASS/D. E. C. EVERSLEY (Eds.), Population]. Es kann keinen Zweifel daran geben, daß die Bevölkerungsvermehrung, die Besonderheiten der europäischen Nahrungsproduktion oder andere Faktoren wie die wachsende Binnennachfrage, die frühe Kolonisation und die Erweiterung des Außenhandels, die beschleunigte Kapitalbildung, die Kommerzialisierung der Landwirtschaft, die technologischen Errungenschaften, bestimmte aus dem englischen Puritanismus stammende soziokulturelle Antriebskräfte, eine relative Offenheit der englischen Gesellschaft oder günstige staatliche Rahmenbedingungen zu den wichtigen Antriebskräften der englischen Industriellen Revolution zu zählen sind. Es bleibt aber schwierig, das Gewicht der jeweiligen einzelnen Faktoren exakt anzugeben oder einen Hauptfaktor herauszukristallisieren. Deshalb tendiert die neuere Forschung überwiegend dahin, das Zusammenwirken zahl- *Bevölkerungswachstum*

Trend zu multikausalen Erklärungsmodellen

reicher günstiger Faktoren zu betonen und hierin den entscheidenden Stimulus für den Beginn der Industriellen Revolution in England zu sehen [118: N. F. R. CRAFTS, Industrial Revolution]. In diesem Zusammenhang hat H. KIESEWETTER jüngst ein Erklärungsmodell vorgelegt, das den europäischen Industrialisierungsprozeß auf das außerordentlich günstige Zusammentreffen von zufälligen Faktoren wie Geographie, Bodenschätze, Klima und Bodenfruchtbarkeit einerseits und notwendigen Faktoren wie Kapital, Technik, Bildung und Unternehmerschaft andererseits zurückführt. Dabei mißt KIESEWETTER auch außerökonomischen Faktoren wie den kollektiven Einstellungen oder den politischen Strukturen eine große Bedeutung bei [68: Europas Industrialisierung; 69: DERS., Das einzigartige Europa].

Schon R. M. HARTWELL hat sich jedoch gegen die Beliebigkeit mancher multivariabler Ansätze gewandt und ökonomisch überzeugendere Antworten angemahnt. In einem wegweisenden Aufsatz über die Ursachen der Industriellen Revolution hat er die Frage gestellt: „Benötigen wir überhaupt eine Erklärung der Industriellen Revolution? Könnte sie nicht der Höhepunkt einer alles anderen als aufsehenerregenden Entwicklung, die Folge einer langen Periode langsamen wirtschaftlichen Wachstums sein?" [Die Ursachen der Industriellen Revolution, in: 48: 35–58, 52]. Nach HARTWELL wäre die Industrielle Revolution also eine Art Dammbruch, dem ein langer und ausgedehnter Wandlungs- und Wachstumsprozeß vorausging. Auch wenn unter den Historikern umstritten bleibt, ob dieser Dammbruch wirklich Ausmaße

Lange Vorgeschichte

einer „Revolution" annahm, so herrscht inzwischen doch große Einigkeit darüber, daß der „industrielle Kapitalismus" eine sehr lange Vorgeschichte hat, „deren Wurzeln weit in vergangene Jahrhunderte zurückreichen" [77: H. MATIS, Industriesystem, 11]. Einen guten Einblick in die Debatte über diese langfristigen Strukturbedingungen, denen zu Beginn des Jahrhunderts W. SOMBART eine große historisch-systematischen Darstellung gewidmet hat [149: Der moderne Kapitalismus], bieten WEHLERS Gesellschaftsgeschichte [41: Bd. 1] sowie die Überblicksdarstellung zur Genesis der modernen Marktgesellschaft von L. BAUER und H. MATIS [116: Geburt der Neuzeit].

Vorbedingungen bei Kuznets

Was die wichtigsten wirtschaftlichen Vorbedingungen erfolgreicher Industrialisierungsprozesse angeht, so hat der Pionier der empirischen Wachstumsforschung und Nobelpreisträger für Wirtschaftswissenschaft S. KUZNETS mit seinem Hinweis auf vier Grundvoraussetzungen die gesamte Diskussion nachhaltig beeinflußt. KUZNETS nennt in diesem Zusammenhang: „1. Ein Mindestmaß an Effizienz in einigen wesentlichen nichtindustriellen Sektoren der Wirtschaft, 2. ein der Industrie angemessenes Angebot an Arbeitskräften und Kapital, 3. eine ausreichende Nachfrage nach Industrieprodukten, 4. ein Angebot an Unternehmertalenten mit der Fähigkeit, einerseits die Entscheidungen über den Einsatz von Arbeitskräften und Kapital in der Industrie und den Basis- und Komplementär-Sektoren zu treffen und andererseits die Innovationen vorzunehmen, die innerhalb des sich verändernden Bezugsgefüges eines in der Industrialisierung begriffenen Landes erforderlich werden." [Die wirtschaftlichen Vorbedingungen der Industrialisierung, in: 48: 17–34, 19 f.].

Neben den ökonomischen Voraussetzungen finden gerade bei den Ländern, die den englischen Weg nachzuahmen versuchten, auch die Fragen nach den soziokulturellen Antriebskräften und politischen Rahmenbedingungen wieder verstärkte Beachtung. Lange Zeit ging man davon aus, daß – wie K. Marx im Vorwort zum „Kapital" schrieb – „das industriell entwickeltere Land dem minder entwickelten nur das Bild der eigenen Zukunft" zeige und der Industrialisierungsprozeß der Nachfolgeländer weitgehend nach dem Muster des Pionierlandes ablaufe. Typisch für diese Sicht sind die Analysen A. Gerschenkrons über die Besonderheiten in den Industrialisierungsprozessen rückständiger Länder [60: Economic Backwardness] oder die Pionierstudie, die D. S. Landes unter dem Titel „Der entfesselte Prometheus" [109] zum europäischen Industrialisierungsprozeß und seinen Verflechtungen vorgelegt hat. Auch S. Pollard, der eine Vielzahl wichtiger Arbeiten zur europäischen Industrialisierung veröffentlicht hat, schreibt zum Wechselverhältnis zwischen der britischen und kontinentaleuropäischen Industriellen Revolution: „The process started in Britain and the industrialization of Europe took place on the British model. It was, as far as the Continent was concerned, purely and deliberately an imitative process" [113: Conquest, V]. Zweifellos erweist sich dieses Pionier-Nachzügler-Modell für viele Fragen – nicht zuletzt für Untersuchungen zu den deutsch-britischen Wirtschaftsbeziehungen – noch immer als außerordentlich ertragreich [97: H. Berghoff/D. Ziegler (Hrsg.), Pionier und Nachzügler]. Auch wenn die neuere Forschung nach wie vor dafür plädiert, die europäische Industrialisierung als zusammenhängenden Prozeß zu untersuchen [52: C. Buchheim, Industrielle Revolutionen; 84: T. Pierenkemper, Umstrittene Revolutionen], so wird in letzter Zeit bei der Analyse der kontinentaleuropäischen Industrialisierungsprozesse doch stärker nach den jeweiligen Sonderbedingungen und den vom englischen Modell abweichenden Verlaufsformen gefragt. Vor allem R. Cameron verweist darauf, daß die traditionelle „Nachzügler-Interpretation" die spezifischen Ausgangsbedingungen und jeweils eige-

Modellfunktion des Pionierlandes

Pionier-Nachzügler-Modell

nen Ausprägungen der folgenden Industrialisierungsprozesse zu sehr
vernachlässigt habe, und betont sogar: „There was not one model for
industrialization in the nineteenth century – the British – but several"
[57: New View, 23].

Dies zwingt dazu, bei der Analyse der kontinentaleuropäischen
Industrialisierungsprozesse jeweils stärker auf die spezifischen Vorbedingungen des Nachzüglerlandes zu achten. Was die deutsche Entwicklung angeht, so schloß es K. BORCHARDT schon in den siebziger Jahren
nicht aus, daß angesichts einer Fülle durchaus günstiger Voraussetzungen „eines Tages auch eine autochthone industrielle Revolution in
Deutschland hätte stattfinden können" [Die Industrielle Revolution in
Deutschland, in: 22: Bd. 4, 135–202, 145]. H.-U. WEHLER stützt diese
Position, indem er die These von der „abgeleiteten" deutschen Industrialisierung relativiert und auf die „eigentümliche Mischung von en-
dogenen-autonomen Antriebskräften und Imitationsleistungen" verweist [41: Gesellschaftsgeschichte, Bd. 2, 66]. In der Forschung der
letzten Jahre hat das eigene deutsche Entwicklungspotential, ohne das
der „Nachzügler" im 19. Jahrhundert dem britischen Tempo nicht so
zügig hätte folgen können, eine vermehrte Beachtung gefunden. E.
SCHREMMER schreibt hierzu: „Die Industrialisierung Deutschlands
nahm ihren Ausgang von einem hohen Stand der zeitgenössischen Wis-
senschaften, einer entwickelten Agrarwirtschaft, einem gut ausgebildeten, mit Manufakturen durchsetzten Handwerksbereich, einem für eine
noch partiell analphabetische Gesellschaft wohl einmaligen zünftleri-
schen Ausbildungswesen, einem bemerkenswerten Niveau an technischen, kaufmännischen und organisatorischen Kenntnissen und
schließlich einem beachtlichen Netz von verwaltungsmäßiger und institutioneller Infrastruktur" [148: Das 18. Jahrhundert, 60].

Bei den Forschungen über die wirtschaftlichen Vorbedingungen
der deutschen Industrialisierung nimmt die Frage nach den Vorleistungen des Agrarsektors einen breiten Platz ein. Die Erhöhung der landwirtschaftlichen Produktivität ist von renommierten Wirtschaftshistorikern wie P. BAIROCH als conditio sine qua non für die Fortschritte in
den anderen Sektoren und somit als bestimmender Faktor der Industrialisierung angesehen worden [Die Landwirtschaft und die Industrielle Revolution 1700–1914, in: 22: Bd. 3, 297–332]. Danach gab
die Landwirtschaft durch eine gewaltige Steigerung ihrer Produktion
einen wichtigen Anstoß zur „demographischen Revolution", beziehungsweise sorgte wenigstens dafür, daß der rasch wachsenden Bevölkerung ein ausreichendes Nahrungsangebot zur Verfügung stand.
Die Kommerzialisierung der Landwirtschaft und die größere Nach-

frage der wachsenden Bevölkerung nach gewerblichen Produkten
wirkten als Stimulus für den Aufbau der neuen Industriezweige. Darüber hinaus setzte der agrarwirtschaftliche Produktivitätsfortschritt
Arbeitskräfte frei, die der gewerblichen Wirtschaft zur Verfügung
standen. Und schließlich trug die sogenannte „Agrarrevolution" dazu
bei, den Kapitalstock zu erweitern und Investitionsmittel für den Gewerbesektor zu erwirtschaften.

Während dieser enge Zusammenhang zwischen der „Agrarrevolution" und dem Einsetzen der Industriellen Revolution für die englischen Verhältnisse weitgehend bestätigt worden ist [zusammenfassend
140: P. O'BRIEN, Agriculture], sind entsprechende Aussagen zu
Deutschland lange Zeit viel vorsichtiger ausgefallen. In den siebziger
und achtziger Jahren aber hat die Agrargeschichtsschreibung der DDR
versucht, die funktionalen und sozialen Vorleistungen des deutschen
Agrarsektors für die Industrialisierung durch empirische Arbeiten zur
preußischen Landwirtschaft präziser zu bestimmen. So entstand vor allem für die Magdeburger Börde ein detailliertes Bild des agrarwirtschaftlichen Wandels und seiner Folgen, wie es bis dahin nur für wenige deutsche Regionen vorlag [143: H.-J. RACH/B. WEISSEL (Hrsg.),
Landwirtschaft]. H.-H. MÜLLER hat in diesem Zusammenhang untersucht, welchen Beitrag der Zuckerrübenanbau und die mit ihm aufkom-
mende Rübenzuckerindustrie für die regionale Industrialisierung geleistet haben [Landwirtschaft und industrielle Revolution – am Beispiel
der Magdeburger Börde, in: 142: 45–57]. Vor allem aber hat H. HAR-
NISCH mit seiner Untersuchung „Kapitalistische Agrarreform und Industrielle Revolution" [125] vieldiskutierte und weiterführende Ergebnisse vorgelegt. Gegenüber der älteren marxistischen Forschung, die
wie Lenin die preußischen Bauern als Opfer des vom modernen Guts-
betrieb getragenen landwirtschaftlichen Kommerzialisierungsprozes-
ses darstellte, weist HARNISCH nach, daß die durch die Agrarreformen
gestärkte bäuerliche Landwirtschaft einen beträchtlichen Anteil an der
allgemeinen Leistungssteigerung hatte und eine wachsende bäuerliche
Kaufkraft zur Intensivierung des inneren Marktes und damit zur Industrialisierung beigetragen hat. Die Kernaussage HARNISCHs lautet: „Der
Agrarsektor hat also unter den besonderen Bedingungen Preußens beim
Übergang zur vollen Entfaltung der Industriellen Revolution nicht nur
entscheidende Bedeutung wegen der ausreichenden Nahrungsmittel-
produktion und der Möglichkeit, Arbeitskräfte an die entstehende Industrie abzugeben ..., sondern darüber hinaus bildete das Land mindestens
bis zur Mitte des Jahrhunderts auch einen sehr wesentlichen, lange Zeit
wahrscheinlich den wesentlichsten Teil des Binnenmarkts für die ent-

Agrarrevolution in
Deutschland

Thesen von
HARNISCH

stehende Industrie" [Die Agrarreformen in Preußen und ihr Einfluß auf das Wachstum der Wirtschaft, in: 142: 27–40, 40].

Kritik an HARNISCH

So bestechend und innovativ diese Thesen auch wirken, so scheinen sie doch noch nicht das letzte Wort zu den Wirkungszusammenhängen zwischen der Agrarentwicklung und der deutschen Industrialisierung zu sein. J. MOOSER, weist in einer kritischen Replik darauf hin, daß HARNISCH bei seinen Aussagen wesentliche Bereiche der modernen Industrialisierungsforschung nicht genügend einbezogen hat. In Deutschland war nicht die Textilindustrie, die von der wachsenden bäuerlichen Nachfrage besonders profitiert haben soll, sondern die Schwerindustrie der wichtige Führungssektor der ersten Industrialisierungsphase. Ihre Expansion wurde jedoch nur zu einem sehr geringen Teil von der bäuerlichen Nachfrage getragen [139: J. MOOSER, Agrarreformen, 546]. Noch deutlicher bestreitet C. DIPPER, daß die deutsche Landwirtschaft eine entscheidende Triebkraft der Industriellen Revolution gewesen sei. Er kritisiert, daß sich HARNISCHs Aussagen nur auf etwa eine Million preußischer Vollbauern beziehen, während das weit größere Heer von Kleinbauern und Landarbeitern, deren Marktintegration und Nachfragepotential angesichts niedrigster Einkommen gering bleiben mußte, zu wenig beachtet werde [C. DIPPER, Bauernbefreiung, landwirtschaftliche Entwicklung und Industrialisierung, in: 142: 63–75, 74 f.]. Mehrere Untersuchungen zu den in Deutschland weit verbreiteten Kleinbauerngebieten wie der Eifel oder Württemberg stützen diese Skepsis gegenüber dem Nachfragepotential der ländlichen Gesellschaft [127: W. v. HIPPEL, Bevölkerungsentwicklung; 200: G. FISCHER, Strukturen; 126: F.-W. HENNING, Kapitalbildungsmöglichkeiten].

Agrarkonjunkturen

Auch die Ergebnisse der konjunkturgeschichtliche Forschung [154: W. ABEL, Agrarkrisen; 155: DERS., Massenarmut] deuten darauf hin, daß der Entwicklungsstand des Agrarsektors zu Beginn der deutschen Industriellen Revolution offenbar noch nicht ausreichte, um eine führende Rolle im Industriewachstum zu spielen. R. SPREE hat für die Jahre von 1840 bis 1880 vielmehr „strukturelle Lücken in der Impulsübertragung zwischen dem Agrarbereich und der entstehenden Industriewirtschaft" festgestellt [182: Wachstumszyklen, 257]. Von einem Kausalzusammenhang zwischen Agrarstruktur und Take-off [M. BOSERUP, Agrarstruktur und take off, in: 48: 309–330] kann in Deutschland keine Rede sein. Das Wachstum des Agrarsektors fungierte nicht als Initialzündung der Industriellen Revolution.

Wachstumsimpulse des Agrarsektors

Auch wenn sich damit die Beziehungen zwischen dem agrarischen und industriellen Sektor „einem eindeutigen kausalen Ursache-Wirkung-Zusammenhang entziehen" [T. PIERENKEMPER, Englische

Agrarrevolution und preußisch-deutsche Agrarreformen in verglei-
chender Perspektive, in: 142: 7–26, 25], ist es weitgehender Konsens
der Forschung, daß die industriellen Wachstumserfolge von den vor-
ausgegangenen, beziehungsweise gleichzeitigen großen Leistungen
des Agrarsektors positiv beeinflußt worden sind [vgl. 115: W. ACHIL-
LES, Agrargeschichte; 134: M. KOPSIDIS, Marktintegration]. Trotz der
bis 1846/47 wiederkehrenden Agrarkrisen alten Typs und der zeitweili-
gen dramatischen Verknappung von Nahrungsmitteln hat die deutsche
Landwirtschaft sowohl durch ihre Produktionssteigerungen als auch
durch ihre Beschäftigungseffekte die aus dem Bevölkerungswachstum
resultierende Pauperismuskrise zwar nicht vermeiden, wohl aber in
ihren Ausmaß begrenzen können. Davon profitierte die industrielle
Entwicklung ebenso wie von den wachsenden binnen- und außenwirtschaftlichen Verflechtungen der deutschen Landwirtschaft, die sowohl
durch ihre Exporterlöse als auch durch ihre Nachfrage nach Transport-
kapazität zumindest indirekt die Entwicklung der frühindustriellen
Zentren begünstigte. R. H. DUMKE hat beispielsweise nachgewiesen,
daß die Erlöse aus den ostelbischen Agrarexporten nach Großbritannien zu einer stärkeren Nachfrage nach gewerblichen Gütern führte, die
in den westlichen Teilen Preußens produziert wurden. Auf diese Weise
wurde der internationale Agrarhandel in der Frühindustrialisierung zu
einem wichtigen „Vermittler zwischen noch weitgehend isolierten
deutschen Wirtschaftsgebieten" [361: Anglo-deutscher Handel, 197].

Einem ganz anderen, bislang kaum beachteten Aspekt der agra-   Sonderfall Sachsen
risch-industriellen Wechselbeziehungen ist H. KIESEWETTER in seiner
großen Untersuchung zum Industrialisierungsprozeß im Königreich
Sachsen nachgegangen. In dieser von einer hohen Gewerbedichte und
einem starken Bevölkerungswachstum geprägten Region ergaben sich
zum einen aus der früh auftretenden Notwendigkeit von Lebensmittel-
importen wichtige Industrialisierungsimpulse. Zum anderen nutzte die
sächsische Landwirtschaft die günstige Marktsituation zu einem kräftigen Modernisierungsschub, der wiederum der gewerblichen Entwicklung zugute kam [215: Industrialisierung und Landwirtschaft, 328].

Nicht minder wichtig als die Vorleistungen der Landwirtschaft sind   Vorleistungen im
die des vorindustriellen Gewerbesektors. Die traditionellen Teile der ge-   Gewerbesektor
werblichen Wirtschaft verdienen schon deshalb eine ausführliche Betrachtung, weil es wie beim englischen Industrialisierungsprozeß auch in
Deutschland noch lange Zeit ein Nebeneinander traditioneller und ka-
pitalistisch beeinflußter Strukturen gab [vgl. hierzu 130: K. H. KAUF-
HOLD, Gewerbe in Preußen; 129: DERS., Das deutsche Gewerbe]. In den
siebziger und achtziger Jahren konzentrierten sich die Forschungsdebat-

ten vor allem auf die Frage, inwieweit der sogenannten „Protoindustrialisierung" eine Schlüsselrolle bei der Ingangsetzung der Industriellen Revolution zufiel. Die Grundaussagen, Stärken und Schwächen des in Deutschland insbesondere von P. KRIEDTE, H. MEDICK und J. SCHLUMBOHM [135: Industrialisierung] aufgegriffenen und fortentwickelten Ansatzes sind bereits in zwei Bänden der „Enzyklopädie Deutscher Geschichte" [33: T. PIERENKEMPER, Gewerbe; 34: W. REININGHAUS, Gewerbe] umfassend dargestellt und diskutiert worden. An dieser Stelle ist deshalb vor allem auf den funktionalen Zusammenhang zwischen Protoindustrialisierung und Industrieller Revolution einzugehen.

Debatte über die Protoindustrialisierung

Der Begriff Protoindustrialisierung umschreibt die Herausbildung von ländlichen Regionen, „in denen ein großer Teil der Bevölkerung ganz oder in beträchtlichem Maße von gewerblicher Massenproduktion für überregionale und internationale Märkte lebte" [135: KRIEDTE u. a., Industrialisierung, 26]. Der sich in der Frühen Neuzeit beschleunigende Ausbau des ländlichen Heimgewerbes wird von den Vertretern des Konzeptes deshalb als wichtiges Durchgangsstadium auf dem Weg zur kapitalistischen Industrialisierung angesehen, weil die Protoindustrie das Bevölkerungswachstum beschleunigte, Vor- und Frühformen freier Lohnarbeit entstehen ließ, bislang abgelegene Regionen in das überregionale kapitalistische Marktgeschehen einband und den Verlegerkaufleuten die Akkumulation hoher Kapitalsummen und neuer Erfahrungen in überregionalen Organisationsaufgaben ermöglichte. Auch die Kritiker des Konzeptes der Protoindustrialisierung sehen im Aufbau frühmoderner Gewerbelandschaften einen Beitrag zum langfristigen wirtschaftlichen Wachstumsprozeß, lehnen es aber in der Regel ab, die „Protoindustrie" als Vorbedingung oder gar Auslöser der Industriellen Revolution zu begreifen. Zahlreiche Historiker haben sich gerade zu den behaupteten Kontinuitätselementen zwischen Protoindustrialisierung und Industriekapitalismus skeptisch geäußert [137: H. LINDE, Proto-Industrialisierung; 138: W. MAGER, Protoindustrialisierung; 147: E. SCHREMMER, Industrialisierung]. Von Ausnahmen wie den Kleineisenregionen abgesehen, hat die moderne deutsche Fabrikindustrie kaum oder gar nicht an die protoindustriellen Zentren anknüpfen können. Diese erlebten im 19. Jahrhundert vielfach sogar einen ausgesprochenen Niedergangsprozeß. Auch im Hinblick auf Arbeitsprozesse und Arbeitskräfte erscheinen die Diskontinuitäten zwischen Protoindustrie und moderner Industrie größer als die Kontinuitäten. Deshalb ist dem Begriff „Protoindustrialisierung" sogar vorgeworfen worden, die Sicht auf die ganz anders geartete „Industrialisierung" eher zu verstellen als zu erleichtern [147: E. SCHREMMER, Industrialisierung, 422].

Ähnlich differenziert wie die Auswirkungen der Protoindustrie wird von der neueren Forschung auch der Beitrag eingestuft, den die Manufakturen für die Ingangsetzung der industriellen Produktionsweise leisteten. Die marxistisch orientierte Forschung hat vor allem am Beispiel Sachsens den engen Zusammenhang zwischen der Manufakturentwicklung des 18. und der Industrialisierung des 19. Jahrhunderts hervorgehoben [119: R. FORBERGER, Manufakturen]. Demgegenüber haben zahlreiche Untersuchungen westdeutscher Wirtschaftshistoriker [vgl. etwa 131: J. KERMANN, Manufakturen; Forschungsüberblick bei 34: REININGHAUS, Gewerbe, 91 ff.] mehr auf die Elemente der Diskontinuität verwiesen, denn die meisten Manufakturen haben den Übergang in das Industriezeitalter nicht geschafft. Dennoch ist unbestritten, daß die Manufakturen zur Effizienzsteigerung der vorindustriellen Gewerbeproduktion beitrugen und „sowohl in Deutschland als auch in England den Übergang zu den Fabriken" zumindest erleichterten [34: W. REININGHAUS, Gewerbe, 98].

> Manufakturen und industrielle Entwicklung

Im Unterschied zu Protoindustrie und Manufakturen wurden die Beiträge, die der zahlenmäßig größte Teil des vorindustriellen Gewerbesektors, das Handwerk, für die industrielle Entwicklung leistete, lange Zeit zu wenig erforscht. Die breite Handwerksforschung widmete sich in der Regel mehr der Frage, wie sich die Industrielle Revolution auf das Handwerk auswirkte, während die durchaus beachtlichen Vorleistungen dieses Zweiges lange im Hintergrund blieben. Inzwischen liegen jedoch differenzierte Aussagen über die Rolle des Handwerks im deutschen Industrialisierungsprozeß vor. Gute Einblicke in die Diskussion bieten F. LENGERS „Sozialgeschichte der deutschen Handwerker" [334], K. H. KAUFHOLDS Forschungsüberblick [Industrielle Revolution und Handwerk, in: 46: 165–174] sowie zwei von U. ENGELHARDT [322: Handwerker] und U. WENGENROTH [349: Selbständigkeit] herausgegebene Sammelbände. Die neuere Forschung hat zwar einerseits immer wieder die entwicklungshemmenden Faktoren hervorgehoben, die sowohl aus der schweren Strukturkrise des zunehmend übersetzten Handwerks [319: J. BERGMANN, Berliner Handwerk; 158: DERS., Wirtschaftskrise; 334: F. LENGER, Sozialgeschichte] als auch aus der traditionalen Mentalität des Zunfthandwerks [W. FISCHER, Das deutsche Handwerk im Zeitalter der Industrialisierung, in: 59: 285–357] resultierten. Andererseits wird klar herausgestellt, daß das vielfach beschriebene Bild vom Niedergang des alten Handwerks zu einseitig ist und daß das expandierende ländliche wie städtische Handwerk in bestimmten Bereichen nicht unerheblich zum modernen Wirtschaftswachstum beigetragen hat [K. H. KAUFHOLD, Handwerk und Industrie, in: 18: 321–368, 322 ff.].

> Handwerk und Industrialisierung

So ist das „handwerkliche Können" als wichtige „Mitgift" für die Industrialisierung bezeichnet worden [O. Borst, Leitbilder und geistige Antriebskräfte, in: 192: 11–50, 13]. Die Untersuchung über die Rekrutierung der frühindustriellen Unternehmer hat gezeigt, daß das Handwerk zwar eine weit geringere Rolle spielte als etwa die Großkaufleute, daß man aber „die Rolle der ehemaligen Handwerker unter den frühen Unternehmern nicht minimieren" sollte [332: J. Kocka, Unternehmer, 47]. Vor allem im Maschinenbau und in der Metallverarbeitung kamen zahlreiche Unternehmerpioniere wie der Chemnitzer Maschinenbaufabrikant C. G. Haubold aus dem Handwerk. Auch bestimmte regionale Industrialisierungsprozesse sind, wie der in dieser Hinsicht gut untersuchte Rhein-Main-Raum [325: D. Gessner, „Industrialisiertes Handwerk"; Ders., Anfänge; A. J. Mac Lachlan, Der Übergang vom Handwerker zum Unternehmer in Mainz 1830–1860, in: 322: 146–164], offenbar sehr stark von der vorhandenen Handwerkstradition getragen und bestimmt worden. Schließlich haben auch die neueren Arbeiten über die soziale Herkunft der frühen Fabrikarbeiterschaft [vgl. zusammenfassend 331: J. Kocka, Arbeitsverhältnisse] gezeigt, daß das Handwerk hier den größten, vor allem aber qualifiziertesten Teil stellte.

Ebenso wie bei den Zusammenhängen von Handwerksentwicklung und Industrieller Revolution erscheint auch bei der Frage nach den Impulsen, die der tertiäre Sektor zur Kapitalbildung und damit zur Industrialisierung beisteuerte, noch Forschungsbedarf zu bestehen [K. H. Kaufhold, Ausgangssituation im 18. Jahrhundert und Entwicklung bis ca. 1835, in: 173: 17–54, 28]. Wichtige Erkenntnisfortschritte brachten hier in den letzten Jahren neue Arbeiten zum deutschen Außenhandel der Frühindustrialisierung. Neben R. H. Dumke [361: Anglo-deutscher Handel] ist vor allem die Pionierstudie von M. Kutz zu nennen [374: Deutschlands Außenhandel]. Nach Kutz zeigt die quantitative Analyse des deutschen Außenhandels, daß von einer Stagnation der deutschen Wirtschaft zwischen 1789 und der Gründung des Zollvereins 1834 keine Rede sein kann. Das von der älteren deutschen Wirtschaftsgeschichte vertretene Bild eines unter der englischen Überlegenheit leidenden Landes [zur Wirkungsmächtigkeit dieser Legende R. Tilly, Los von England: Probleme des Nationalismus in der deutschen Wirtschaftsgeschichte, in: 93: 197–209] ist demnach ebenso korrekturbedürftig wie ältere Thesen zu den negativen Folgen der Kontinentalsperre. Der deutsche Außenhandel hat die Sondersituation, in die er durch die napoleonische Handelspolitik geriet, letztlich recht gut verkraftet [375: M. Kutz, Entwicklung; D. Saalfeld, Die Kontinentalsperre, in: 379: 121–139].

Marginalien:

Handwerker als Unternehmer

Tertiärer Sektor und Industrialisierung

Außenhandel

Die Erforschung der lange Zeit vernachlässigten binnenwirtschaftlichen Verflechtungen hat durch die wieder verstärkte Beschäftigung mit der Vorgeschichte und den Folgen des Deutschen Zollvereins [362: R. H. DUMKE, Intra-German Trade; 386: W. ZORN, Integration] wichtige Impulse erhalten. Zwar werden in neueren Arbeiten noch die hemmenden Wirkungen hervorgehoben, die bis weit ins 19. Jahrhundert hinein aus der politischen Zersplitterung und der schlechten Infrastruktur resultierten. Trotz dieser Hemmnisse verdichteten sich jedoch, wie die Untersuchungen von W. ZORN [387: Binnenwirtschaftliche Verflechtungen] oder R. WALTER [Merkantilistische Handelshemmnisse – im territorialen Vergleich – am Beispiel eines territorial relativ zersplitterten Gebietes, in: 379: 84–120; 242: DERS., Kommerzialisierung] zeigen konnten, seit etwa 1750 auch im deutschen Raum die binnenwirtschaftlichen Beziehungen. Dieser Kommerzialisierungsprozeß erhielt seit 1834 durch die Zollvereinsgründung weitere Impulse und ließ schon vor 1866 einen stark kleindeutsch geprägten nationalen Wirtschaftsraum entstehen. Weitere Erkenntnisse über diese binnenwirtschaftlichen Verflechtungen versprechen im übrigen die angelaufenen Arbeiten zu einer deutschen Verkehrsstatistik [vgl. A. KUNZ, Die Verknüpfung von Märkten durch Transport. Verkehrsstatistik und Marktintegration in Agrarregionen, in: 142: 255–261].

Eine wichtige, gerade für Deutschland vieldiskutierte Frage der Vorbedingungen von Industrieller Revolution betrifft die Kapitalbildung. Hier hat vor allem K. BORCHARDT in einem wegweisenden Aufsatz die ältere Auffassung, nach der Kapitalmangel zunächst ein rascheres deutsches Einschwenken auf den britischen Industrialisierungspfad verhindert habe, mit überzeugenden Argumenten zurückgewiesen [Zur Frage des Kapitalmangels in der ersten Hälfte des 19. Jahrhunderts in Deutschland, in: 50: 28–41]. Zum einen war der Kapitalbedarf für Unternehmen in der frühindustriellen Phase geringer und, wie besonders R. GÖMMEL gezeigt hat [123: Probleme; vgl. ferner 117: P. COYM, Unternehmensfinanzierung], die Rate der Selbstfinanzierung viel höher, als es die ältere Forschung angenommen hat. Zum anderen war das zunächst noch starke Zögern, Kapital in neue industrielle Anlagen zu investieren, weniger auf das Fehlen entsprechender Mittel, sondern weit mehr auf die Risikoscheu potentieller Anleger, die noch geringe Verschuldungsbereitschaft von Unternehmern und auch auf das Fehlen von Anstalten zurückzuführen, die dem vorhandenen Kapital den Weg zur Industrie ebneten. BORCHARDTS Grundaussagen sind inzwischen von zahlreichen Arbeiten bestätigt worden [R. TILLY, Zur Entwicklung des Kapitalmarktes im 19. Jahrhundert, in: 93: 77–94; 153:

Binnenwirtschaftliche Verflechtungen

Revision der Kapitalmangel-These

H. WINKEL, Kapitalquellen; 123: R. GÖMMEL, Probleme; 358: R. CAME-
RON (Ed.), Financing Industrialization]. Es kann festgehalten werden:
„Kapitalmangel hat die industrielle Entwicklung im 19. Jahrhundert
nicht behindert, es war vielmehr die mangelnde Anlagebereitschaft einer großen Zahl potenter Kapitalbesitzer, ihre Mittel in eine unerprobte,
risikoreiche... Kapitalform zu stecken, solange bekannte und solide An-
lageformen wie der Erwerb von Grundbesitz oder hochverzinsliche
Staatsanleihen sich in ausreichender Menge anboten" [H. WINKEL, Kapitalquellen und Industrialisierungsprozeß, in: 192: 107–128, 124]

Einkommens-   Die Risikoscheu, die bis zur Jahrhundertmitte gegenüber neuen
entwicklung und   industriellen Investitionen festzustellen ist, dürfte auch darauf zurück-
Binnennachfrage   zuführen sein, daß die staatliche und vor allem auch die private Nachfrage situation in Deutschland lange Zeit unzureichend blieben. C.
BUCHHEIM hat jüngst gezeigt, welch wichtige Rolle die von allmählichen Einkommenszuwächsen getragene Binnennachfrage für die englische Industrielle Revolution gespielt hat [99: Industrielle Revolution
und Lebensstandard]. In Deutschland stieg zwar mit dem Bevölkerungswachstum gerade im frühen 19. Jahrhundert die Anzahl potentieller Verbraucher ständig weiter an. Die Pauperismusforschung hat aber
deutlich gemacht, daß das zusätzliche Arbeitskräftepotential zunächst
noch von den vorindustriellen Wirtschaftszweigen absorbiert werden
mußte und daß die dort eintretende Überfüllung zur Abwertung der einzelnen Stellen sowie zu einer Stagnation beziehungsweise sogar Min-
derung der Einkommen führte [W. KÖLLMANN, Bevölkerung und Arbeitskräftepotential in Deutschland 1815–1865, in: 328: DERS., Bevölkerung, 61–98; 127: W. v. HIPPEL, Bevölkerungsentwicklung]. Folgt
man der überzeugendsten Untersuchung über die Entwicklung der Einkommen von Arbeitern und Gesellen, die R. GÖMMEL [124: Realein-
kommen] vorgenommen hat, so sind die Nominallöhne zwischen 1810
und 1850 nur geringfügig gestiegen. Die regional noch stark schwan-
kenden Reallöhne lagen nach den Berechnungen von GÖMMEL zwar
Mitte der zwanziger Jahre vorübergehend signifikant höher als 1810,
sanken dann aber vor allem in den vierziger Jahren infolge der Mißernten noch einmal deutlich unter den Stand von 1810 ab. In der gesamten
Zeit blieb der Wert der Lohneinkommen so großen Schwankungen unterworfen, daß sich dies, wie vor allem R. SPREE [181: Wachstumstrends; 182: Wachstumszyklen] und W. ABEL [154: Agrarkrisen; 155:
Massenarmut] betont haben, bis 1850 mehrfach negativ auf die Konsumgüterindustrie und damit auf das gesamte Wirtschaftswachstum
niederschlug. Schließlich spricht auch die zwischen 1810 und 1850 zu
verzeichnende Stagnation der von A. JACOBS und H. RICHTER [128:

Großhandelspreise] berechneten Großhandelspreise für die ungünstige Nachfragesituation.

Neben den wirtschaftlichen und demographischen Vorbedingungen der Industriellen Revolution hat sich die Forschung der letzten Jahre auch wieder stärker mit den gesellschaftlichen und mentalen Voraussetzungen befaßt. Zur Ingangsetzung der Industriellen Revolution bedurfte es bestimmter sozialer Faktoren. Die Bildung von Humankapital „in Form von unternehmerischem Know How ... sowie von Kenntnissen der Produktionsprozesse und -techniken bei den Arbeitskräften" war eine ganz entscheidende Voraussetzung der Industriellen Revolution [53: C. BUCHHEIM, Überlegungen, 212]. Bezeichnenderweise haben sich überall in Europa solche Gegenden am schnellsten erfolgreich industrialisieren lassen, in denen es bereits relativ weit entwickelte Gewerbestrukturen gab. Folglich hat sich die Forschung auch verstärkt mit dem Faktor Humankapital beschäftigt und neben der Herkunft und Prädisposition der frühindustriellen Arbeiterschaft [vgl. zusammenfassend 331: J. KOCKA, Arbeitsverhältnisse; 344: G. A. RITTER/ K. TENFELDE, Arbeiter] besonders dem Unternehmerpotential zahlreiche grundlegende Arbeiten gewidmet.

Die Rolle des Humankapitals

J. A. SCHUMPETER hat den Unternehmer als die treibende Kraft der wirtschaftlichen Entwicklung bezeichnet [91: Theorie, 124 ff.]. Ohne den Rekurs auf diese Akteure, ihre ökonomischen, aber auch ihre soziokulturellen Dispositionen lassen sich Beginn und Verlauf von Industrialisierungsprozessen nicht erklären. Deshalb hat sich auch die deutsche Wirtschaftsgeschichtsforschung seit langem ausführlich mit diesem Komplex beschäftigt. Zu den wegweisenden älteren Arbeiten sind die Studien von F. REDLICH [343: Unternehmer], W. ZORNs Typologie deutscher Unternehmer [Typen und Entwicklungskräfte deutscher Unternehmertums, in: 51: 25–41] sowie H. KAELBLES Pionierstudie über „Berliner Unternehmer" der Frühindustrialisierung [327] zu zählen. J. KOCKA legte 1975 eine instruktive Einführung in die Gesamtthematik vor [332: Unternehmer]. Seitdem sind zahlreiche weitere Untersuchungen zum deutschen Unternehmerpotential erschienen.

Unternehmerforschung

Am breitesten erforscht ist inzwischen das rheinisch-westfälische Wirtschaftsbürgertum [350: F. ZUNKEL, Unternehmer; 341: T. PIERENKEMPER, Schwerindustriellen; 330: Kölner Unternehmer], wobei Friedrich Harkort, der Pionier der deutschen Frühindustrialisierung, trotz seines am Ende ausbleibenden wirtschaftlichen Erfolges ein besonders großes Forschungsinteresse gefunden hat [zuletzt 329: W. KÖLLMANN/ W. REININGHAUS/K. TEPPE (Hrsg.), Bürgerlichkeit]. Harkort gehörte zu jenem Teil des rheinisch-westfälischen Wirtschaftsbürgertums, der seit

Rheinisch-westfälisches Wirtschaftsbürgertum

den dreißiger Jahren des 19. Jahrhunderts die modernen industriellen Zielvorstellungen klar umriß. R. BOCH hat in einer Studie über diese „Industrialisierungsdebatte" überzeugend herausgearbeitet, welch mobilisierende Kraft von diesem neuen „Industrialisierungsparadigma" sowohl für die regionale als auch für die nationale Wirtschaftsentwicklung ausging [320: Wachstum]. Gleichzeitig unterstreicht BOCHs Arbeit aber ebenso wie die Untersuchung, die C. WISCHERMANN für die westfälischen Unternehmer in der ersten Hälfte des 19. Jahrhunderts vorgelegt hat [286: Preußischer Staat], wie groß zunächst noch jener Teil des wirtschaftenden Bürgertums war, der im Hinblick auf die Wirtschaftsverfassung traditionellen Vorstellungen verhaftet blieb. Erst die vierziger Jahre brachten hier den entscheidenden Umbruch.

Deutsches Unternehmerpotential   Auch für Schlesien [226: T. PIERENKEMPER (Hrsg.), Industriegeschichte], Bayern [346: D. SCHUMANN, Unternehmer] und den Rhein-Main-Raum [206: D. GESSNER, Anfänge] und zur Gruppe der Eisenbahnunternehmer [348: V. THEN, Eisenbahnen] liegen inzwischen neue Untersuchungen vor. Von einem gravierenden Mangel an innovationsfreudigen Unternehmern kann in bezug auf Deutschland keine Rede sein. Der Konstituierungsprozeß des modernen Wirtschaftsbürgertums [vgl. zuletzt 338: K. MÖCKL (Hrsg.), Wirtschaftsbürgertum] verlief bis zur Mitte des 19. Jahrhunderts zwar langsamer als in England. Das vorhandene und rasch zunehmende Potential sollte aber nicht unterschätzt werden. So hebt THEN hervor, daß die Leistungsfähigkeit der deutschen Eisenbahnunternehmer denen der englischen „mindestens ebenbürtig, wenn nicht überlegen waren" [348: Eisenbahnen, 380]. H.-U. WEHLER hat in bezug auf das Unternehmerpotential ältere Einschätzungen bekräftigt, nach denen die Fortschritte der frühindustriellen Phase primär von einem kleinen Kreis einiger hundert großer Unternehmerfamilien

Soziale Herkunft   ausgegangen seien [41: Gesellschaftsgeschichte, Bd. 3, 113]. Er stützt sich dabei auf Untersuchungen über die soziale Herkunft der deutschen Unternehmer. Der weitaus größte Teil der frühindustriellen Unternehmer kam aus der Gruppe der Großkaufleute und Verleger, die häufig zugleich auch Bank- und Speditionsgeschäfte tätigten, und damit aus wirtschaftlich bereits gut etablierten Familien. Diese Selbstrekrutierung und die Tendenz zu geschlossenen Heirats- und Verkehrskreisen nahmen, wie C. FRANKE kürzlich am Beispiel der Unternehmerfamilie Mallinckrodt bestätigen konnte [324: Wirtschaft], im Verlaufe des Industrialisierungsprozesses noch weiter zu. Soziale Aufsteiger aus der Unterschicht finden sich dagegen kaum unter den Unternehmern. Auf der anderen Seite sollte jedoch gerade für die frühen Industrialisierungsphasen auch das Innovationspotential des traditionellen Stadtbürgertums nicht völlig unterschätzt werden. D. GESSNER hat errechnet, daß im Rhein-Main-Raum zwischen 1780 und 1866 mindestens ein Drittel der Gründerunternehmer aus dem Handwerk stammten [206: Anfänge, 128]. Und K. SCHAMBACH hat am Dortmunder Beispiel gezeigt, daß ein großer Teil des Stadtbürgertums den Industrialisierungsprozeß nicht nur begrüßt, sondern auch durch eigene, freilich eher bescheidene Beteiligungen vorangetrieben hat [234: Stadtbürgertum, 317 f.].

Nach wie vor intensiv diskutiert wird die Frage, inwieweit gerade in der frühen Phase der deutschen Industrialisierung die Antriebskraft der Unternehmer durch eine spezifische „protestantische Ethik" (M. Weber) bestimmt worden ist (vgl. 320: R. BOCH, Wachstum, 173 f.]. Dafür sprechen nicht nur der frühe Aufschwung protestantischer Regionen und der hohe Anteil von Unternehmern protestantisch-calvinistischer Herkunft, sondern auch die Tatsache, daß für viele Unternehmer ihr protestantisches Arbeitsethos glaubwürdig überliefert ist. Ein anschauliches Beispiel bieten die Lebenserinnerungen des Mechanikers und späteren Fabrikanten Arnold Volkenborn [323: A. ESCH, Pietismus]. E. SCHREMMER plädiert daher in einer umfangreichen Würdigung der an Max Weber anknüpfenden Thesen des japanischen Historikers H. Otsuka dafür, die moderne Mentalitätsgeschichte für die Analyse der Verhaltensweisen und inneren Antriebskräfte der in den neuen Wirtschaftsprozessen tätigen Menschen, insbesondere im Hinblick auf die generationenlange Erziehung zu Arbeitsamkeit und Disziplin, fruchtbar zu machen [345: Weg, 374].

Soziokulturelle Prädispositionen

Der frühe ökonomische Erfolg calvinistisch geprägter Unternehmer ist allerdings oft auch mit der Minderheitensituation erklärt worden, die bei Calvinisten wie bei Juden zu einem besonders starken Engagement in neuen wirtschaftlichen Feldern führte, weil sie keine andere Möglichkeit zur Entfaltung besaßen. Der in Anlehnung an W. Sombart vielfach überzeichnete Anteil, den die Juden am Siegeszug des Industriekapitalismus besaßen, ist in den letzten Jahren gleich in mehreren wichtigen Monographien und Sammelbänden erörtert worden [316: A. BARKAI, Minderheit; 342: A. PRINZ, Juden; 339: W. E. MOSSE, Jews; 340: DERS./H. POHL (Hrsg.), Unternehmer]. Alle diese Arbeiten konzentrieren sich sehr stark auf die Zeit nach 1850. Deutsche Juden spielten zwar als Bankiers und Unternehmer schon in den der Industriellen Revolution vorangehenden Kommerzialisierungsprozessen eine wichtige Rolle. An den frühindustriellen Unternehmen, insbesondere am schwerindustriellen Führungssektor, waren sie jedoch eher weniger beteiligt.

Rolle der Juden

Festzuhalten bleibt, daß auch in Deutschland im späten 18. und frühen 19. Jahrhundert wichtige soziale und ökonomische Vorbedingungen der Industriellen Revolution erfüllt waren, daß aber das Ausmaß hemmender Faktoren noch weit größer war als im Pionierland Großbritannien. Deshalb hingen das weitere Tempo der Entwicklung und der Durchbruch der Industriellen Revolution nicht zuletzt auch davon ab, ob die deutschen Staaten diese Hindernisse zügig aus dem Wege räumen konnten.

3. Die Rolle des Staates im deutschen Industrialisierungsprozeß

Unterschiede zu England

Im Unterschied zu England setzte die Industrialisierung in Deutschland zu einem Zeitpunkt ein, als die Nation politisch noch nicht geeint war. In der politischen Zersplitterung sahen schon die Zeitgenossen um Friedrich List einen wesentlichen Grund für die wirtschaftliche Rückständigkeit. Das von List propagierte antienglische Entwicklungsprogramm lief auf einen stark wirtschaftlich motivierten deutschen Nationalstaat hinaus, der der Industrialisierung durch ein umfangreiches Schutzzollprogramm sowie umfassende innere Förderungsmaßnahmen zum raschen Durchbruch verhelfen sollte. Dieses Konzept ließ sich zwar zu Lebzeiten Lists nicht voll verwirklichen und hätte, wie überzeugend nachgewiesen worden ist [93: R. TILLY, Kapital; 361: R. H. DUMKE, Anglo-deutscher Handel; 351: H. BEST, Interessenpolitik], die deutsche Industrialisierung eher gebremst als beschleunigt. Auf die deutsche Wirtschaftsgeschichtsschreibung hat List aber besonders nach der Reichsgründung um so stärker eingewirkt. Da der Durchbruch der Industriellen Revolution mit dem Abschluß der nationalen Einigungspolitik zusammenfiel und die politische Hegemonialmacht zugleich an der Spitze des wirtschaftlichen Fortschritts stand, wurde intensiv über die Rolle des Staates im Industrialisierungsprozeß gearbeitet und Industrialisierung sogar lange Zeit vor allem „als Problem der Machtpolitik" verstanden [R. TILLY, Los von England, in: 93: 197].

Überhöhung der preußischen Wirtschaftspolitik

Von G. SCHMOLLER bis zu W. TREUE und anderen wurde immer wieder die große Bedeutung der preußischen Wirtschaftspolitik für den Aufstieg Deutschlands zum modernen Industriestaat hervorgehoben. Und der Zollverein wurde zum „bedeutendsten Ereignis der deutschen Geschichte" zwischen 1815 und 1866 erklärt [so W. TREUE in Anlehnung an G. SCHMOLLER und W. ROSCHER in: 39: Gesellschaft, 526]. In-

3. Die Rolle des Staates im deutschen Industrialisierungsprozeß

dustrialisierung in Preußen war für große Teile der älteren Forschung vor allem eine „staatliche Veranstaltung" [255: W. FISCHER/A. SIMSCH, Industrialisierung in Preußen, 103]. Diese starke Betonung der Rolle des Staates hat sich trotz kritischer Stimmen [vgl. 37: W. SOMBART, Volkswirtschaft, 122 ff.] lange gehalten. Selbst in den ersten Jahrzehnten nach dem Zweiten Weltkrieg wurde sowohl in der westdeutschen als auch in der ostdeutschen Forschung das auf List zurückgehende Bild beibehalten, nach dem ein armes und zersplittertes Deutschland von England wirtschaftlich ausgebeutet worden sei und erst der Zollverein der eigenen Industrialisierung die entscheidenden Bahnen geebnet habe [29: F. LÜTGE, Sozial- und Wirtschaftsgeschichte, 462 ff.; H. MOTTEK, Einleitende Bemerkungen, in: 78: 11–64, 24].

Zur Korrektur dieser Sicht haben dann vor allem Vertreter der angelsächsischen Wirtschaftsgeschichte beigetragen [siehe etwa die Beiträge in: 93: R. TILLY, Kapital]. Im Unterschied zur deutschen Wirtschaftsgeschichtsschreibung, die seit der historischen Schule der Nationalökonomie den staatlichen Rahmenbedingungen große Bedeutung beimaß, neigten die von der klassischen Ökonomie geprägten englischen und amerikanischen Wirtschaftshistoriker umgekehrt dazu, die staatlichen Einflüsse auf die Ingangsetzung industrieller Wachstumsprozesse gering zu schätzen. Die Industrielle Revolution, so wurde besonders in bezug auf England argumentiert, verdanke der Passivität des Staates weit mehr als seinem Eingreifen. Die Rolle des Staates bestand demnach vor allem darin, „sich so schnell wie möglich aus dem Prozeß zurückzuziehen und die Einleitung eines stetigen Wirtschaftswachstums den wohltätigen Bemühungen des privaten Unternehmertums zu überlassen" [vgl. P. DEANE, Die Rolle des Staates, in: 48: 272–286, 272]. Diese Einschätzung, die in der Laisser-faire Politik den allein entscheidenden Schlüssel zur Erklärung der gesamten Entwicklung sieht, hat sich in der neueren Forschung aber nicht einmal für England behaupten können. So hat P. HUDSON jüngst noch einmal überzeugend hervorgehoben, daß die Hilfestellungen des Staates viel größer waren, als man lange geglaubt habe [107: Industrial Revolution, 52].

Kritik an älterer Forschung

Vor allem aber war es der amerikanische Nobelpreisträger D. C. NORTH, der mit dem „Property-Rights-Ansatz" den Blick wieder stärker auf den institutionellen Wandel als Voraussetzung erfolgreicher Industrialisierungsprozesse gelenkt hat. Während die von der klassischen Wirtschaftstheorie geprägten Historiker in erster Linie den raschen Abbau wachstumshemmender Wettbewerbsbeschränkungen als entscheidende Voraussetzung einer Industriellen Revolution herausstellen, fragt NORTH stärker danach, welche neuen Eigentums- und Verfügungsrechte

Property-Rights-Ansatz

an Gütern und Dienstleistungen der Gesetzgeber festlegte und wie diese spezifizierten Rechte den Ausbau effizienter Märkte begünstigten [81: Theorie, 171 f.]. Diese noch nicht abgeschlossene Debatte hat dazu geführt, daß die „Institutionen- und Staatswirtschaftsgeschichte" wieder stärker „in eine übergreifende Konzeption der Antriebskräfte und Auslöser wirtschaftlichen Wachstums" einbezogen [287: C. WISCHERMANN, Property-Rights-Ansatz, 256] und als wichtiger Erklärungsfaktor angesehen wird [247: K. BORCHARDT, Property-Rights-Ansatz, 148].

Institutioneller Wandel

Für den deutschen Industrialisierungsprozeß spielen diese Fragen besonders aus zwei Gründen eine große Rolle. Zum einen bedeutete das Aufblühen der englischen Industrie und der sich damit rasch vergrößernde wirtschaftliche Entwicklungsabstand für alle kontinentaleuropäischen Regierungen „eine unvermeidliche Herausforderung" [109: D. S. LANDES, Prometheus, 137]. In diesem Zusammenhang hat A. GERSCHENKRON [60: Economic Backwardness] darauf verwiesen, daß das staatliche Engagement für die Ingangsetzung von Industrialisierung um so wichtiger werde, je rückständiger die Strukturen des jeweiligen Landes seien. Zum anderen waren Wandlungen der Institutionen in Deutschland nach 1800 schon deshalb notwendiger als in England, weil Deutschland politisch zersplittert war und zahlreiche rechtliche wie soziale Wachstumshemmnisse aufwies.

Rolle des Staates in neuer Sicht

Diese Fragen der deutschen Industrialisierung sind daher nach wie vor ein wichtiger Forschungsgegenstand, wobei die Rolle des Staates in der Regel sehr differenziert gewichtet wird. Einigkeit herrscht in der Auffassung, daß die deutsche Industrialisierung kein maßgeblich vom Staat gesteuerter Vorgang war. Sie konnte schon deshalb „nicht vom Staat geschaffen werden", weil „das völlig dem liberalkapitalistischen System und Zeitgeist widersprochen" hätte [28: H. KIESEWETTER, Industrielle Revolution, 19]. Zudem hatte die vorausgegangene Politik des Merkantilismus im ausgehenden 18. Jahrhundert zu der Einsicht geführt, daß die Staatsverwaltungen nicht über die Mittel verfügten, um einzelne Unternehmen und ganze volkswirtschaftliche Prozesse erfolgreich steuern zu können. Selbst in den wirtschaftspolitisch aktivsten deutschen Staaten hat es folglich keine bewußte Planung und zielgerichtete Steuerung der Industrialisierung gegeben [W. FISCHER, Planerische Gesichtspunkte bei der Industrialisierung in Baden, in: 59: 75–85]. Dennoch erscheint es zweifelhaft, ob man deshalb den Beitrag, den staatlich-bürokratische Eliten für die deutsche Industrialisierung leisteten, insgesamt als eher gering einstufen sollte, wie dies bei F. B. TIPTON [280: Government Policy] und W. R. LEE [266: Economic Development] anklingt. Die meisten Wirtschaftshistoriker halten bei aller Distanz gegenüber den sehr staatsfixierten älteren Auffassungen daran fest, daß die „Industrielle Revolution in Deutschland tief verwoben ist mit den Aktivitäten des Staates" [28: H. KIESEWETTER, Industrielle Revolution, 19]. Dies zeigen gerade auch die jüngst vorgelegten vergleichenden Analysen zwischen der deutschen und englischen Politik [vgl. 273: S. POLLARD/D. ZIEGLER (Hrsg.), Markt].

Die wichtigsten Forschungsanstöße kamen seit den sechziger Jahren von W. FISCHER, der sich nicht nur ausführlich mit der Wirtschaftspolitik süddeutscher Staaten auseinandergesetzt hat [253: Der Staat; DERS., Staat und Wirtschaft im 19. Jahrhundert, in: 192: 58–106], sondern auch wesentliche Beiträge zur preußischen Industrialisierung [58: Anmerkungen; 201: Industrialisierung und soziale Frage] geliefert hat. FISCHER plädiert dafür, das Verhältnis von Staat und Wirtschaft vor allem unter vier Aspekten zu untersuchen: die Rolle des Staates als Gesetzgeber, als Unternehmer, als Administrator sowie als Konsument und Investor [Das Verhältnis von Staat und Wirtschaft in Deutschland am Beginn der Industrialisierung, in: 59: 60–74]. Forchungen von W. FISCHER

Zu all diesen Bereichen liegt inzwischen eine Fülle neuer Ergebnisse vor. Breit diskutiert wird beispielsweise die Frage, inwieweit die deutschen Staaten, vor allem Preußen, mit ihrem umfassenden Reformwerk zu Beginn des 19. Jahrhunderts dazu beigetragen haben, Industrialisierungsprozesse in Gang zu setzen oder zu verstärken. Dabei ist es unbestritten, daß die Wirtschafts- und Gesellschaftsreformen gerade in Preußen langfristig die Entfaltung neuer wirtschaftlicher Kräfte begünstigt haben. Dies gilt nicht zuletzt für die Agrarreformen [115: W. ACHILLES, Agrargeschichte, 101 ff.]. Umstritten ist jedoch, ob es von Anfang an einen engen Zusammenhang von Intention und Wirkung gegeben hat [vgl. 23: E. FEHRENBACH, Ancien Régime, 200 f.]. B. VOGEL hat zwar die Ansicht vertreten, daß die preußischen Wirtschafts- und Gesellschaftsreformen als umfassende Wachstumsstrategie, als „Stimulans für die Industrielle Revolution", angelegt gewesen seien [283: Gewerbefreiheit, 230]. Auch H. HARNISCH hat jüngst nochmals bekräftigt, daß die Dynamik des wirtschaftlichen Wandels in Preußen bis 1848 maßgeblich von der Bürokratie bestimmt worden sei [H. HARNISCH, Wirtschaftspolitische Grundsatzentscheidungen und sozialökonomischer Modernisierungsprozeß in Preußen während der ersten Hälfte des 19. Jahrhunderts, in: 282: 163–188]. Auf der anderen Seite aber hat jüngst E. D. BROSE in einer wegweisenden Analyse die These vertreten, daß der auf Gewerbefreiheit und Freihandel setzende preußische Wirtschaftsliberalismus bis in die vierziger Jahre noch nicht als Wirkungen der Wirtschaftsreformen

groß angelegte Industrialisierungsstrategie zu verstehen sei [249: Politics].

Gewerbefreiheit   Auch die konkreten Wirkungen der Reformen werden noch sehr kontrovers beurteilt. Dies gilt besonders für die in Preußen schon 1810/ 11 eingeführte Gewerbefreiheit. Die einen, vor allem marxistische Autoren, sehen in der Gewerbefreiheit einen der großen Motoren des wirtschaftlichen Fortschritts. Andere versuchen dagegen nachzuweisen, daß von der Gewerbefreiheit nur wenig entscheidende Einflüsse auf die Industrialisierung ausgegangen seien [vgl. 264: K. H. KAUFHOLD, Gewerbefreiheit; 261: F.-W. HENNING, Auswirkungen, 114]. In der Tat war die Gewerbefreiheit offenbar keine unabdingbare Voraussetzung der Industriellen Revolution. In Deutschland gehörten Staaten zu den Vorreitern des Industrialisierungsprozesses, die wie das Königreich Sachsen bis in die sechziger Jahre die Einführung der vollen Gewerbefreiheit ablehnten, gleichzeitig aber das viel wichtigere Instrument der Konzessionierung außerzünftiger Gewerbe großzügig handhaben. Auch wenn man deshalb die Bedeutung der Gewerbefreiheit nicht überschätzen darf, scheint einiges dafür zu sprechen, daß die Gewerbegesetzgebung für den Wandlungsprozeß des Handwerks und die Industrialisierung keineswegs ein neutraler und belangloser Faktor war.

Deutscher Zoll-   Zu den für die Industrialisierung bedeutsamen Teilen der Wirt-
verein   schaftsgesetzgebung gehörte zweifellos das in Deutschland so komplizierte Feld der Zollpolitik. Im Unterschied zur älteren Forschung, die hier lange Zeit einen besonderen Beweis für ein zielgerichtetes wirtschaftspolitisches Handeln des Staates sehen wollte, haben neuere Arbeiten im Anschluß an W. O. HENDERSONs Pionierstudie über den Zollverein [368] den Prozeß der deutschen Zolleinigung differenzierter und nüchterner betrachtet [zusammenfassend 366: H.-W. HAHN, Zollverein, 88 ff.; 367: DERS., Integration; R. H. DUMKE, Die wirtschaftlichen Folgen des Zollvereins, in: 17: 241–273]. Weder die einzelstaatlichen Zollreformen wie das preußische Zollgesetz von 1818 noch die in mehreren Etappen erreichte Gründung des Deutschen Zollvereins von 1834 können demnach als Ausdruck einer klaren staatlichen Industrialisierungsstrategie betrachtet werden. Die mit den Zollreformen verbundenen Zielsetzungen waren noch außerordentlich vielschichtig. Neben den wirtschaftlichen Motiven, bei denen es oft noch mehr um die Beseitigung konkreter Mißstände als um langfristige Planungen ging, spielten fiskalische und auch machtpolitische Motive vor 1834 eine zumindest ebenso große Rolle. Dieser Befund bedeutet nun aber keineswegs, daß sich der Zollverein nicht positiv auf die wirtschaftliche Entwicklung ausgewirkt habe. Die Erweiterung des Binnenmarktes, die damit ver-

bundenen neuen Erwartungshorizonte und Investitionsanreize für Unternehmer sowie die Intensivierung der Kommunikation zwischen den beteiligten Wirtschaftsräumen sorgten zumindest langfristig für beachtliche wachstumsfördernde Wirkungen [vgl. auch 41: H.-U. WEHLER, Gesellschaftsgeschichte, Bd. 2., 135; 38: R. H. TILLY, Zollverein, 47].

Zudem konnte für die vierziger Jahre des 19. Jahrhunderts überzeugend nachgewiesen werden, daß der von Preußen geführte Zollverein seine Tarifgesetzgebung durchaus gezielt zur Förderung der deutschen Industrialisierung einsetzte. Die Zollvereinsregierungen folgten dabei zwar nicht jenen „Erziehungszollkonzepten", mit denen Friedrich List die deutsche Rückständigkeit gegenüber Großbritannien schneller zu überwinden hoffte. Der Industrialisierungsprozeß wäre durch diese Konzepte eher verlangsamt worden, weil der Handelsaustausch mit dem fortgeschritteneren Land sowohl im Hinblick auf den Technologietransfer als auch wegen des Bedarfs an britischen Halb- und Fertigwaren unentbehrlich war [351: H. BEST, Interessenpolitik, 67 ff.]. Die begrenzten Zollerhöhungen für Eisenprodukte und Garne wirkten sich jedoch entwicklungsfördernd aus. R. FREMDLING zeigt in seiner vergleichenden Monographie über die Entwicklung der deutschen, belgischen, britischen und französischen Eisenindustrie, daß die 1844 eingeführten Eisenzölle die rasch wachsende deutsche Nachfrage stärker auf die sich entwickelnden inländischen Anbieter richteten und damit in nicht unerheblichen Maße den Aufbau des deutschen schwerindustriellen Führungssektors begünstigten [297: Technologischer Wandel, 374]. Obwohl die Zollpolitik damit auf einem wichtigen industriellen Sektor dem Prozeß der Importsubstitution eine nachhaltige Starthilfe gewährte, war die Tarifpolitik des Zollvereins keineswegs ganz auf die möglichst rasche Industrialisierung abgestimmt. Sie blieb vielmehr, wie H. BEST es treffend formuliert hat, bis 1850 auf einem mittleren Weg zwischen einer gesellschaftspolitisch noch unerwünschten „überhasteten industriellen Entwicklung" und einer „machtpolitisch unerwünschten produktionstechnischen Stagnation" [351: Interessenpolitik, 40].

Die deutschen Staaten kamen zwar gerade in den krisenhaften vierziger Jahren des 19. Jahrhunderts durch neue Reformgesetze den veränderten wirtschaftlichen Erfordernissen stärker entgegen. Von einer planvollen Industrialisierungspolitik konnte aber auch jetzt noch keine Rede sein. Selbst der preußische Staat, der bei der Liberalisierung der deutschen Wirtschaftsgesetzgebung in der Regel an der Spitze marschierte und seinen Deregulierungskurs nach einer vorübergehenden Stagnation schon vor 1848 mit den Armen- und Einwohnergesetzen

Zolltarifpolitik

Grenzen der vormärzlichen Wirtschaftspolitik

von 1842/43, dem Aktiengesetz von 1843 [268: P. C. MARTIN, Entstehung] oder der Gewerbeordnung von 1845 wieder aufnahm, ging bis 1850 in wichtigen Bereichen nur zögernd auf entsprechende Wünsche des Wirtschaftsbürgertums ein. Vor allem R. TILLY hat in Anlehnung an die zeitgenössische Kritik des rheinischen Wirtschaftsbürgertums betont, daß gerade in den preußischen Westprovinzen noch vielfältige legislative Hemmnisse bis 1848/49 die Dynamik der industriellen Entwicklung abgebremst haben. So sei insbesondere die Finanzpolitik als „Element der Rückständigkeit" zu werten [R. TILLY, Die politische Ökonomie der Finanzpolitik und die Industrialisierung Preußens, 1815–1866, in: 93: 55–76, 56.], weil die Berliner Regierung nicht zuletzt aus Rücksicht auf die soziale Führungsschicht des Ostens gegenüber privaten Aktienbanken lange Zeit eine ablehnende Haltung einnahm. Damit behinderte sie eine großzügigere Industriefinanzierung und begrenzte die Wachstumsspielräume. Die Schwerfälligkeit der frühen preußischen Finanzpolitik, die jüngst D. ZIEGLER in einem Vergleich zwischen der Preußischen Bank und der Bank of England nochmals unterstrichen hat [385: „Steinzeit"], trug nach Ansicht von M. KOPSIDIS [Liberale Wirtschaftspolitik im Zeitalter der Industrialisierung, in: 278: 64] mit dazu bei, daß der 1845 einsetzende „erste industrielle Boom der deutschen Wirtschaft sich unter den Bedingungen einer nicht funktionstüchtigen Börse vollziehen mußte" und Ende 1847 wieder abbrach.

Süddeutsche Wirtschaftspolitik

Trotz solcher Defizite neigt jedoch auch die neuere Forschung dazu, der preußischen Wirtschaftspolitik bis in die sechziger Jahre des 19. Jahrhunderts gegenüber den anderen deutschen Staaten einen gewissen Reformvorsprung zuzugestehen. In der Tat schritt außerhalb Preußens der Abbau entwicklungshemmender Ordnungen vielfach, etwa im Kurfürstentum Hessen, deutlich langsamer voran, wobei der Widerstand gegen die Deregulierung bis 1850 aber teilweise mehr von der Gesellschaft als von der Staatsbürokratie ausging [347: H. SEDATIS, Liberalismus]. C. DIPPER hat freilich jüngst für Baden, Württemberg und Hessen-Darmstadt betont, daß auch die dortige Bürokratie spätestens seit den dreißiger Jahren „gewichtige und irreversible Weichenstellungen" für die industrielle Zukunft vorgenommen habe [C. DIPPER, Wirtschaftspolitische Grundsatzentscheidungen in Süddeutschland, in: 282: 139–161, 160].

Neue Wirtschaftspolitik der 50er Jahre

In der neueren Literatur wird die Revolution von 1848/49 als wichtiger Einschnitt auf dem Weg zu einer liberalkapitalistischen Wirtschaftsordnung angesehen. Zum einen sorgten die schon im Verlauf der Revolution durchgesetzten legislativen Grundsatzentschei-

dungen – etwa der Abschluß der Agrarreformen – für bessere Voraussetzungen erfolgreicher Industrialisierungsprozesse. Zum anderen verstärkten die meisten deutschen Staaten mit industriellen Entwicklungsregionen seit 1850 auch aus innenpolitischen Erwägungen ihren
wirtschaftsliberalen Kurs, damit sich „die bürgerlichen Energien der
ökonomischen Modernisierung zuwandten" [41: H.-U. WEHLER, Gesellschaftsgeschichte, Bd. 2, 777]. Wichtig waren in diesem Zusammenhang etwa die preußische Bergrechtsreform von 1851 und 1865
und die neuen Ansätze in der preußischen Bankenpolitik, die – wie
vor allem R. TILLY in mehreren Beiträgen gezeigt hat [93: Kapital] –
den wirtschaftlichen Aufschwung der fünfziger Jahre maßgeblich begünstigt haben.

Die Anpassung der Wirtschaftsgesetzgebung an die neuen Erfordernisse des heraufziehenden Industriezeitalters, zu der auch der wichtige Bereich der Patent- und Markenschutzgesetzgebung zählte [284: E.
WADLE, Geistiges Eigentum; 285: DERS. Fabrikzeichenschutz; 259: A.
HEGGEN, Erfinderschutz], erfolgte zwar nicht in allen Bereichen rei-
bungslos und rechtzeitig. Andererseits gab der Staat über die Gesetzgebung aber auch Entwicklungsimpulse, die gesellschaftlichen Interessen
und wirtschaftlichem Entwicklungsstand vorauseilten. Ein ähnlich am-
bivalentes Bild ergibt sich auch bei den Vorleistungen, die die jeweiligen staatlichen Wirtschaftsverwaltungen für die Industrialisierung er-
brachten. Während die ältere und auch noch Teile der neueren Forschung gerade für die preußische Frühindustrialisierung die innovatorische Rolle direkter staatlicher Eingriffe hervorgehoben haben [260: W.
O. HENDERSON, State; 281: W. TREUE, Wirtschafts- und Technikgeschichte; 271: I. MIECK, Gewerbepolitik; 274: W. RADTKE, Seehandlung; 275: U. P. RITTER, Rolle], neigen viele neuere Arbeiten dazu, die
Bedeutung solcher Anstöße zu relativieren. So verweist J. RADKAU auf
die relative Erfolgslosigkeit spätmerkantilistischer Ansätze. Die führenden Köpfe der preußischen Gewerbepolitik, Christian von Rother und
Peter Christian Beuth, ließen eine „Leitvorstellung von technischem
Fortschritt und eine prinzipielle Voreingenommenheit für eine Mechanisierung erkennen, die sich nicht an einem aktuellen Bedarf orientierte
und der Stimmung in vielen unteren Instanzen und in der privaten Unternehmerschaft vorauseilte" [144: Technik, 102]. Auch T. PIERENKEM-
PER vertritt in bezug auf die oberschlesische Eisenindustrie die These,
daß direktes staatliches Engagement die ökonomische Entwicklung
dieses Sektors und der gesamten Region eher verzögert als gefördert
habe [Das Wachstum der oberschlesischen Eisenindustrie bis zur Mitte
des 19. Jahrhunderts, in: 226: 77–106].

Preußische
Industriepolitik

Auf der anderen Seite wird dem Wirken der preußischen Wirtschaftsverwaltung, die offenbar nicht einer von allen Beamten getragenen einheitlichen Linie folgte, auch in Teilen der neueren Literatur noch ein hohes Maß an Effizienz zugesprochen. Dies zeigt etwa die Untersuchung von M. GRABAS über die Reaktionen des preußischen Staates auf die Engpässe des traditionellen Energiesystems. Hier schuf der Staat durch den institutionellen Wandel entscheidende Voraussetzungen „für die Etablierung eines qualitativ neuen Energiesystems" [256: Krisenbewältigung, 75]. Auch G. FISCHER verweist in seiner Monographie über die Wirtschaft des Regierungsbezirks Trier auf die wichtigen Entwicklungsimpulse, die von der preußischen Bergbauverwaltung an der Saar ausgegangen sind [200: Strukturen, 322 ff.]. Und C. WISCHERMANN unterstreicht die positive Rolle, die in Westfalen der staatlichen Gewerbeförderung zumindest in der frühen Phase der Industrialisierung zufiel. Er zeigt aber zugleich, wie rasch diese Politik seit den dreißiger Jahren an ihre Grenzen stieß und dem für die großen Wachstumsfortschritte letztlich entscheidenderen privaten Engagement den Vorrang einräumen mußte [286: Preußischer Staat, 503 ff.]. Deshalb wird man dem Urteil von W. FISCHER/A. SIMSCH zustimmen können: „Wo Industrialisierung in Preußen erfolgreich war, ist sie spätestens seit den 1830er Jahren keine staatliche Veranstaltung mehr gewesen." [255: Industrialisierung in Preußen, 122].

Industrieförderung der Mittelstaaten Direkte staatliche Industrieförderung konnte, wie W. A. BOELCKE für das oft ebenfalls als Musterland staatlicher Gewerbeförderung eingestufte Königreich Württemberg geschrieben hat, „schon infolge ihrer begrenzten finanziellen Größenordnung... weder Motor der Wirtschaftsentwicklung geschweige denn der industriellen Revolution sein". [191: Wirtschaftsgeschichte, 287]. Die entscheidenden Impulse für die Industrialisierungsschübe deutscher Führungsregionen setzte die private Unternehmerinitiative. Dies schließt nicht aus, daß staatliche Gewerbeförderung wie im Falle der Maschinenfabrik Esslingen [299: V. HENTSCHEL, Wirtschaftsgeschichte] durchaus entwicklungs- und wachstumsfördernd wirkte. Für Bayern hat H. MAUERSBERG festgestellt, daß die seit der Jahrhundertmitte angehobenen materiellen Staatshilfen den „Durchstoß der Industrialisierung" begünstigt haben [269: Bayerische Entwicklungspolitik, 52 f.]. Auch im Königreich Sachsen finden sich Beispiele erfolgreicher staatlicher Finanzhilfen für Privatunternehmen. Das vergleichsweise geringe Ausmaß dieser Förderung und die generell festzustellende Zurückhaltung bei direkten Subventionen sollten daher ebensowenig wie der mangelnde Erfolg von Staatsunternehmen „zu dem Schluß verleiten, staatliche Gewerbe-

förderung hätte wirtschaftliches Wachstum nicht unterstützt" [215: H.
KIESEWETTER, Industrialisierung und Landwirtschaft, 740].

Wichtiger als die direkte war die indirekte Gewerbeförderung.   Indirekte Wirt-
Seit den dreißiger Jahren des 19. Jahrhunderts gingen immer mehr deut-   schaftsförderung
sche Staaten dazu über, die gewerbliche Entwicklung durch ein staat-
lich gefördertes Vereinswesen, durch Ausstellungen und Prämierungen
zu unterstützen. Die Untersuchungen über die regionalen, nationalen
und internationalen Gewerbe- und Industrieausstellungen haben deutlich gemacht, daß gerade das rasch an Bedeutung gewinnende Ausstellungswesen ein nicht zu unterschätzendes und erfolgreiches Instrument
staatlicher Unterstützungspolitik war [257: U. HALTERN, Londoner
Weltausstellung; 265: E. KROKER, Weltausstellungen; 244: U. BECK-
MANN, Gewerbeausstellungen]. Einen besonderen, bislang völlig unter-
schätzten Aspekt hat I. CLEVE untersucht. Sie weist am Beispiel von
Frankreich und Württemberg nach, wie staatliche Kunst- und Gewerbeausstellungen, Museen und Sammlungen über Geschmacksbildung ge-
werbefördernd wirkten, indem sie einen Verständigungszusammen-
hang zwischen Gewerbetreibenden und konsumierendem Publikum
schufen und Konsum wie Produktion anregten [250: Geschmack].

Als wirkungsmächtigsten Bereich indirekter Förderung darf man   Bildungspolitik
im Falle der deutschen Industrialisierung die Bildungspolitik einstufen.
In der neueren Forschung wird von einem engen Zusammenhang zwischen den Verbesserungen des allgemeinen Bildungsstandes und dem
modernen Wirtschaftswachstum gesprochen [69: H. KIESEWETTER, Das
einzigartige Europa, 166 ff.; 333: H. VON LAER, Industrialisierung; 335:
P. LUNDGREEN, Bildung; 321: C. DIEBOLT, Education]. Gerade in
Deutschland ist nach Ansicht von J. RADKAU die Schlüsselrolle, die den
Faktoren „Bildung und Wissenschaft in der technischen Entwicklung
zugeschrieben" werden muß, deutlicher zu erkennen als in allen anderen europäischen Staaten [144: Technik, 104]. Man hat zwar die These
vertreten, daß die allgemeinbildende, humanistische Bildungskonzep-
tion der raschen und vollständigen Anpassung des Bildungssystems an
die Erfordernisse des industriellen Fortschritts nicht immer förderlich
gewesen sei. Gleichwohl ist dem allgemeinen deutschen Bildungswe-
sen, wie es V. VOM BERG [317: Bildungsstruktur] am Beispiel Essen
nachgewiesen hat, die ökonomische Effizienz nicht abzusprechen.

Auch über die Auswirkungen der gewerblich-technischen und na-   Technisches Schul-
turwissenschaftlichen Bildung auf den deutschen Industrialisierungs-   wesen
prozeß ist inzwischen intensiv geforscht worden. Eine besondere Rolle
spielten die in der ersten Hälfte des 19. Jahrhunderts entstandenen polytechnischen Schulen und die sich später aus ihnen entwickelnden Tech-

nischen Hochschulen. Für Preußen sind in diesem Zusammenhang immer wieder die Leistungen hervorgehoben worden, die das seit 1810 von Beuth aufgebaute Berliner Gewerbeinstitut als Beratungs- und Ausbildungsstätte in der Frühphase der industriellen Entwicklung erbracht hat. [336: P. LUNDGREEN, Techniker; 337: DERS. (Hrsg.), Zum Verhältnis]. Für Bayern hat S. FISCH nachgewiesen, welch wichtige Anstöße die polytechnischen Schulen gerade der frühen wirtschaftlichen Entwicklung gegeben haben [252: Polytechnische Schulen].

Naturwissenschaft und industrieller Fortschritt

Der Staat war in Deutschland somit zwar nicht der „Ursprung des technischen Fortschritts schlechthin, aber er verstärkte bestimmte Richtungen der technischen Entwicklung" [144: J. RADKAU, Technik, 107]. Die wachstumsfördernden Tendenzen der Bildungspolitik machten sich zudem in der zweiten Hälfte des 19. Jahrhunderts noch viel deutlicher bemerkbar, als Deutschlands Aufholkurs gegenüber den fortgeschritteneren Industrieländern maßgeblich vom Aufschwung der Natur- und Ingenieurwissenschaften getragen wurde. Dieser enge Zusammenhang zwischen einem effizienten Hochschulwesen und dem industriellen Fortschritt ist jüngst von H. BERGHOFF und R. MÖLLER in einem kollektivbiographischen Vergleich deutscher und englischer Unternehmer anschaulich herausgearbeitet worden [318: Unternehmer]. Vor allem aber hat W. WETZEL in seiner wichtigen Monographie über „Naturwissenschaften und chemische Industrie in Deutschland" jüngst überzeugend nachgewiesen, wie sehr die chemische Industrie ebenso wie die Elektroindustrie und der Maschinenbau von der staatlichen Wissenschafts- und Bildungspolitik profitierte [314: Naturwissenschaften; vgl. ferner 248: P. BORSCHEID, Naturwissenschaft].

Infrastrukturpolitik

Nachhaltige Impulse zur Förderung der industriellen Entwicklung gaben die deutschen Staaten schließlich auch in ihrer Funktion als Investor und Konsument. Allerdings fielen Hof und Militär, also der von W. SOMBART [149: Der moderne Kapitalismus] hoch eingeschätzten Luxus- und Kriegsproduktion, nach der neueren Forschung eine eher bescheidene Rolle zu. Weit folgenreicher vom Volumen wie von den konkreten Wirkungen waren die Ausgaben und der Bedarf, den der Ausbau des Verkehrswesens mit sich brachte. Straßen- und Kanalbau waren in Deutschland seit jeher Sache des Staates. Die deutschen Staaten haben, wie K. BORCHARD [246: Staatsverbrauch] belegt hat, schon in der ersten Hälfte des 19. Jahrhunderts große finanzielle Vorleistungen erbracht, die ebenso wie die allgemeine Steigerung der Staatsausgaben der wirtschaftlichen Entwicklung zugute kamen. Nach Ansicht W. FISCHERS kann jedoch keine Rede davon sein, daß die deutschen Staaten oder auch nur Preußen ihre gesamte Haushalts- und Infrastrukturpolitik an einer klar umrissenen Industrialisierungsstrategie orientiert hätten [254: Strategy, 432].

Im wichtigsten Bereich der Infrastrukturpolitik gab es bis in die vierziger Jahre des 19. Jahrhunderts hinein sogar gegenläufige Tendenzen. So blockierte gerade der preußische Staat raschere Fortschritte im Eisenbahnbau. Er sperrte sich bis in die vierziger Jahre gegen einen kreditfinanzierten Bau von Staatsbahnen, weil dies ohne Einlösung des königlichen Verfassungsversprechens nicht möglich gewesen wäre. Auch die 1844 erlassenen Maßnahmen gegen die Spekulation mit Eisenbahnpapieren wirkten vorübergehend entwicklungshemmend. Entgegen älteren Legenden erscheint die inzwischen breit erforschte preußische Eisenbahnpolitik [zuletzt 288: D. ZIEGLER, Eisenbahnen; 348: V. THEN, Eisenbahnen; 251: C. A. DUNLAVY, Politics; 277: W. STEITZ, Entstehung; 296: R. FREMDLING, Eisenbahnen] keineswegs durchgängig als einschlägiger Beweis für eine besonders kraftvolle staatliche Entwicklungspolitik. D. ZIEGLER hebt allerdings hervor, daß die Bahnpolitik des preußischen Staates mit ihren frühen gesetzlichen Regelungen, Zinsgarantien und Steuerbefreiungen in ihrer „Bedeutung für den Industrialisierungsprozeß nicht gering geschätzt werden sollte" [Verstaatlichung oder staatliche Regulierung, in: 273: 98–127, 126]. Außerhalb Preußens spielte die Staatsbeteiligung am gesamtwirtschaftlich so wichtigen Bahnbau von Anfang an eine viel größere Rolle [Zur Eisenbahnpolitik der deutschen Staaten jetzt grundlegend 288: D. ZIEGLER, Eisenbahnen]. R. FREMDLING hat in seiner wegweisenden Monographie über „Eisenbahnen und deutsches Wirtschaftswachstum" zwar unterstrichen, daß letztlich nicht der Staat, sondern „Privatinitiative für den entscheidenden Durchbruch des neuen Verkehrsmittels gesorgt hat" [296: Eisenbahnen, 129]. Dennoch waren, wie J. C. BONGAERTS in einem die Forschung zusammenfassenden Beitrag über Eisenbahnfinanzierung der vierziger und fünfziger Jahre hervorhebt [245: Financing Railways], die staatlichen Aktivitäten in diesem Bereich insgesamt ein wichtiger Beitrag zum industriellen Fortschritt.

Festzuhalten bleibt, daß die Rolle des Staates im deutschen Industrialisierungsprozeß schon wegen der föderativen Strukturen ambivalent bleiben mußte. Die politischen Einigungsprozesse nach 1866 und 1871 sorgten dann zwar für eine größere Einheitlichkeit und gaben dem wirtschaftlichen Wachstumsprozeß weitere Impulse. Dennoch sollte der gerade bei industriellen Nachzüglergesellschaften oft hervorgehobene und auch in Deutschland erkennbare Faktor des Wirtschaftsnationalismus [A. GERSCHENKRON, Wirtschaftliche Rückständigkeit in Historischer Perspektive, in: 94: 121–139] trotz des Wirkens eines Fried-

Eisenbahnpolitik der deutschen Staaten

Wirtschaftsnationalismus

rich List in seiner Bedeutung nicht überschätzt werden [vgl. hierzu 258:
K. W. HARDACH, Nationalismus; 279: F. B. TIPTON, National Consen-
sus]. Der Durchbruch der Industriellen Revolution hat sich in Deutschland über weite Strecken letztlich nicht im nationalen, sondern im regionalen und einzelstaatlichen Rahmen vollzogen [217: H. KIESEWET-
TER/R. FREMDLING (Hrsg.), Staat]. E. SCHREMMER kommt in seiner Untersuchung über den Zusammenhang von Steuerpolitik und Industrialisierung sogar zu dem Schluß, daß „der dezentrale Aufbau des Deutschen Bundes und dann des Deutschen Reiches in der gegebenen historischen Lage der aufholenden Industrialisierung eher förderlich" gewesen sei [Föderativer Staatsverbund, öffentliche Finanzen und Industrialisierung in Deutschland, in: 217: 3–66, 23]. Das Feld der Steuer- und
Ausgabenpolitik ist im übrigen in den letzten Jahren stärker in das Zentrum der Industrialisierungsforschung gerückt. Hier dürften – wie die
Arbeiten von W. R. LEE [267: Tax Structure], J. A. PERKINS [272: Fiscal
Policy] und die wegweisende, England, Frankreich und die deutschen
Staaten vergleichende Untersuchung von E. SCHREMMER [276: Steuern]
zeigen – noch weiterführende Ergebnisse über den ansonsten sehr differenziert erfaßten Einfluß staatlicher Aktivitäten zu erwarten sein.

(Marginalie: Bedeutung der föderativen Strukturen)

4. Verlauf und Zäsuren der deutschen Industriellen Revolution

Obwohl sich in Deutschland im 19. Jahrhundert die Historische Schule
der Nationalökonomie herausbildete und der erfolgreiche Industrialisierungsprozeß auch für das Verständnis der politischen Geschichte
wichtig war, standen Fragen nach der Industriellen Revolution lange
Zeit nicht im Zentrum des geschichtswissenschaftlichen Interesses. Die
großen Debatten über Ursachen und Verlauf der Industriellen Revolution in England und das Wachstumsparadigma der auf der klassischen
Theorie von Adam Smith fußenden angelsächsischen Forschung fanden in Deutschland wenig Resonanz, weil die Wirtschaftsgeschichte
nach den großen methodischen Auseinandersetzungen des sogenannten
Lamprecht-Streites und der Debatte um Carl Mengers Grenznutzen-
lehre für viele Jahrzehnte sowohl innerhalb der Geschichtswissenschaft
als auch innerhalb der Nationalökonomie nur noch einen vergleichsweise geringen Stellenwert besaß. Von der allgemeinen deutschen Geschichtswissenschaft wurde „die Entwicklung der modernen industriellen Welt mit ihren gesellschaftlichen Problemen" jahrzehntelang „nur

(Marginalie: Ältere deutsche Wirtschaftsgeschichte)

mehr ausnahmsweise verfolgt" [94: H.-U. WEHLER (Hrsg.), Geschichte
und Ökonomie, 19], und die von stark faktenbezogenen Interpretations-
mustern geprägte wirtschaftshistorische Forschung bemühte sich bis
zur Mitte des 20. Jahrhunderts zu wenig darum, Anschluß an die moderne, theoriegeleitete angelsächsische Forschung zu finden.

Nach 1945 hat sich zunächst besonders die marxistische Ge-   Marxistische Wirt-
schichtswissenschaft der DDR theoretisch und empirisch intensiv mit   schaftsgeschichte
den Fragen der deutschen Industriellen Revolution und ihren Folgen
beschäftigt. Die beiden „Schulen" um H. MOTTEK und J. KUCZYNSKI,
dem langjährigen Leiter des „Instituts für Wirtschaftsgeschichte", haben neben einer Fülle von Monographien und Aufsätzen in Abständen
auch umfassende Überblicksdarstellungen zur Industriellen Revolution
vorgelegt [30: H. MOTTEK, Wirtschaftsgeschichte]. Die zuletzt erschie-
nene, von R. BERTHOLD herausgegebene „Geschichte der Produktivkräfte in Deutschland" [19] bietet einen materialreichen Überblick über
die Wirtschafts- und Technikgeschichte, weist aber vor allem beim tertiären Sektor und beim internationalen Vergleich Defizite auf. Ungeachtet mancher Öffnungstendenzen, besonders in der Mottek-Schule,
verhinderte die dogmatische Grundorientierung an den Klassikern des
Marxismus-Leninismus, daß die DDR-Forschung die fruchtbaren angelsächsischen Grundsatzdebatten für eine Analyse der deutschen Industriellen Revolution in vollem Umfang nutzbar machen konnte.

Für die westdeutsche Wirtschaftsgeschichte stellte R. TILLY in ei-   Westdeutsche Wirt-
nem bilanzierenden Überblick noch 1969 große Defizite fest [Soll und   schaftsgeschichte
Haben I: Probleme der wirtschaftlichen Entwicklung in der neueren
Wirtschaftshistoriographie, in: 93: 210–227]. Die Überblicksdarstellungen, die in den fünfziger und sechziger Jahren zur deutschen Wirtschaftsgeschichte vorgelegt wurden, folgten meist institutionsge-
schichtlichen Ansätzen und konzentrierten sich zudem mehr auf die
vorindustriellen Strukturen als auf die neuen industriellen Wachstumsprozesse [hierzu ausführlich 72: J. v. KRUEDENER, Wirtschaftsge-
schichte]. Teilweise wurden auch einfach ältere Überblicksdarstellungen wie die von A. SARTORIUS VON WALTERSHAUSEN [35] oder die von
W. SOMBART [37] neu aufgelegt. Erst mit dem großen Aufschwung, den
die Wirtschafts- und Sozialgeschichte seit dem Ende der sechziger
Jahre in der Bundesrepublik erfuhr, änderte sich das Bild grundlegend.
Schon der Blick in die großen Handbücher und Überblicksdarstellungen zur allgemeinen Geschichte des 19. Jahrhunderts zeigt, daß heute
den Fragen der industriellen Entwicklung weit mehr Beachtung geschenkt wird [vgl. 31 u. 32: T. NIPPERDEY, Deutsche Geschichte; 36: W.
SIEMANN, Staatenbund]. Dies gilt im besonderen Maße für die inzwi-

schen für das gesamte 19. Jahrhundert vorliegende „Deutsche Gesellschaftsgeschichte" von H.-U. WEHLER [41].

Pionierstudie von BORCHARDT

Wesentlich erleichtert wurde diese Einbeziehung der neuen wirtschaftshistorischen Fragen dadurch, daß deutsche Wirtschaftshistoriker
seit den siebziger Jahren mehrere neue, an den angelsächsischen Fragestellungen und Methoden ausgerichtete Überblicksdarstellungen zur
Geschichte der Industriellen Revolution vorlegten. An erster Stelle ist
hier K. BORCHARDT zu nennen, dessen Beiträge zur Fontana Economic
History [Die Industrielle Revolution in Deutschland 1750–1914, in: 22:
Bd. 4, 135–202] und zum „Handbuch der Deutschen Wirtschafts- und
Sozialgeschichte" [Wirtschaftliches Wachstum und Wechsellagen
1800–1914, in: 18: 198–275] den deutschen Industrialisierungsprozeß
erstmals überzeugend unter neuen wachstumshistorischen Fragestellungen abhandelten.

Neue Handbücher

Andere neuere Überblicksdarstellungen orientieren sich ebenfalls
mit unterschiedlichen Akzentsetzungen durchweg an den Fragestellungen und Erkenntnissen der modernen Industrialisierungsforschung und
vermitteln instruktive Einblicke in Vorgeschichte und Verlauf der deutschen Industrialisierung [38: R. H. TILLY, Zollverein; 28: H. KIESEWET-
TER, Industrielle Revolution; 40: R. WALTER, Wirtschaftsgeschichte].
Zwar ist auch manchen neueren Handbüchern vorgeworfen worden,
daß sie trotz neuer Ansätze die traditionelle Orientierung der älteren
deutschen Wirtschaftsgeschichte noch nicht überwunden hätten [vgl.
A. MILWARDs Rezension zu 18: H. AUBIN/W. ZORN, Hrsg., Handbuch,
in: GG 5, 1979, 251–260; zu 27: H. KELLENBENZ, Deutsche Wirtschaftsgeschichte vgl. 72: J. VON KRUEDENER, Wirtschaftsgeschichte,
269, 272]. Das jüngst von F. W. HENNING [25] vorgelegte voluminöse
„Handbuch der Wirtschafts- und Sozialgeschichte Deutschlands" unterstreicht mit seiner Informationsfülle jedoch, daß auch solche Ansätze innerhalb der Industrialisierungsforschung nach wie vor einen
wichtigen Platz einnehmen.

Beginn und Zäsuren der Industriellen Revolution

Die Fragen nach dem Beginn und den wichtigsten Zäsuren der
deutschen „Industriellen Revolution" gehören zu den intensiv und kontrovers diskutierten Problemen der neueren Wirtschaftsgeschichte.
Manche Autoren setzen den Beginn der Industriellen Revolution schon
mit der Gründung der ersten modernen Fabriken an [61: G. HARDACH,
Aspekte, 104; 203: R. FORBERGER, Industrielle Revolution, Bd. 1, 1,
34 f.]. Für die meisten Autoren gehören diese Vorgänge aber noch zur
sogenannten Vorbereitungsphase, die der Industriellen Revolution, also
dem breiten Durchbruch des Industriesystems, vorausging. Der Zeitpunkt, zu dem die deutsche Wirtschaft in die entscheidende Phase der

vollen Entfaltung eigener Wachstumskräfte eintrat, liegt nach Ansicht
der meisten Autoren deutlich später.

Lange Zeit neigten deutsche Forscher dazu, in Anlehnung an
Friedrich List die dreißiger Jahre des 19. Jahrhunderts, die mit dem
Zollverein, dem Eisenbahnbau und einigen neuen Großbetrieben wichtige Fortschritte brachten, als Wendepunkt der Entwicklung anzusehen.
So datierte der marxistische Wirtschaftshistoriker H. MOTTEK den Beginn der deutschen Industriellen Revolution auf das Jahr 1835 und
sprach von einem qualitativen wie quantitativen Entwicklungssprung
[Einleitende Bemerkungen, in: 78, 11–64, 26; 30: MOTTEK, Wirtschaftsgeschichte, 130 f.]. Die Bedeutung der Zäsur von 1835 wurde
aber auch von westdeutschen Wirtschaftshistorikern unterstrichen, die
wie K. H. KAUFHOLD [Handwerk und Industrie 1800–1850, in: 18, 354]
oder F.-W. HENNING [26: Industrialisierung, 113 f.] unter Industrieller
Revolution eher einen längerfristigen Prozeß mit weniger spektakulären Sprüngen verstanden. Sie stützten sich dabei unter anderem auf W.
G. HOFFMANN, den Pionier der deutschen Wachstumsforschung, der die
dreißiger Jahre ebenfalls als Beginn eines Take-off ansah [Der wirtschaftliche Aufstieg in Deutschland, in: 17: 144–168, 145].

Bedeutung der
30er Jahre

Die Debatte über ROSTOWS Take-off-Modell [176: W. W. ROSTOW
(Ed.), Economics] führte seit den sechziger Jahren jedoch dazu, daß der
Großteil der Historiker dazu tendierte, den Durchbruch der deutschen
Industriellen Revolution auf die fünfziger und sechziger Jahre des
19. Jahrhunderts zu datieren [300: C.-L. HOLTFRERICH, Wirtschaftsgeschichte, 168; 42: H.-U. WEHLER, Kaiserreich, 24]. Demnach erfuhr
das moderne Wirtschaftswachstum in Deutschland erst im Zeitraum
zwischen 1850 und 1873 seine entscheidende Beschleunigung, um in
ein sich selbst erhaltendes Wachstum überzugehen. Während das durch
den Konjunktureinbruch von 1873 gesetzte Ende dieser Durchbruchsphase unbestritten ist, ist in den letzten Jahren aufgrund der neueren
Konjunktur- und Wachstumsforschung die Neigung gewachsen, den
Beginn des neuen Wachstumszyklus bereits in die vierziger Jahre vorzuverlegen, die schon von den beiden Pionieren der deutschen Konjunkturforschung – A. SPIETHOFF [180: Wechsellagen] und J. A.
SCHUMPETER [178: Konjunkturzyklen] – als Übergang zu einer neuen
Entwicklungsstufe charakterisiert worden waren.

Take-off in
Deutschland

So läßt R. H. TILLY die um 1780 einsetzende deutsche Frühindustrialisierung bereits in den vierziger Jahren in eine neue Wachstumsphase einmünden, die er im Sinne ROSTOWS als „Take-off" oder als eigentliche Industrielle Revolution bezeichnet und die bis 1873 anhält
[38: Zollverein, 49]. Dem gleichen Periodisierungsschema folgt auch

Periodisierungs-
modell bei WEHLER
und TILLY

H.-U. WEHLER in seiner Deutschen Gesellschaftsgeschichte [41: Bd. 2].
Dezidierter noch als TILLY greift er dabei in Anlehnung an ROSTOW und
GERSCHENKRON das Bild eines wuchtigen Auftaktes oder großen Spurts
der deutschen Industriellen Revolution auf. Das Ende der Frühindustrialisierung und den Beginn des deutschen Take-off datiert WEHLER
auf das Jahr 1845, weil für dieses Jahr der erste Wachstumszyklus der
deutschen Wirtschaft nachgewiesen werden konnte, dessen Impulse
primär aus dem industriell-gewerblichen Sektor stammten. Obwohl
dieser Zyklus nur von kurzer Dauer war und Ende 1847 von einer
schweren Wirtschaftskrise abgelöst wurde, sieht WEHLER keinen
Grund, diesen für ihn „ungewöhnlich explosiven Boom" der vierziger
Jahre bei der Periodisierungsdebatte der deutschen Industrialisierung
zu ignorieren und ihn etwa noch der Spätzeit der Frühindustrialisierung
zuzurechnen [41: Gesellschaftsgeschichte, Bd. 2, 614].

Kritik an der These von der „Doppel-revolution" Kritiker haben allerdings darauf verwiesen, daß die deutsche
Wirtschaft bis Ende der vierziger Jahre noch stark von den „Wechsella-
gen alten Typs", also den vorindustriellen Strukturen, bestimmt worden
sei und daß ein gemeinsamer Startpunkt der deutschen Industriellen
Revolution auch angesichts der großen regionalen Unterschiede frag-
lich und problematisch sei. Zu fragen bleibe ferner, ob WEHLERS Modell einer deutschen Doppelrevolution 1845/49 nicht Gemeinsamkeiten
zwischen wirtschaftlichen und politischen Zäsuren konstruiere, die es
so nicht gegeben habe [zur Diskussion ausführlich 163: H.-W. HAHN,
Fortschritt]. Hinzu kommen generelle Bedenken gegen die Vorstellung
eines „wuchtigen Auftakts" der Industriellen Revolution. Ungeachtet
dieser Kritik kann man WEHLERS Zäsurvorschlag allerdings zugute halten, daß sich in den vierziger Jahren mit der Beschleunigung des Eisenbahnbaus und des sich formierenden schwerindustriellen Führungssektors quantitative und qualitative Veränderungen nachweisen lassen, die
nach 1850 die nun voll einsetzende Durchbruchsphase der Industriellen
Revolution bestimmten. Im übrigen hat bereits K. BORCHARDT 1976
darauf verwiesen, daß die Wurzeln der nach 1850 einsetzenden Wachs-
tumsperiode vor der Jahrhundertmitte zu suchen seien, weil die „Industrielle Revolution" diesem beschleunigten Wachstum durchaus um einige Jahre vorausgelaufen sein könnte [Wirtschaftliches Wachstum und
Wechsellagen 1800–1914, in: 18: 198–275, 203]. Den stärksten Rück-
halt findet WEHLER jedoch in den Ergebnissen der modernen deutschen
Konjunkturforschung.

Moderne Konjunk-turgeschichte Schon im 19. Jahrhundert erkannten zeitgenössische Beobachter,
daß sich auch das von der industriellen Produktionsweise bestimmte
moderne Wirtschaftswachstum nicht kontinuierlich, sondern ungleich-

mäßig mit starken Aufschwungphasen und krisenhaften Erschütterungen vollzog. Schwankungen hatte es zwar auch in der vorindustriellen Wirtschaft gegeben, aber sie waren vorwiegend die Folgen von Mißernten gewesen. Dagegen waren die Wachstumsschwankungen des modernen Industriekapitalismus, die mit größerer Regelmäßigkeit auftraten und geringere Schwankungsbreiten aufwiesen, nicht so leicht zu erklären. Ihr spezifisches Erscheinungsbild führte bereits relativ früh dazu, nach Gesetzmäßigkeiten solcher Wachstumszyklen zu suchen. Die daraus entstandene Konjunkturtheorie hat, angefangen mit den 7 bis 11jährigen Wachstumszyklen des Franzosen C. Juglar über die vieldiskutierten, auf einen Zeitraum von 40 bis 60 Jahren bemessenen „langen Wellen" des russischen Ökonomen N. D. Kondratieff bis hin zu den Kuznets-Zyklen eine Fülle rivalisierender Erklärungsmodelle entwikkelt.

Mit der Öffnung der deutschen Geschichtswissenschaft gegenüber sozialwissenschaftlicher Theoriebildung wurden diese Konjunkturtheorien verstärkt zur Analyse wirtschaftlicher wie politischer Prozesse des 19. Jahrhunderts herangezogen. In welchem Maße diese neuen Ansätze die wirtschaftshistorische Forschung in Deutschland befruchtet haben [186: R. H. TILLY, Renaissance; 159: K. BORCHARDT, Konjunkturtheorie], zeigt sich etwa an der wegweisenden mikroökonomischen Studie von R. GÖMMEL über „Wachstum und Konjunktur der Nürnberger Wirtschaft" zwischen 1815 und 1914 [161], vor allem aber an den makroökonomischen Arbeiten, die R. SPREE und M. GRABAS vorgelegt haben. Während GRABAS Konjunktur und Wachstum in der Prosperitätsphase zwischen 1895 und 1914 analysiert und dabei die Kombination von Urbanisierung und Elektrifizierung als wichtigsten Wachstumsmotor herausstellt [162: Konjunktur], hat sich SPREE in zwei großen Untersuchungen und zahlreichen kleineren Beiträgen mit den Wachstumszyklen und -trends zwischen 1820 und dem Jahrhundertende befaßt. In seiner 1977 erschienenen Dissertation untersucht SPREE [182: Wachstumszyklen] auf der Grundlage des von W. G. Hoffmann vorgelegten Datenmaterials [9: Wachstum] und eigener umfassender Datenerhebungen – z. B. Produktionsmengen, Wechselbestände, Preise, Investitionen, Bevölkerungsentwicklung u. a. – die Wachstumszyklen zwischen 1840 und 1880. Wenig später hat er diese Arbeit durch eine Analyse ergänzt, die den Zeitraum rückwärts nach 1820 und vorwärts nach 1913 erweiterte, allerdings auf einer reduzierten Datengrundlage [181: SPREE, Wachstumstrends].

Die Auswahl der 48, beziehungsweise 18 Konjunkturindikatoren, aus denen SPREE die gesamtwirtschaftlichen Zyklen und Trends errech-

Pionierstudien SPREES

net hat, ist nicht unumstritten geblieben. Kritisiert wurden das vergleichsweise geringe Gewicht landwirtschaftlicher Indikatoren und die geringe Bedeutung der Faktoren Lohn und Beschäftigung. Beides hängt jedoch mit dem theoretischen Vorverständnis SPREES zusammen, nach dem die Konjunktur vor allem als Folge der Industrieinvestitionen zu sehen ist und von der Angebotsseite der Märkte gesteuert wird. Ungeachtet aller kritischen Einwände sind die Analysen SPREES, deren Lektüre im übrigen gründliche Kenntnisse der statistischen Methodenlehre voraussetzt, jedoch als Pionierleistungen quantitativer deutscher Industrialisierungsforschung einzustufen.

Neubewertung des Industrialisierungsverlaufs

Im Hinblick auf den deutschen Industrialisierungsprozeß sind vor allem vier Ergebnisse hervorzuheben. Erstens hat SPREE die lange Zeit maßgebenden konjunkturhistorischen Arbeiten dahingehend korrigiert, daß die Entwicklung weit weniger „Stockungsspannen" aufwies, also Jahre, in denen die Zahl der sinkenden Konjunkturindikatoren größer war als die der steigenden. Während A. SPIETHOFF [180: Wechsellagen] beispielsweise für die Jahre zwischen 1822 und 1842 mit 12 Stokkungs- und nur 9 Aufschwungjahren ein sehr ungünstiges Bild zeichnete, spricht SPREE für den gleichen Zeitraum von einem deutlichen Überwiegen der Aufschwungsjahre [181: Wachstumstrends, 110]. Zweitens hat SPREE für die Jahre 1845 bis 1847 den ersten „Wachstumszyklus der deutschen Wirtschaft" nachgewiesen, dessen „Impulse primär aus dem industriell-gewerblichen Bereich" stammten [182: Wachstumszyklen, 320]. Er betont allerdings gleichzeitig, daß dieser Aufschwung insgesamt noch eine schwache Basis gehabt habe. Drittens liefert SPREE ein detailliertes Bild der konjunkturellen Entwicklung in der wichtigen Aufschwungphase zwischen 1850 und 1873. Er belegt nach Ansicht R. H. TILLYs mittels Zeitreihenvergleich und Korrelationsanalyse überzeugend „die Abhängigkeit der gesamtwirtschaftlichen Referenzzyklen von den schwerindustriellen Wachstumszyklen", die herausragende Bedeutung der „zeitlich vorgelagerten Investitionszyklen" des Eisenbahnbaus sowie den konjunkturellen Einfluß, den die Schwerindustrie bereits auf die Zirkulationssphäre, also auf Geld-, Handels- und Verkehrsinstitutionen, ausübte [186: R. H. TILLY, Renaissance, 252 f.].

Umstrittene Konjunkturkrisen

Viertens schließlich eröffnet SPREE neue Einsichten in die Geschichte der Konjunkturkrisen. Dies gilt sowohl für die komplizierten, von sich überlagernden Konjunkturverläufen geprägten Krisen im Vorfeld der Revolution von 1848/49 [vgl. auch 184: R. SPREE/J. BERGMANN, Entwicklung] als auch für den Konjunktureinbruch des Jahres 1857, der nicht auf Deutschland beschränkt war und der von H. ROSEN-

BERG auch als erste Weltwirtschaftskrise bezeichnet worden ist [175: Weltwirtschaftskrise]. Vor allem aber liefern SPREES Analysen weitere wichtige Beiträge zu den Forschungskontroversen über die sogenannte „Große Depression". Unter Rückgriff auf Kondratieffs Theorie der langen Wellen, die von 40 bis sechzigjährigen Konjunkturzyklen mit jeweils zur Hälfte langsamen und beschleunigten Wachstums ausgeht, haben H. ROSENBERG [174: Große Depression] und in seinem Gefolge H.-U. WEHLER [42: Kaiserreich] in Arbeiten der sechziger und siebziger Jahre die Wirtschaftsentwicklung zwischen dem Konjunktureinbruch des Jahres 1873 und der 1895 voll einsetzenden neuen Prosperitätsphase als Zeit der „Großen Depression" bezeichnet. Die meisten Wirtschaftshistoriker haben von Anfang an kritisiert, daß dieser Begriff trotz der Tiefe des Konjunktureinbruchs, der bis 1879 anhaltenden Stockungsphase und weiterer Konjunktureinbrüche der achtziger und frühen neunziger Jahre „für Deutschland zumindest mißverständlich und insgesamt wohl nicht erkenntnisförderlich ist" [K. BORCHARDT, Wirtschaftliches Wachstum und Wechsellagen 1800–1914, in: 18: 198– 275, 267]. Man hat sogar vom „Mythos der Großen Depression" gesprochen [zur Kritik: 177: S. B. SAUL, Myth; 262: V. HENTSCHEL, Wirtschaft; 21: K. E. BORN, Wirtschafts- und Sozialgeschichte, 107 ff.].

Obwohl R. SPREE entschieden dafür plädiert, die konjunkturtheoretische Debatte weiterhin für die wirtschaftshistorische Forschung fruchtbar zu machen, hat er sowohl die analytischen Schwächen der Theorie der langen Wellen [183: Lange Wellen] als auch die mangelnde Tragfähigkeit des Begriffs „Große Depression" eindrucksvoll herausgearbeitet. Er konnte zeigen, daß die Aufschwungjahre selbst in der Phase von 1874 bis 1894 knapp überwogen, so daß man allenfalls von einer relativen Stockung sprechen kann [181: SPREE, Wachstumstrends, 111]. Inzwischen ist auch H.-U. WEHLER wieder vom Leitbegriff „Große Depression" abgerückt und bezeichnet die Trendperiode zwischen 1873 und 1895 mit ihrem starken Verfall von Preisen, Gewinnen und Renditen als „Große Deflation" [41: Gesellschaftsgeschichte, Bd. 3, 547 ff.]. K. E. BORN lehnt aber auch einen solchen Begriff als „irreführend und der tatsächlichen Entwicklung nicht angemessen" ab, weil die deutsche Wirtschaft auch in der Zeit zwischen 1873 und 1895 letztlich ein beträchtliches reales Wirtschaftswachstum verzeichnete [21: Wirtschafts- und Sozialgeschichte, 117].

Über das konkrete Ausmaß, welches das Wachstum des Sozialprodukts in den einzelnen Perioden der Frühindustrialisierung, des Take-off und der folgenden Hochindustrialisierung erreichte, und über das Erscheinungsbild der deutschen Wirtschaft im internationalen Ver-

Abkehr von der „Großen Depression"

Moderne Wachstumsforschung

gleich gibt es allerdings unterschiedliche Auffassungen. Dies liegt unter anderem daran, daß volkswirtschaftliche Gesamtrechnungen bis weit ins 19. Jahrhundert hinein für Deutschland nur schwer zu erstellen sind, weil die Industrielle Revolution in einer Zeit begann, in der die Wirtschaftsstatistik in den Anfängen stand und in der es noch keinen Nationalstaat gab. Folglich bewegt sich die Wachstumsforschung bis zur Jahrhundertmitte und darüber hinaus auf vielfach noch unsicherem Grund. Erst für die zweite Hälfte des 19. Jahrhunderts hat W. G. HOFF-MANN, der Pionier der modernen deutschen Wachstumsforschung, auf der Grundlage privater wie amtlicher Statistiken ein umfangreiches Datenmaterial zum deutschen Wirtschaftswachstum erstellt [9: Wachstum]. Zwar sind diese auf linearen Interpolationen zeitlich weiter auseinanderliegender Zeitreihen beruhenden Zahlen, die bis zur Reichsgründung in der „dünnen Luft hoher Abstraktion" angesiedelt sind, zum Teil auf Kritik gestoßen [164: G. HARDACH, Hoffmann, 545]. Dennoch bilden sie nach wie vor den wichtigsten Ausgangspunkt für alle Diskussionen über die Höhe des deutschen Wirtschaftswachstums im 19. Jahrhundert. In den letzten Jahren hat die systematische Erforschung der verstreuten historischen Statistik durch Pilotprojekte in Berlin (W. FISCHER) und Göttingen (K. H. KAUFHOLD) neue Impulse erhalten, die sich bereits in zahlreichen neuen Quellenpublikationen niedergeschlagen haben [Überblick bei 169: K. H. KAUFHOLD, Quellen].

Wachstumsraten vor 1850

Was die Zahlen über die durchschnittliche jährliche Wachstumsrate des Sozialprodukts pro Kopf der Bevölkerung betrifft, so gehen die Schätzungen vor allem für die statistisch schlecht erfaßte erste Hälfte des 19. Jahrhunderts noch weit auseinander. F.-W. HENNING hat durch Extrapolation der Hoffmannschen Zahlenreihen für die Zeit von 1780 bis 1850 lediglich eine durchschnittliche jährliche Wachstumsrate von 0,15% errechnet [26: Industrialisierung, 25]. Demgegenüber hat K. H. KAUFHOLD aufgrund umfassender Neuberechnungen für das erste Drittel des 19. Jahrhunderts eine jährliche Durchschnittsrate von 0,5% pro Kopf der Bevölkerung ermittelt [Wirtschaftswachstum, Technologie und Arbeitszeit: Ausgangssituation im 18. Jahrhundert und Entwicklung bis ca. 1835, in: 173: 17–54, 33]. Angesichts der unzureichenden Datengrundlage sieht er in dieser Zahl jedoch nur einen oberen Grenzwert, der weiterer Überprüfungen bedarf. Die neuen Erkenntnisse zur wirtschaftlichen Situation in der ersten Hälfte des 19. Jahrhunderts scheinen dieses etwas optimistischere Bild durchaus zu stützen. So meint auch R. FREMDLING, daß die vor 1850 erreichten Wachstumsraten deutlich höher gewesen seien, als es HENNING ausgehend von den Hoffmann-Daten errechnet hat [160: R. FREMDLING, German National Ac-

counts, 341/342]. Der Grund für die Unterschätzung des Wirtschaftswachstums der ersten Jahrhunderthälfte liegt seiner Ansicht nach vor
allem darin, daß Hoffmanns Ausgangsdaten für die fünfziger Jahre zu
niedrig angesetzt waren.

FREMDLING bekräftigt damit in seinem Beitrag die Kritik, die vor
ihm bereits C.-L. HOLTFRERICH an den Zahlen Hoffmanns geübt hat
[167: Growth, 124–132]. Beide Autoren sind der Ansicht, daß diese
nach den Preisen des Jahres 1913 berechneten Zeitreihen revisionsbedürftig sind. Ihre Neuberechnungen können hier nicht im Einzelnen
vorgestellt und diskutiert werden. Für die Debatte über den Verlauf des
deutschen Industrialisierungsprozesses in der zweiten Hälfte des
19. Jahrhunderts bleibt nur festzuhalten, daß beide Forscher zu höheren
Wachstumsraten des deutschen Sozialprodukts kommen als Hoffmann
und andere. Bemerkenswert ist dabei vor allem, daß die für die Jahre
zwischen 1850 und 1873 gewonnenen Daten am weitesten von denen
Hoffmanns abweichen, während sich die Zahlen für die folgenden Jahrzehnte wieder stärker annähern.

FREMDLING und HOLTFRERICH unterstützen somit die These, daß
der deutsche Industrialisierungsprozeß in den fünfziger, sechziger und
frühen siebziger Jahren eine besondere Dynamik aufgewiesen habe.
Demgegenüber hat H. KAELBLE vor einigen Jahren Kritik am sogenannten „Mythos von der rapiden Industrialisierung in Deutschland geübt".
Unter Hinweis auf die im internationalen Vergleich keineswegs ungewöhnlichen jährlichen Wachstumsraten und die keineswegs spektakulären Wandlungen der deutschen Berufsstruktur betont KAELBLE vor
allem für die Zeit des deutschen Kaiserreichs, daß sich die These von
einer besonderen wirtschaftlichen Dynamik nicht aufrechterhalten
lasse [168: H. KAELBLE, Mythos, 109]. Er hat zwar für diese Meinung
auch Unterstützung gefunden [201: W. FISCHER, Industrialisierung und
soziale Frage, 224 ff.]. Zu einer großen Debatte haben die KAELBLE-
Thesen in Deutschland aber nicht geführt, weil das deutsche Beispiel
„für eine Relativierung des Revolutionären" im Wachstumsprozeß
„vergleichsweise ungeeignet ist" [96: D. ZIEGLER, Zukunft, 413]. Die
Mehrheit der Wirtschaftshistoriker geht davon aus, daß der deutsche Industrialisierungsprozeß nicht allein in der sogenannten Take-off-Phase
bis 1873, sondern auch im weiteren Verlauf des Kaiserreichs eher besonders dynamische Züge trug.

Erstens lag das Wachstum des deutschen Sozialprodukts zwischen
1850 und 1910 mit einer durchschnittlichen jährlichen Pro-Kopf Rate
von circa 1,6% nach allen neuen Berechnungen höher als das der gro
ßen europäischen Industrienationen Großbritannien und Frankreich

Wachstum nach 1850

„Mythos von der rapiden Industrialisierung"

Dynamik des deutschen Wirtschaftswachstums

[vgl. W. FELDENKIRCHEN, Wirtschaftswachstum, Technologie und Arbeitszeit von der Frühindustrialisierung bis zum Ersten Weltkrieg, in:
173: 75–155, 85; 165: V. HENTSCHEL, Produktion, 476; 156: P. BAI-
ROCH, Europe's Gross National Product, 286; 179: H. SIEGENTHALER,
Scale Analysis]. Es wurde nur vom ebenfalls früh industrialisierten
Belgien geringfügig übertroffen. Vergleiche mit den skandinavischen
Staaten, die teilweise ebenfalls höhere Wachstumsraten aufwiesen, sind
aufgrund der großen Verschiedenheit der Strukturen wenig aussage-
kräftig. Zweitens hat Deutschland seinen Anteil an der Weltindustrieproduktion nach den Berechnungen von P. BAIROCH zwischen 1860 und
1900 von 4,9% auf 13,2% gesteigert und damit beträchtliche Positions-
gewinne gegenüber allen anderen europäischen Staaten erzielt [157: Industrialization Levels, 296].

Deutsche Welt-
machtposition
Schließlich ist drittens auf die jüngst von zahlreichen Wirtschaftshistorikern eindrucksvoll herausgearbeitete Weltmarktposition deutscher Industrieprodukte zu verweisen, die in wichtigen Bereichen am
Ende des 19. Jahrhunderts der britischen Konkurrenz den Rang abliefen
[354: C. BUCHHEIM, Aspects; 355: DERS., Deutschland; 363: W. FEL-
DENKIRCHEN, Rivalität; 371: H. KIESEWETTER, Competition; 372: C.
KINDLEBERGER, Overtaking; 378: H. POHL, Aufbruch]. Unter Hinweis
auf die gewaltige Zunahme der deutschen Industrieproduktion und ein
hohes Wirtschaftswachstum bei weiter stark steigender Bevölkerung
haben G. A. RITTER und K. TENFELDE in ihrem Standardwerk zur Sozialgeschichte der Arbeiter im Kaiserreich deshalb zu Recht unterstrichen, daß dem sogenannten „Mythos von der rapiden Industrialisierung" Deutschlands ein recht „hoher Wahrheitsgehalt" beizumessen sei
[344: Arbeiter, 17]. Zudem müssen in diesem Zusammenhang auch
jene Stimmen beachtet werden, die die Aussagekraft nationaler Wachs-
tumsdaten relativieren und mehr für den Vergleich regionaler Wachs-
tumsmuster plädieren.

5. Region und Industrielle Revolution:
Eine neue Sicht

Regionale Wachs-
tumsdisparitäten
Lange Zeit hat die wirtschaftsgeschichtliche Forschung den raumwirtschaftlichen Strukturen des Industrialisierungsprozesses nur wenig
Aufmerksamkeit geschenkt. Die Analysen der Nationalökonomie orientierten sich an Staaten, beziehungsweise Volkswirtschaften. In der
deutschen Wirtschaftsgeschichte wurden Fragen der regionalen Diffe-

renzierung von Wachstumsprozessen angesichts der föderativen Strukturen und der großen Bedeutung landesgeschichtlicher Forschung zwar
nie völlig ausgeblendet. Allerdings dominierte seit der Reichsgründung
auch hier ein Jahrhundert lang die nationalstaatliche Betrachtungs-
weise. Seit den 1960er Jahren fanden dann die regionalen Aspekte eine
größere Berücksichtigung. E. MASCHKE [223: Industrialisierungsge-
schichte], O. BÜSCH [54: Industrialisierung und Geschichtswissen-
schaft] und W. ZORN [243: Jahrhundert] plädierten dafür, die überregionalen und systematischen Untersuchungen durch eine „landesge-
schichtliche Behandlung der Industrialisierungsphänomene" zu ergän-
zen. K. BORCHARDT bezeichnete 1965 die Untersuchung der regionalen
Wachstumsdifferenzen im Deutschland des 19. Jahrhunderts als eine
lohnende Daueraufgabe der Forschung, steckte unter Rückgriff auf
neuere theoretisch-methodische Erklärungsansätze den Rahmen solcher Untersuchungen ab und skizzierte mit Hilfe der Indikatoren Einkommen, Arztdichte und Gewerbeaufkommen die großen regionalen
Wachstumsgefälle im vorindustriellen und industrialisierten Deutschland [Regionale Wachstumsdifferenzierung in Deutschland im 19. Jahrhundert unter besonderer Berücksichtigung des Ost-West-Gefälles, in:
50: 42–59]. Zu den Pionieren der Erforschung von raumwirtschaftlichen Strukturen und regionaler Industrialisierung gehört ferner W. FI-
SCHER. 1970 griff er W. G. HOFFMANNs Modell einer in mehreren Stufen
verlaufenden Industrialisierung [67: Stadien] auf, übertrug es von der
nationalstaatlichen auf die regionale Ebene und regte Vergleiche zwischen den deutschen Führungsregionen an [„Stadien und Typen" der
Industrialisierung in Deutschland, in: 59: 464–473].

Die nachhaltigsten Impulse zur regionalen Industrialisierungsfor-   Forschungsimpulse
schung kamen 1973 von S. POLLARD, der in einem wegweisenden Auf-   durch S. POLLARD
satz über „Industrialisierung und europäische Wirtschaft" die These
vertrat, daß die Industrielle Revolution sowohl im Pionierland England
als auch in allen europäischen Nachfolgeländern ein regionales Phäno-
men gewesen sei. Die Industrialisierung erfaßte innerhalb der National-
staaten nicht alle Regionen gleichermaßen, und ihre Ausbreitungs- und
Nachahmungseffekte machten auch nicht vor staatlichen Grenzen halt
[113: Conquest; 86: Industrialization; 87: Typology]. Es war zunächst
eine verhältnismäßig kleine Anzahl wirtschaftlicher Führungsregionen,
von denen der industrielle Entwicklungsprozeß ausging, während andere Regionen anfangs kaum erfaßt wurden und sogar Potential an die
führenden Regionen abgeben mußten. Der im Hinblick auf die raumwirtschaftlichen Strukturen ungleichgewichtig verlaufende Industrialisierungsprozeß ist nach POLLARD „dabei mehr als eine bloß zufällige

Zusammenballung neuer Industrien und anderer wirtschaftlicher Aktivitäten in einem bestimmten Raum". Es wird vielmehr deutlich, „daß der Mechanismus, der diese regionale Verteilung bestimmt, zugleich ein Kernstück des Industrialisierungsprozesses selbst ist" [231: S. POLLARD (Hrsg.), Region, 12].

Regionale Industrialisierungsforschung

Die empirisch-historische regionale Industrialisierungsforschung, deren theoretisch-methodisches Instrumentarium schon in einem anderen Band dieser Reihe [33: T. PIERENKEMPER, Gewerbe] ausführlich behandelt worden ist, widmet sich vor allem drei Kernfragen. Zum ersten gilt es, Wirtschaftsregionen sachgerecht voneinander abzugrenzen und geeignete Indikatoren zur Messung des jeweiligen Entwicklungsgrades zu finden. Zum zweiten geht es um die Ursachen für die besondere Dynamik beziehungsweise die Rückständigkeit einzelner Regionen. Drittens wird untersucht, welche Ausbreitungseffekte von den Führungsregionen ausgingen, wie sie von anderen Regionen aufgenommen wurden und wie sich auf diese Weise im Laufe des Industrialisierungsprozesses eine ständig wechselnde Dynamik mit weiteren Verschiebungen industrieller Zentren ergab. Regionale Industrialisierungsforschung ist also mehr als die Geschichte des Wachstums einzelner Regionen. Es geht vor allem auch um die Interdependenzen zwischen Vorläufer- und Nachzüglerregionen, wobei – wie etwa R. FREMDLING [Der Einfluß der Handels- und Zollpolitik auf die wallonische und die rheinisch-westfälische Eisenindustrie, in: 217: 72–103; 364: DERS., Exporte] oder R. H. DUMKE [361: Anglo-deutscher Handel] gezeigt haben – gerade bei der deutschen Industrialisierung auch die Einflüsse außerdeutscher Regionen einbezogen werden müssen.

S. POLLARDs These von der Region als Schlüsselelement des Industrialisierungsprozesses wurde seit den siebziger Jahren nicht nur in Großbritannien [vgl. 108: P. HUDSON (Ed.), Regions], sondern auch von zahlreichen deutschen Wirtschaftshistorikern aufgegriffen und mit beachtlichen Erfolgen für die empirisch-historische Analyse des deutschen Industrialisierungsprozesses nutzbar gemacht. Die wichtigsten Erkenntnisfortschritte liegen vor allem auf drei Ebenen: in den weiterführenden Beiträgen zu theoretisch-methodischen Aspekten, in den Arbeiten zur raumwirtschaftlichen Struktur der deutschen Wirtschaft im 19. Jahrhundert und schließlich in den Untersuchungen zu einzelnen deutschen Wirtschaftsregionen.

KIESEWETTERS Erklärungsmodell

Was die erste Ebene betrifft, so hat sich vor allem H. KIESEWETTER ausgiebig mit den unterschiedlichen Erklärungsansätzen und Deutungsmodellen regionaler Industrialisierung beschäftigt und diese durch weiterführende eigene Überlegungen ergänzt. In seinen 1980 erschienenen „Erklärungshypothesen zur regionalen Industrialisierung in Deutschland im 19. Jahrhundert" [214] und weiteren Beiträgen zu dieser Thematik [215: KIESEWETTER, Industrialisierung und Landwirtschaft; 213: DERS., Zur Dynamik; DERS., Raum und Region, in: 44: 105–118] hat KIESEWETTER ein für vergleichbare Analysen nützliches Faktorenmodell regionaler Industrialisierung entwickelt. Zu den wichtigsten ökonomischen Entwicklungsdeterminanten, die für die besondere wirtschaftliche Dynamik einzelner Regionen verantwortlich sind, zählt er unter anderem die Bevölkerungsdichte und -zunahme, günstige Boden- und Klimaverhältnisse, natürliche Ressourcen, vorindustrielle Gewerbestrukturen, ausreichendes Kapital, technischen Fortschritt, eine dynamische Unternehmerschaft und ein ausreichendes Arbeitskräftereservoir. Ein besonderes Gewicht wird ferner auf den interregionalen Handel gelegt. Neben den ökonomischen Faktoren regionaler Industrialisierung mißt KIESEWETTER auch den politischen und sozialen Rahmenbedingungen einen hohen Stellenwert bei, weil von ihnen starke fördernde oder hemmende Wirkungen ausgehen konnten. Eine besondere Rolle spielen in diesem Zusammenhang die staatliche Wirtschaftspolitik und der Bildungssektor. Obwohl die theoretischen Vorklärungen und die forschungsstrategischen Überlegungen, etwa die sinnvolle Abgrenzung der nicht immer mit administrativen Grenzen zusammenfallenden Regionen, noch keineswegs abgeschlossen sind, hat sich die Grundsatzdebatte über die empirische Erforschung regionaler Industrialisierung schon jetzt als außerordentlich fruchtbar erwiesen.

Die zweite Ebene der regionalen Industrialisierungsforschung betrifft die raumwirtschaftliche Struktur Deutschlands. Zur regionalen Differenzierung der Wachstumsprozesse sind vor allem seit den siebziger Jahren wichtige neue Forschungsergebnisse vorgelegt worden. In zahlreichen, meist aus Tagungen hervorgegangenen Sammelbänden wurden die Dynamik der regionalen Wirtschaftsentwicklung und ihre Folgen unter unterschiedlichsten Aspekten behandelt. Der von S. POLLARD herausgegebene Band „Region und Industrialisierung" [231] darf hier wegen seines auf den gesamteuropäischen Raum ausgerichteten vergleichenden Ansatzes als Pionierstudie angesehen werden. In zwei anderen wichtigen Sammelbänden geht es um Möglichkeiten und Grenzen einer an den Raumwirtschaftstheorien ausgerichteten Forschungsstrategie [204: R. FREMDLING/R. H. TILLY (Hrsg.), Industrialisierung] und um den Zusammenhang von staatlicher Wirtschaftspolitik und regionaler Industrialisierung [217: H. KIESEWETTER/R. FREMDLING (Hrsg)., Staat]. Zu den wegweisenden Monographien zählen F. B. TIP-

Raumwirtschaftliche Strukturen

TONS 1976 vorgelegte Arbeit über die regionale Verteilung der deutschen Industrie, die vor allem auf einer Analyse von industriell Beschäftigten in insgesamt 32 Regionen beruhte [241: Regional Variations], und G. HOHORSTS Untersuchung zum West-Ost-Gefälle in der Entwicklung der preußischen Wirtschaft, das mit der Industriellen Revolution im 19. Jahrhundert weiter zunahm [166: Wirtschaftswachstum]. Neue Einblicke in das Erscheinungsbild und die Ursachen regionaler Entwicklungsdisparitäten im deutschen Industrialisierungsprozeß vermittelt eine innovative Untersuchung von H. FRANK [202: Entwicklungsdisparitäten], in der die Entwicklungsdifferenzen vor allem auf die Bedingungen des interregionalen Güteraustausches zurückgeführt werden. Damit bestätigt er die sogenannte „Export-Basis-Theorie" von D. C. NORTH, nach der die Exportfähigkeit einer Region der zentrale Faktor ihrer wirtschaftlichen Entwicklung ist.

Interregionaler Vergleich

Was den quantitativen Vergleich zwischen deutschen Regionen angeht, so hat wiederum H. KIESEWETTER im Zusammenhang mit seiner Arbeit über Sachsen eine verdienstvolle Bestandsaufnahme regionaler Industrialisierung zum Zeitpunkt der Reichsgründung vorgelegt [215: Industrialisierung und Landwirtschaft, 741 ff.; 216: DERS., Regionale Industrialisierung, 38 ff.]. Auf der Grundlage der Berufszählung des Statistischen Reichsamts von 1871 hat er erstmals für alle deutschen Staaten und Regionen die prozentuale Verteilung der Erwerbstätigen auf die verschiedenen Sektoren errechnet und versucht, aus den Ergebnissen eine Typologisierung des Verlaufs der Industrialisierung abzuleiten. Den höchsten Industrialisierungsgrad wies demnach das auch bei der Bevölkerungsdichte an der Spitze liegende Königreich Sachsen auf, gefolgt von den preußischen Westprovinzen Rheinland und Westfalen.

Regionale Entwicklungstypen

Zugleich entwickelt KIESEWETTER in Anlehnung an POLLARDs Ansätze eine Typologie von Industrialisierungsverläufen deutscher Regionen. Zum ersten Typ zählt er dabei die Pionierregionen der deutschen Industrialisierung, die wie das Königreich Sachsen, das Rheinland oder Westfalen und Teile Schlesiens relativ früh auf einen dem englischen Modell vergleichbaren Weg einschwenkten. Typische Gewerbebranchen waren hier die Baumwollindustrie, der Steinkohle- und/oder Eisenerzbergbau, die Eisenindustrie sowie nachgelagerte Maschinenbau- und sonstige Investitionsgüterindustrien. Zum zweiten Typ zählt KIESEWETTER Regionen wie das Königreich Württemberg, die Großherzogtümer Baden und Hessen oder die bayerische Rheinpfalz, die schon um 1800 frühindustrielle Ansätze verzeichneten, wegen der schlechten Rohstoffbasis aber zunächst dem Entwicklungstempo der Pionierregionen nicht folgen konnten und erst in der zweiten Hälfte des 19. Jahrhunderts durch die Ausbildung weiterer Faktoren und Faktorsubstitutionen zu den Pionierregionen aufschlossen. Der dritte Typ umfaßt die zurückbleibenden Regionen, die entweder auf ihrer rein landwirtschaftlichen Basis verharrten oder aber durch die Dynamik der neuen Führungsregionen ihre vorindustrielle Gewerbestruktur verloren, weil sie der neuen Konkurrenz nicht standhalten konnten. Auch wenn der Beitrag, den die Regionen des dritten Typs zum Industrialisierungsprozeß geleistet haben, auf den ersten Blick gering erscheinen mag, so müssen auch sie in einer Gesamtbewertung angemessen berücksichtigt werden [229: S. POLLARD, Marginal Europe; 230: DERS., Randgebiete]. Sie gaben, wie E. SCHREMMER [148: Das 18. Jahrhundert] betont, zum einen wichtige Produktionsfaktoren an die sich industrialisierenden Regionen ab und dämpften durch die Konservierung ländlich-gewerblicher Strukturen zum anderen die wirtschaftlichen und sozialen Kosten des Industrialisierungsprozesses.

Die neuen Forschungen haben die Schlüsselrolle regionaler Entwicklungen für den gesamten Industrialisierungsprozeß nachhaltig unterstrichen, den Blick auf die Disparitäten im Strukturwandel der deutschen Wirtschaft geschärft und auch die daraus resultierenden Probleme für die wirtschaftliche Integration der einzelnen Regionen in die sich ausbildende deutsche Volkswirtschaft klarer herausgearbeitet. Darüber hinaus hat die regionale Industrialisierungsforschung nachhaltige Anstöße zur Erforschung einzelner deutscher Wirtschaftsregionen gegeben, zu denen allerdings schon lange vor dieser Forschungsdebatte umfassende Untersuchungen vorhanden waren. Diese Arbeiten über einzelne deutsche Wirtschaftsregionen des Industriezeitalters haben inzwischen eine solche Breite und Dichte erreicht, daß ein ausführlicher Überblick den Rahmen des vorliegenden Bandes sprengen müßte. Im Folgenden können nur die wichtigsten Beiträge zu ausgewählten Regionen genannt werden.

Besonders gut erforscht sind die industriellen Führungsregionen in den preußischen Westprovinzen, also vor allem das westfälisch-rheinische Ruhrrevier, die rheinische Gewerberegion von Krefeld über Köln bis Aachen und das Bergische Land [199: K. DÜWELL/W. KÖLLMANN (Hrsg.), Rheinland-Westfalen]. Gerade das Bergische Land hat sich als lohnendes Forschungsobjekt erwiesen, weil der Verlauf seiner Industrialisierung einerseits von der langen vorindustriellen Gewerbetradition profitierte, es aber andererseits als Pionierregion der deutschen Industriellen Revolution schon früh eine ungewöhnliche Dynamik entwickelte [vgl. J. REULECKE, Nachzügler und Pionier zugleich:

Bilanz der regionalen Forschung

Rheinisch-westfälischer Raum

Das Bergische Land und der Beginn der Industrialisierung in Deutschland, in: 231: 52–68; 212: F. W. HENNING, Düsseldorf]. Für das Ruhrgebiet ist unter Federführung W. KÖLLMANNs, der zu den Pionieren der rheinisch-westfälischen Industrialisierungsforschung gezählt werden muß, ein umfassendes Werk entstanden [219: W. KÖLLMANN/H. KORTE/ D. PETZINA u. a. (Hrsg.), Ruhrgebiet], das einen guten Einblick in den regionalen Strukturwandel bietet und dessen Bedeutung für die deutsche Industrialisierung anschaulich herausarbeitet.

Während die Arbeiten zur schwerindustriell geprägten Ruhrregion stärker den qualitativen und quantitativen Entwicklungssprung hervorheben, thematisieren die Untersuchungen zu der von der Textilindustrie bestimmten rheinischen Gewerberegion um Krefeld [187: G. ADELMANN, Gewerbe; 303: H. KISCH, Gewerbe] mehr die Kontinuitätslinien zwischen vorindustrieller und industrieller Phase. Hier ist vor allem die jüngst von P. KRIEDTE vorgelegte Studie zur Geschichte der Krefelder Seidenindustrie hervorzuheben, die nicht nur für die Diskussion über die Zusammenhänge zwischen „Protoindustrialisierung" und moderner Industrie neue Einsichten vermittelt, sondern auch ausführlich die mit dem Strukturwandel aufbrechenden sozialen Konflikte untersucht [218: Stadt].

Saarrevier und Oberschlesien

Auch das ebenfalls zur preußischen Rheinprovinz gehörende Saarrevier ist von der modernen regionalen Industrialisierungsforschung bearbeitet worden und erweist sich nicht zuletzt deshalb als interessantes Forschungsfeld, weil hier – bedingt durch die Rolle der preußischen Bergverwaltung – dem Zusammenwirken staatlicher und privater Initiativen große Bedeutung zukommt [190: R. BANKEN, Industriezweige; 239: P. THOMES, Staatsmonopol; 198: R. VAN DÜLMEN (Hrsg.), Industriekultur]. Ähnliches gilt für die Geschichte der Industrialisierung Oberschlesiens, deren Erforschung in den letzten Jahren auf deutscher wie polnischer Seite große Fortschritte gemacht hat [guter Einblick bei 226: T. PIERENKEMPER (Hrsg.), Industriegeschichte. Vgl. ferner 205: K. FUCHS, Dirigismus]. Für beide Regionen und den interregionalen Vergleich schwerindustrieller Regionen hat T. PIERENKEMPER wichtige Forschungsimpulse gegeben [227: Die schwerindustriellen Regionen].

Berliner Raum

Gut erforscht ist auch der von Textilindustrie und Maschinenbau geprägte Berliner Raum, zu dem sowohl Wirtschaftshistoriker der DDR [189: L. BAAR, Entwicklung] als auch der Bundesrepublik Deutschland frühzeitig materialreiche Arbeiten erstellt haben. Besonders ertragreich war in diesem Zusammenhang ein schon in den sechziger Jahren interdisziplinär angelegtes Forschungsprogramm der Historischen Kommission zu Berlin. O. Büsch, der Leiter des Projektes, hat von einem eigenen Industrialisierungstyp einer hauptstadtgebundenen Wirtschaftsregion gesprochen, zu dessen Besonderheiten nicht zuletzt die frühen Nachfrageimpulse von Hof und Militär zählten [194: Industrialisierung und Gewerbe; 195: Ders. u. a., Industrialisierung und Gewerbe; 196: Ders. (Hrsg.), Untersuchungen].

Zu der früh einsetzenden und für ganz Deutschland wichtigen Industriellen Revolution im Königreich Sachsen liegen zwei große Untersuchungen vor. Nach der Anfang der achtziger Jahre erschienenen zweibändigen Monographie des DDR-Historikers R. Forberger [203: Industrielle Revolution] folgte 1988 die Westberliner Habilitationsschrift von H. Kiesewetter [217: Industrialisierung und Landwirtschaft]. Diese von Pollards Ansatz geprägte Pionierstudie ordnet die sächsische Entwicklung nicht nur besser in den gesamtdeutschen und europäischen Industrialisierungsprozeß ein. Sie setzt mit überzeugenden Argumenten auch andere zeitliche Zäsuren. Nach Kiesewetter erfolgte der Durchbruch der sächsischen Industriellen Revolution erst in den vierziger Jahren, während Forberger die Industrielle Revolution in Sachsen schon um 1800 mit dem Aufkommen erster Werkzeugmaschinen beginnen läßt. Königreich Sachsen

Neben den Führungsregionen hat die regionale Industrialisierungsforschung in den letzten Jahren auch deutsche Regionen des zweiten und dritten Entwicklungstyps stärker in den Blick genommen. Recht gut erforscht ist inzwischen der deutsche Südwesten, der zu den in einer zweiten Phase erfolgreich nachziehenden Industrieregionen gezählt werden kann [vgl. 192: O. Borst, (Hrsg.), Wege]. Das Großherzogtum Baden rückte durch die Arbeiten von W. Fischer [253: Der Staat] schon früh in das Zentrum des Forschungsinteresses. Zu Württemberg sind in den letzten Jahren mehrere wichtige neue Arbeiten entstanden. So hat sich R. Walter ausführlich mit den Vorbedingungen des württembergischen Industrialisierungsprozesses befaßt [242: Kommerzialisierung], J. Gysin untersuchte die beachtlichen frühindustriellen Ansätze [209: Fabriken], R. Flik die Textilindustrie [298: Textilindustrie] und K. Megerle präzisierte mit Hilfe des Indikators „Gewerbebesatz", das heißt dem Anteil der gewerblich tätigen Personen, die Stellung Württembergs im deutschen Industrialisierungsprozeß [224: Württemberg]. Auch der hessische Raum, der in der Phase der Hochindustrialisierung zum Teil ebenfalls zu den Führungsregionen aufschließen konnte, hat in den letzten Jahren eine stärkere Beachtung gefunden [zusammenfassend 210: H.-W. Hahn, Wirtschaftsraum; vgl. ferner 225: U. Möker, Nordhessen; 211: G. Hardach, Wirtschaftspolitik; Deutscher Südwesten und Hessen

236: E. M. SPILKER, Wirtschaftsraum]. Während D. GESSNER zu den Anfängen der Industrialisierung des Rhein-Main-Raumes jetzt eine ausführliche Studie vorgelegt hat [206: Anfänge], stehen umfassende Analysen zu der für diese Region so wichtigen Hochindustrialisierung noch immer aus. Was schließlich den dritten Entwicklungstyp, die verspätet industrialisierten Regionen, betrifft, so ist vor allem auf die für Schleswig-Holstein, [193: J. BROCKSTEDT (Hrsg.), Frühindustrialisierung] und Lippe [237: P. STEINBACH, Industrialisierung] vorliegenden Arbeiten zu verweisen.

Verspätete Regionen

Die Forschungen zur regionalen Industrialisierung in Deutschland orientieren sich selbst bei der Frühindustrialisierung meist ganz am späteren Reichsgebiet von 1871. Da jedoch die wirtschaftlichen Strukturen auch auf den deutschen Einigungsprozeß und das Hinausdrängen Österreichs eingewirkt haben, wären vergleichende Analysen zwischen Regionen des späteren Reichsgebietes und solchen der Habsburger Monarchie sehr wünschenswert. Solche Forschungen bieten sich auch deshalb an, weil die Industrialisierungsgeschichte der Donaumonarchie in den letzten Jahren durch österreichische wie amerikanische Wirtschaftshistoriker beträchtliche Fortschritte gemacht hat. Neben H. MATIS [Die Habsburgermonarchie (Cisleithanien) 1848–1918, in: 24: Bd. 5, 474–511] und R. SANDGRUBER [233: Ökonomie] sind vor allem die Pionierarbeiten von J. KOMLOS [221: Habsburg Monarchy] und D. F. GOOD [208: Aufstieg] zu nennen. Einen guten Überblick über den derzeitigen Stand der Forschung bietet ein Literaturbericht von R. H. TILLY [240: Entwicklung]. Die wichtigsten Ergebnisse der neuen Forschungen bestehen zum einen darin, daß das Wirtschaftswachstum in der Habsburger Monarchie im 19. Jahrhundert zwar schwächer war als im späteren Reichsgebiet und in den führenden westeuropäischen Staaten, daß aber das Bild von der wirtschaftlichen Rückständigkeit auch nicht überzeichnet werden sollte. Zum anderen zeigt sich, daß der ebenfalls von starken regionalen Disparitäten gekennzeichnete Industrialisierungsprozeß der Habsburger Monarchie kaum quantitative und qualitative Sprünge aufwies, sondern durch ein langsameres, aber stetiges Wachstum geprägt war.

Habsburger Monarchie

Neben den Arbeiten zu einzelnen Staaten und Regionen sei abschließend noch auf die wachsende Zahl von Lokalstudien verwiesen, in denen mit teilweise großem Erfolg die Fragestellungen der regionalen Industrialisierungsforschung fruchtbar gemacht werden. Auch wenn meist mehr die sozialen Folgen und ihre Bewältigung im Mittelpunkt stehen, stellen solche Mikrostudien gerade wegen der engen Verzahnung von wirtschafts- und sozialgeschichtlichen Fragestellungen

Lokalstudien

eine wichtige Bereicherung für die Debatte über ökonomische Vorbedingungen, gesellschaftliche Träger und institutionelle Rahmenbedingungen dar. Neben der schon genannten Krefeld-Monographie von P.
KRIEDTE [218] seien vor allem die Untersuchung von W. R. KRABBE
über den Zusammenhang von städtischer Infrastrukturpolitik und Industrialisierung [220: Kommunalpolitik] sowie die Arbeiten über Nürnberg [161: R. GÖMMEL, Wachstum], Oberhausen [232: H. REIF, Stadt],
Bielefeld [197: K. DITT, Industrialisierung], Flensburg [188: U. AL-
BRECHT, Gewerbe] und Esslingen [235: S. SCHRAUT, Sozialer Wandel]
genannt.

Obwohl die regionalen und lokalen Besonderheiten des deutschen
Industrialisierungsprozesses schon in der älteren Literatur behandelt
worden sind, hat die inhaltliche und methodische Ausweitung der regionalen Industrialisierungsforschung grundlegend neue Einsichten in
den Charakter und Verlauf der deutschen Industrialisierung gebracht
und die lange dominierende, aber verzerrende nationale Sichtweise relativiert.

6. Führungssektoren und Industrielle Revolution

Das moderne Wirtschaftswachstum weist nicht allein starke regionale
Disparitäten auf, sondern vollzieht sich auch im Hinblick auf die einzelnen Wirtschaftssektoren sehr ungleichgewichtig. Schon früh wurde
daher von Wirtschaftshistorikern wie J. A. SCHUMPETER [91: Theorie]
auf die Bedeutung technologischer Basis-Innovationen verwiesen. Herausragende und wirkungsreiche Erfindungen mit hohen Produktivitäts-
potentialen schufen zum einen entscheidende Voraussetzungen für die
Ingangsetzung der Industriellen Revolution und sorgten zum anderen
im weiteren Verlauf des Industrialisierungsprozesses immer wieder für
neue Wachstumsschübe. Derartige Erfindungen und Innovationen, wie
sie etwa seit 1770 in der englischen Baumwollindustrie zu verzeichnen
waren, schufen neue Formen der Produktion, die zu einem deutlichen
Anstieg der Produktivität und der Kapazitäten führten. Der auf diese
Weise entstehende Führungssektor erlangte dadurch innerhalb der Gesamtwirtschaft ein solches Gewicht, daß von ihm starke Ausbreitungseffekte auf die übrige Wirtschaft ausgingen und er im Grunde Art und
Ausmaß des wirtschaftlichen Wachstums maßgeblich bestimmen
konnte. Bei diesen Ausbreitungseffekten unterscheidet man zwischen

Leitsektorales Wachstum

Rückkoppelungs-Effekten, die aus der Nachfrage des Führungssektors nach Gütern anderer Sektoren entstehen, den Vorwärtskoppelungs-Effekten, bei denen andere Bereiche der Volkswirtschaft von dem Leistungsangebot des Führungssektors profitieren, und den Begleit-Effekten, mit denen der Führungssektor die allgemeinen wirtschaftlichen, gesellschaftlichen und politischen Bedingungen des Industrialisierungsprozesses verbessern hilft.

Führungssektor und Take-Off   Die wichtigsten Impulse zur Erforschung solcher Führungssektoren und ihrer Bedeutung für den gesamtwirtschaftlichen Strukturwandel kamen von W. W. ROSTOW [88: Stadien]. In seinem vor über dreißig Jahren entwickelten Modell der Stadien von wirtschaftlichem Wachstum fällt dem Aufbau eines Leitsektors eine Schlüsselrolle für die Initialzündung der Industriellen Revolution, also den Take-off, zu. Während ROSTOW seine früheren Vorstellungen von einer exakten Datierbarkeit der Take-off-Phase aufgeben mußte, hat er in neueren Arbeiten zur Theorie wirtschaftlichen Wachstums das Konzept des leitsektoralen Wachstums noch einmal nachdrücklich unterstrichen [89: ROSTOW, Theorists].

Leitsektoren, die durch die Entwicklung eigener beziehungsweise die erfolgreiche Aneignung fremder Technologien entstehen, sind auch in bezug auf die deutsche Entwicklung ein wichtiges Element, um den Beginn und den Verlauf modernen Wirtschaftswachstums zu erklären [63: V. HENTSCHEL, Leitsektorales Wachstum]. Dies zeigen vor allem **Textilindustrie** die wegweisenden Arbeiten aus der Schule von R. H. TILLY. So ging G. KIRCHHAIN der Frage nach, ob die Baumwollindustrie, die in der englischen Industriellen Revolution als erster Leitsektor hervortrat, in Deutschland ähnliche Wirkungen hervorgebracht hat [302: Wachstum]. Er konnte nachweisen, daß die seit Ende des 18. Jahrhunderts expandierende deutsche Baumwollindustrie angesichts ihres gesamtwirtschaftlichen Gewichts, eines überproportional starken Wachstums und einer starken Verbilligung ihrer Produkte zwar gewisse Züge eines Führungssektors annahm. Die damit verbundenen Koppelungseffekte blieben aber anders als in England letztlich zu schwach, um einen echten Leitsektor entstehen zu lassen. Die Gründe für die unterschiedliche Entwicklung beider Länder hat jüngst K. DITT überzeugend dargelegt. Danach war der auf besonderen unternehmerischen Fähigkeiten, besserem Marktzugang und früherer Mechanisierung beruhende englische Vorsprung so groß, daß die Industrialisierungs- und Konkurrenzmotivation in Deutschland anfangs zu schwach blieb, während später andere Branchen Möglichkeiten für lohnendere Investitionen boten [Vorreiter und Nachzügler in der Textilindustrialisierung. Das Vereinigte

Königreich und Deutschland während des 19. Jahrhunderts im Vergleich, in: 97: 29–58].

Der Durchbruch der deutschen Industriellen Revolution wurde bekanntlich von einem Führungssektorsyndrom aus Eisenbahnen, Eisenindustrie, Maschinenbau und Steinkohlenbergbau getragen. Sowohl zu den einzelnen Bereichen als auch zu ihrem Zusammenwirken liegen inzwischen einschlägige Arbeiten deutscher Wirtschaftshistoriker vor. C.-L. HOLTFRERICH kam in seiner ökonometrisch angelegten Arbeit über den Ruhrkohlenbergbau zu dem Ergebnis, daß dieser Wirtschaftszweig aufgrund seiner gesamtwirtschaftlichen Bedeutung, eines überdurchschnittlichen Wachstums und der von ihm ausgehenden Nachfrage nach Transportdienstleistungen als ein Führungssektor im Rostowschen Sinne angesehen werden kann. Aufgrund einer zunächst noch geringen Produktivität und einer hohen Abhängigkeit von der Nachfrage anderer Sektoren konnte der Steinkohlenbergbau allerdings erst durch den Verbund mit den anderen Teilen des Führungssektorsyndroms zur vollen Entfaltung gelangen [300: Wirtschaftsgeschichte].

> *Schwerindustrieller Führungssektor*

Dabei fiel dem Eisenbahnbau, der zwischen 1845 und 1873 zum wirkungsmächtigsten Teil des schwerindustriellen Führungssektorsyndroms wurde, die wichtigste Rolle zu. In einer vielbeachteten, an Methoden und Fragestellungen der amerikanischen „New Economic History" anknüpfenden Arbeit hat R. FREMDLING diese Führungsfunktion systematisch herausgearbeitet und nachgewiesen, daß die Innovation Eisenbahn in der Tat „bahnbrechend" für das deutsche Wirtschaftswachstum des 19. Jahrhunderts gewirkt hat [296: Eisenbahnen, 83]. Auch andere internationale Vergleiche, wie sie etwa P. O'BRIEN vorgelegt hat [291: Railways; 292: DERS., Transport], bestätigen, daß der Eisenbahnbau in Deutschland den Aufstieg zur Industrienation wesentlich stärker forciert hat als in allen vergleichbaren Ländern.

> *Folgen des Bahnbaus*

Schon vor FREMDLINGS umfassender quantitativer Analyse der Vorwärts- und Rückkoppelungseffekte des Eisenbahnbaus sind die Auswirkungen auf Eisenindustrie und Maschinenbau mehrfach Gegenstand der Forschung gewesen. In einer der fundiertesten, wenngleich traditionellen Methoden verhafteten Arbeit hat H. WAGENBLASS detailliert gezeigt, wie die Nachfrageeffekte des Eisenbahnbaus die Entwicklung dieser beiden Schlüsselindustrien anstießen [311: Eisenbahnbau]. Neue Einblicke in das Innovationspotential der deutschen Eisenindustrie im Zeitalter der Frühindustrialisierung konnte darüber hinaus wiederum R. FREMDLING vermitteln. Er unternahm in seiner Habilitationsschrift den originellen Versuch, das Wachstum und den Strukturwandel der vier wichtigsten eisenproduzierenden europäischen Staaten – Groß-

> *Forschungen zur Eisenindustrie*

britannien, Belgien, Frankreich und Deutschland – vergleichend zu untersuchen [297: Technologischer Wandel]. Diese verdienstvolle Arbeit hat nicht nur den tatsächlichen Verlauf der Modernisierung einer Schlüsselindustrie der europäischen Industrialisierung nachgezeichnet, sondern auch einen maßgeblichen Beitrag zur Debatte über den Technologietransfer geliefert.

Der Aufholprozeß der deutschen Eisenindustrie begann demnach nicht mit der sofortigen Übernahme aller fortgeschrittenen britischen Basisinnovationen, sondern war geprägt von einer sehr differenzierten, allmählichen Übernahme neuer Techniken. Traditionelle und teilmodernisierte Bereiche konnten in Deutschland länger überleben, als man lange angenommen hat. FREMDLINGS vergleichende Studie unterstreicht daher ebenso wie G. PLUMPEs Monographie über „Die württembergische Eisenindustrie im 19. Jahrhundert" [307] noch einmal die Warnungen der neueren Forschung, die Industrialisierung des Kontinents als reinen Imitationsprozeß des englischen Beispiels zu schildern und die regionalen oder nationalen Besonderheiten zu vernachlässigen. Erst die weitere Entwicklung der deutschen Eisenindustrie, vor allem während der Hochindustrialisierung, war durch eine rasche und erfolgreiche Übernahme der jeweils neuesten Technologien gekennzeichnet [312: U. WENGENROTH, Unternehmensstrategien; 305: J. KRENGEL, Roheisenindustrie; 293: W. FELDENKIRCHEN, Eisen- und Stahlindustrie].

Maschinenbau   Zum vierten Bereich des ersten deutschen Führungssektorsyndroms, dem Maschinenbau, erschien schon 1919 eine große Gesamtdarstellung von C. MATSCHOSS, dem Nestor der deutschen Technikgeschichte [306: Jahrhundert]. Da die Werkzeugmaschinen für Karl Marx die wichtigsten Indikatoren der Industriellen Revolution waren, hat sich dann vor allem die Wirtschaftsgeschichte der DDR mit der Geschichte des deutschen Maschinenbaus befaßt und früh eine eigene große Überblicksdarstellung publiziert [309: A. SCHRÖTER/W. BECKER, Maschinenbauindustrie]. In der westdeutschen Forschung wurde der Maschinenbau in den letzten Jahren gerade im Rahmen regionaler Studien breit erforscht [vgl. V. HENTSCHEL, Metallverarbeitung und Maschinenbau, in: 228: 371–387). Dabei wurde nicht nur die große Heterogenität dieses Sektors deutlich, vielmehr konnte anschaulich gezeigt werden, wie sehr der frühe Maschinenbau an handwerkliche Vorläufer anknüpfte und sein Aufstieg oft weniger in Form eines „industriellen Sprungs" als in Form eines Transformationsprozesses bestehender regionaler Gewerbe erfolgte [207: D. GESSNER, Metallgewerbe]. Eine besondere Dynamik zeichnete freilich die im Lokomotivbau tätigen Maschinenbauanstalten aus, zu denen zahlreiche wichtige Arbeiten

vorliegen [299: V. HENTSCHEL, Wirtschaftsgeschichte; 310: D. VORSTE-
HER, Borsig; 311: H. WAGENBLASS, Eisenbahnbau].

Fragen des Maschinenbaus nehmen darüber hinaus auch inner-   Technikgeschichte
halb der deutschen Technikgeschichte einen breiten Raum ein. Dieser
Bereich der Wirtschaftsgeschichte kann in Deutschland auf eine lange
Tradition zurückblicken und hat zur Gesamtthematik eine Fülle von
methodisch sehr unterschiedlichen Untersuchungen beigesteuert, die
für das Verständnis der Industriellen Revolution von grundlegender Bedeutung sind [vgl. 150: U. TROITZSCH, Veröffentlichungen]. Hierzu
zählen große Gesamtdarstellungen wie die neue „Propyläen Technikgeschichte" [132: W. KÖNIG (Hrsg.)] und grundsätzliche Erörterungen zur
Technisierung [141: A. PAULINYI, Industrielle Revolution] ebenso wie
Fallstudien zu einzelnen Branchen [312: U. WENGENROTH, Unternehmensstrategien; 145: R. SCHAUMANN, Technik; 152: W. WEBER, Inno-
vationen] oder eine stark technikgeschichtlich angelegte allgemeine
Wirtschaftsgeschichte, wie sie W. TREUE, der langjährige Herausgeber
der Zeitschrift „Technikgeschichte", auf der Grundlage vielfältiger
eigener Forschungsergebnisse 1984 für Preußen verfaßt hat [281: Wirt-
schafts- und Technikgeschichte].

Während die älteren Arbeiten zur Technikgeschichte meist mehr   Bedeutung vorindu-
dem ingenieurwissenschaftlichen Umfeld entstammten und die großen   strieller Technologie
Erfindungen in den Mittelpunkt stellten, zeichnen sich neuere Ansätze
durch eine stärkere Verknüpfung von technik- und allgemeinhistorischen Aspekten aus. Sie lenken die Aufmerksamkeit zugleich stärker
auf die sozialen Bedingungen von Innovationen. So wird in manchen
neueren Arbeiten die Bedeutung, die spektakuläre Basisinnovationen
für den Strukturwandel in der gewerblichen Wirtschaft besaßen, durch
Hinweise auf die Vorleistungen traditioneller Techniken etwas relativiert [146: E. SCHREMMER, Technischer Fortschritt; G. BAYERL/U.
TROITZSCH, Mechanisierung vor der Mechanisierung? Zur Technologie
des Manufakturwesens, in: 85: 123–135]. Vor allem in der Vorberei-
tungs- und Anlaufphase der deutschen Industriellen Revolution, also
der Frühindustrialisierung, waren die großen technologischen Entwicklungsschübe eher die Ausnahme. Dies wird besonders von J. RADKAU
in seiner 1989 veröffentlichten deutschen Technikgeschichte betont
[144: Technik]. RADKAU hebt – etwa am Beispiel der sich in Deutschland zunächst recht verhalten durchsetzenden Dampfmaschine [Vgl.
auch 289: R. BANKEN, Diffusion] – nicht nur die relative Langsamkeit
bei der Einführung dieser Techniken hervor, sondern meint zugleich,
daß dies keineswegs immer mit gesamtwirtschaftlichen Nachteilen verbunden gewesen sei. Vielmehr waren die den Verhältnissen des jewei-

ligen Landes angepaßten Technologien in einer bestimmten Entwicklungsphase wirkungsvoller als die sofortige vollständige Imitation der Techniken des Pionierlandes. Damit trägt auch die Technikgeschichte dazu bei, das lange dominierende Bild von einer bloßen Adaption der englischen Verhältnisse zu korrigieren, und unterstreicht wie R. CAMERON [57: New View, 23] die Vielfalt der Industrialisierungswege europäischer Staaten.

Verwissenschaftlichung der Technik

Während sich nach RADKAU zwischen der vor- und der frühindustriellen Technik kein „scharfer Bruch erkennen läßt", konstatiert er für die Zeit um 1850 „eine tiefe und markante Zäsur" [144: Technik, 115]. Insofern bestätigt sich auch aus der Sicht der Technikgeschichte die von den meisten Wirtschaftshistorikern für die Jahrhundertmitte hervorgehobene Beschleunigung des deutschen Industrialisierungsprozesses. Zu den Besonderheiten der deutschen Entwicklung in der zweiten Jahrhunderthälfte zählt RADKAU die wachsende Bedeutung des Techniker-Unternehmers – verwiesen sei etwa auf Werner Siemens – und einen starken Trend zur Verwissenschaftlichung der Technik. Dadurch erhielt nun auch der deutsche Industrialisierungsprozeß beträchtliche Schübe durch spektakuläre und rasch in wirtschaftliche Erfolge umgesetzte Basisinnovationen. Dies gilt im besonderen für jene Branchen, die im ausgehenden 19. Jahrhundert an die Stelle des erschlaffenden ersten deutschen Führungssektors traten, also vor allem für die moderne Großchemie und die Elektrotechnik.

Chemische Industrie

Im Vergleich zur Kohle- und Stahlindustrie haben diese neuen Wachstumsbranchen lange Zeit weniger Aufmerksamkeit erfahren. Inzwischen liegen aber auch zu den Wachstumskernen der Hochindustrialisierungsphase moderne Arbeiten vor. Für die chemische Industrie hat jüngst W. WETZEL die Voraussetzungen und Mechanismen der geradezu explosionsartigen Entwicklung dieser Branche untersucht [314: Naturwissenschaften]. Er sieht im modernen und effizienten Wissenschafts-, Bildungs- und Ausbildungssystem und der erfolgreichen Bündelung wirtschaftlicher, gesellschaftlicher und staatlicher Interessen den entscheidenden Grund dafür, daß das deutsche Kaiserreich in kurzer Zeit den gegenüber Großbritannien noch bestehenden industriellen Rückstand aufholen und zur führenden Industrienation Europas aufsteigen konnte. Dieses nicht völlig neue, aber von WETZEL quellenmäßig bestens fundierte Erklärungsmuster läßt sich auch auf die zweite große Wachstumsbranche der Hochindustrialisierung übertragen, die Elektrotechnik, deren Siegeszug erst nach dem hier zu behandelnden Zeitraum den Höhepunkt erreichte. Die Erforschung der deutschen Chemie- und Elektrostandorte hat im übrigen durch die regionale Industrialisierungsforschung nachhaltige Impulse erhalten [F. SCHÖNERT-RÖHLK, Die räumliche Verteilung der chemischen Industrie im 19. Jahrhundert, in: 228: 418–455; 308: H. POHL/R. SCHAUMANN/F. SCHÖNERT-RÖHLK (Hrsg.), Chemische Industrie; H. SCHÄFER, Gewerbelandschaften: Elektro, Papier, Glas, Keramik, in: 228: 456–477; 313: H. A. WESSEL, Die Entwicklung].

Darüber hinaus hat die in Deutschland auf eine lange Tradition zurückblickende Unternehmensgeschichte eine breite Palette von Untersuchungen zu den neuen Großbetrieben der Führungssektoren beigesteuert [vgl. den Forschungsüberblick 301: H. JAEGER, Unternehmensgeschichte]. Zu den Schwerpunkten der unternehmensgeschichtlichen Forschung gehören zum einen Fragen der Organisation und des Managements, zu denen J. KOCKA am Beispiel Siemens eine wegweisende Arbeit vorgelegt hat [304: Unternehmensverwaltung]. Zum andern sind in den letzten Jahren die Probleme der Kapitalbeschaffung stärker in den Mittelpunkt gerückt [377: D. PETZINA (Hrsg.), Geschichte; 294: W. FELDENKIRCHEN, Finanzierung; 295: DERS., Kapitalbeschaffung]. Auch wenn in den frühen Phasen der deutschen Industrialisierung die Fremdfinanzierung noch eine untergeordnete Rolle spielte und A. GERSCHEN-KRONS These vom Bankwesen als entscheidendem Motor der deutschen Industrialisierung [Wirtschaftliche Rückständigkeit in Historischer Perspektive, in: 94, 121–139, 125 ff.] relativiert wurde, so ist sich die Forschung darin einig, daß ein den Erfordernissen der neuen Großindustrie entsprechendes Bankensystem für den relativ raschen Aufstieg des „Nachzüglers" Deutschland sehr wichtig war. Vor allem die Rolle der Großbanken, die nach der Liberalisierung des Aktienrechts um 1870 entstanden, ist zu einem Kernthema deutscher Industrialisierungsforschung geworden.

Besondere Forschungsanstöße gab R. CAMERON, der sich mehrfach grundsätzlich mit dem Thema beschäftigte [357: Banking] und schon früh über die Gründungsgeschichte einer der ersten deutschen Aktienbanken, der Darmstädter Bank für Handel und Industrie, gearbeitet hat [360: Gründung]. Grundlegende Arbeiten und gute Zusammenfassungen des Forschungsstandes hat R. H. TILLY vorgelegt [93: Kapital; 383: DERS., Banken]. Er vertritt die Ansicht, daß die inzwischen gut erforschten großen deutschen Aktienbanken [381: H. u. M. POHL (Hrsg.), Bankengeschichte; 365: L. GALL u. a., Deutsche Bank] für die Hochindustrialisierungsphase eine so wichtige Rolle gespielt haben, daß auch sie zum Führungssektorenkomplex zu zählen sind [R. H. TILLY, Zur Entwicklung der deutschen Großbanken als Universalbanken im 19. und 20. Jahrhundert. Wachstumsmotor oder Machtkar-

Marginalien:

Unternehmensgeschichtliche Forschung

Industriefinanzierung

Rolle der Großbanken

tell?, in: 273: 128–156]. Es ist jedoch Konsens der neueren Forschung, daß die Banken nicht die allein entscheidenden Steuerungsinstanzen der deutschen Hochindustrialisierung waren.

Kommunikations-
revolution

Neben den Banken haben auch die Bereiche Verkehr und Außenhandel in der neueren Industrialisierungsforschung große Beachtung gefunden. Man tendiert dahin, die mit der Industrialisierung einhergehende Expansion des gesamten tertiären Sektors nicht mehr nur als „eine Nebenentwicklung der großen Produktivitätssteigerung des 19. Jahrhunderts" anzusehen, sondern als „eine ihrer entscheidenden Vorbedingungen" [D. PETZINA, Wirtschaftsstruktur und Strukturwandel: Tertiärer Bereich, in: 44: 231–241, 233]. Die „Kommunikationsrevolution" [20: K. BORCHARDT, Industrielle Revolution, 98] hat zur Senkung der Transferkosten, zum Abbau interregionaler Leistungsgefälle, zum schnelleren Austausch von Informationen und Wissen sowie zur Vereinheitlichung von Verhaltensformen und Konsumgewohnheiten geführt und damit die Marktintegration wesentlich beschleunigt. Deshalb sind Untersuchungen über diese Kommunikationsprozesse zu einem wichtigen Bestandteil der Industrialisierungsforschung geworden [380: H. POHL (Hrsg.), Bedeutung; 384: R. WALTER, Kommunikationsrevolution; 376: H. MATZERATH (Hrsg.), Verkehr]. Dies gilt im besonderen Maße für den Verkehrssektor, der zunächst stärker als alle anderen Bereiche des tertiären Sektors vom technischen Fortschritt geprägt war. Hier hat nach R. FREMDLING [296: Eisenbahnen] und K. H. REINHARD [382: Binnengüterverkehr] vor allem A. KUNZ zuletzt als Herausgeber und Bearbeiter von Statistiken und Untersuchungen über die Auswirkungen von Eisenbahn- und Schifffahrtsverkehr auf die wirtschaftliche Entwicklung neue Akzente gesetzt und aufbereitetes Material für weitere Analysen präsentiert [373: A. KUNZ/J. ARMSTRONG (Eds.), Inland Navigation; 5: Bd. 17: Statistik].

Außenhandel

Auch die Rolle des Außenhandels als Motor der deutschen Industrialisierung ist stärker ins Blickfeld getreten. B. v. BORRIES hat für die Zeit zwischen 1836 und 1856 ältere Schätzungen zur statistisch schwer zu erfassenden deutschen Außenhandelsstruktur neu berechnet und für die fünfziger Jahre einen relativ starken Anstieg der deutschen Ausfuhr und insbesondere einen überproportionalen Anstieg des Fertigwarenexports festgestellt [353: Außenhandel]. Auf die Parallelität des Wandels von Produktions- und Exportstruktur hatte zuvor schon W. G. HOFFMANN hingewiesen [369: Strukturwandlungen], dessen Zahlenmaterial zum Außenhandel für die Zeit nach 1856 nach wie vor unentbehrlich ist. Daß die immer schneller wachsende Einbindung in die Weltwirtschaft [vgl. 378: H. POHL, Aufbruch] und die zunehmenden Exporterfolge bei gewerblichen Fertigwaren in der zweiten Hälfte des 19. Jahrhunderts wichtige Wachstumsfaktoren der deutschen Wirtschaft waren, ist innerhalb der Forschung unbestritten [356: C. BUCH-HEIM, Gewerbeexporte; 355: DERS., Deutschland; V. HENTSCHEL, Nachbarn und Weltmarkt, in: 192: 215–240]. Es wäre aber zu wünschen, daß gerade der Beitrag des Außenhandels zur Entwicklung der Führungssektoren in der Hochindustrialisierungsphase noch deutlicher herausgearbeitet wird.

7. Umweltgeschichte und Kritik am Fortschrittsparadigma

Der Industrialisierungsprozeß hat wegen der durch ihn hervorgerufenen fundamentalen Veränderungen schon bei den Zeitgenossen nicht nur Bewunderung und Zustimmung hervorgerufen. Es hat vielmehr von den Anfängen der modernen Industrie bis heute eine sehr lange Kritik und „vielerlei Arten des Unbehagens an der Industrialisierung" gegeben [66: A. O. HIRSCHMANN, Unbehagen, 230]. Die kritischen Reflexionen bezogen sich zunächst besonders auf die sozialen Folgen des Industrialisierungsprozesses. In England gaben vor allem die sozialen Verwerfungen der Frühindustrialisierung Anlaß zu einer intensiven, noch immer anhaltenden, aber inzwischen entschärften Debatte über die Entwicklung des Lebensstandards der Industriearbeiterschaft [vgl. zuletzt 107: P. HUDSON, Industrial Revolution]. Auch in Deutschland haben die mit diesem Ansatz verbundenen Fragen zu einer breiten Erforschung der sozialen Folgen der Industrialisierung geführt [vgl. 315: W. ABELSHAUSER, Lebensstandard; 326: H. KAELBLE, Industrialisierung], die in anderen Bänden dieser Reihe (Arbeiterschaft, Urbanisierung) ausführlich zur Sprache kommen. Trotz des Blicks auf die negativen sozialen Begleiterscheinungen des modernen Wirtschaftswachstums dominierte jedoch in aller Regel sowohl bei westlichen als auch bei orthodox-marxistischen Interpretationen des Industrialisierungsprozesses lange Zeit ein Fortschrittsparadigma, das die moderne technisierte Massenproduktion und die ständige Steigerung des Wirtschaftswachstums nicht grundsätzlich in Frage stellte.

Es fehlte zwar, wie etwa ein Blick in W. SOMBARTS 1903 erschienenes Werk „Die deutsche Volkswirtschaft im Neunzehnten Jahrhundert" [37] zeigt, auch bei früheren Analytikern des Industriekapitalismus nicht an kulturkritischen Ansätzen. Ein grundlegender Perspekti-

Kosten der Industrialisierung

Perspektivenwechsel der 70er Jahre

venwechsel zeichnete sich jedoch erst ab, als seit den siebziger Jahren unseres Jahrhunderts die ökonomischen und ökologischen Grenzen der industriellen Massenfertigung deutlicher zu Tage traten. Die durch die Veröffentlichungen des „Club of Rome" über die „Grenzen des Wachstums" und die Ölkrise von 1973/74 hervorgerufenen Debatten haben sich seit etwa zwanzig Jahren auch auf die Industrialisierungsforschung ausgewirkt. Dabei konnten nicht nur bislang vernachlässigte Themen erschlossen, sondern auch neue Einsichten in den Ursachen- und Verlaufskomplex des Industrialisierungsprozesses vermittelt werden.

Holzmangel und Energiewende
So hat die um 1970 aufgekommene Diskussion über die Grenzen des Wachstums zu einer intensiveren Beschäftigung mit dem Problem der Ressourcenverknappung geführt. Gefragt wurde, wie Wirtschaft, Gesellschaft und Staat auf die Verknappung traditioneller Rohstoffe, allen voran des Holzes, reagierten und auf welche Weise Engpässe bei der Rohstoffversorgung technische Neuerungen und schließlich den gesamten Industrialisierungsprozeß vorantreiben konnten [413: H. SIEGENTHALER (Hrsg.), Ressourcenverknappung; 399: B. KIRCHGÄSSNER, Wirtschaftswachstum]. Der Übergang vom „hölzernen Zeitalter", das in Deutschland bis weit ins 19. Jahrhundert hineinreichte, zur massenhaften Nutzung nichtregenerativer Energiequellen ist inzwischen unter den verschiedensten Aspekten untersucht worden. Umstritten blieb, auf welche Weise die von den Zeitgenossen seit dem 18. Jahrhundert beklagte Holzverknappung auf den frühen Industrialisierungsprozeß einwirkte. J. RADKAU hat die These vertreten, daß die Holzverknappung an der Wende vom 18. zum 19. Jahrhundert nicht zwingend zum Einstieg in neue Energiesysteme führen mußte, weil sie durch technische Fortschritte und einen rationelleren Umgang mit diesem regenerativen Rohstoff aufgefangen worden sei. Die Ursachen für den Übergang in die neuen Steinkohlentechniken liegen für ihn mehr im Machtstreben des preußischen Staates, der ohne Rücksicht auf den gesellschaftlichen Bedarf spektakuläre technische Innovation durchzusetzen versuchte [144: Technik, 100 ff.; 403: DERS., Energiekrise; 404: DERS., Holzverknappung]. Demgegenüber betont M. GRABAS, daß zwar der Staat im deutschen Industrialisierungsprozeß durch eine neue liberale Wirtschaftsordnung in der Tat die entscheidenden „Voraussetzungen für die Etablierung eines qualitativ neuen Energiesystems" geschaffen habe, daß aber die „relative Verknappung" der traditionellen Ressource Holz „für den weiteren Verlauf der Geschichte sehr wohl eine fundamentale Bedeutung" besessen habe [256: Krisenbewältigung, 48].

Grenzen des Wachstums
Auf einen anderen Aspekt der Debatte über die Grenzen des Wachstums hat R. BOCH in seiner Untersuchung über die Industrialisie-

rungsdebatte des rheinischen Wirtschaftsbürgertums verwiesen. Er belegt sehr anschaulich die innovative Kraft einer neuen Zukunftserwartung, die die alte Furcht vor der Knappheit der Ressourcen hinter sich ließ und auf ein „anhaltendes Wachstum und eine Emanzipation der Produktion aus den Zwängen der Natur" setzte [320: Wachstum, 286]. Allerdings wurde schon im 18. und 19. Jahrhundert stärker über mögliche Grenzen dieser neuen Wachstumsprozesse reflektiert, als dies lange den Anschein hatte. In diesem Zusammenhang wird wieder daran erinnert, daß Adam Smith und auch noch die meisten Ökonomen des frühen 19. Jahrhunderts keineswegs von einem dauerhaften ökonomischen Wachstum ausgingen, sondern, wenn auch in weiter Zukunft, mit einem von den „Notwendigkeiten" aufgezwungenen stationären „Zustand" rechneten [so John Stuart Mill zitiert nach: A. E. OTT, Wirtschaftliches Wachstum im Widerstreit der Meinungen, in: 370: 1–13, 4].

Die Erörterungen über die Grenzen des Wachstums finden sich seit den siebziger Jahren auch in Handbuchbeiträgen namhafter Wirtschaftshistoriker. So wies K. BORCHARDT schon 1976 darauf hin, daß „eine auf nationale Wirtschaftsmodelle abgestellte Betrachtung" leicht die Begrenztheit der für die Aufrechterhaltung des Industriesystems notwendigen Rohstoffmengen übersehe und daß es durchaus denkbar sei, „das Wachstum des 19. und 20. Jh. als eine vorübergehende Periode der Menschheitsgeschichte zu sehen" [Wirtschaftliches Wachstum und Wechsellagen 1800–1914, in: 18: 198–275, 253]. Ausgesprochen skeptisch äußerte sich auch C. M. CIPOLLA in dem von ihm herausgegebenen Standardwerk zur europäischen Wirtschaftsgeschichte. Er betonte nicht nur die durch die Industrialisierung gesetzte weltgeschichtliche Zäsur, sondern bezeichnete die Geschichte der Industriellen Revolution zugleich als die eines „Zauberlehrlings, über die man lachen könnte, wenn sie nicht so tragisch wäre" [Die Industrielle Revolution in der Weltgeschichte, in: 22: Bd. 3, 1–10, 10].

Die kritiklose Bewunderung des industriellen Fortschritts, der im Europa des 19. Jahrhunderts den einzigen Ausweg aus der Pauperismusfalle zu bieten schien, ist infolge der mit ihm langfristig verbundenen unermeßlichen Zerstörung natürlicher Ressourcen und der weltweiten Umweltbelastungen zumindest in Teilen der historischen Forschung einer nüchternen Sicht gewichen. Dies hat insbesondere in den letzten zehn Jahren auch zu neuen erkenntnisleitenden Interessen geführt. Zum einen fanden zeitgenössische Gegner und Skeptiker des Industrialisierungsprozesses stärkere Beachtung. Zum anderen beginnt sich als neue Teildisziplin der Geschichtswissenschaft eine „historische Umweltforschung" zu entwickeln.

Historische Umweltforschung

Zeitgenössische
Fortschrittsskepsis

Während Kritiker des neuen Industriesystems in älteren Darstellungen meist schnell als „Fortschrittsfeinde" abgetan wurden, haben sich neuere Arbeiten differenziert mit den negativen Wahrnehmungen und Reaktionen zeitgenössischer Betroffener und Beobachter auseinandergesetzt. Das Ausmaß der kulturellen und mentalen Anpassungsprobleme, die mit Eintritt in das Industriezeitalter verbunden waren, hat W. SCHIVELBUSCH in seiner originellen Studie zur „Industrialisierung von Raum und Zeit" eindrucksvoll umrissen [406: Geschichte]. Ausgehend von historisch-anthropologischen Fragestellungen befaßt er sich mit der Entwicklung der Eisenbahnreise in Europa und Amerika und läßt die vielfältigen kulturgeschichtlichen Auswirkungen des zunächst wichtigsten Symbols technischen Fortschritts in einem ganz neuem Licht erscheinen. Wie sehr selbst in den vom Fortschrittsoptimismus bestimmten Jahrzehnten neben der Technikbewunderung und -begeisterung auch schon die Skepsis gegenüber dem zerstörerischen Potential der neuen Entwicklungen zur Sprache kam, zeigen im übrigen W. HÄDECKES Beitrag über die deutschen Dichter als Zeugen der Industrialisierung [397: Poeten] und vor allem R. P. SIEFERLES Monographie über die „Fortschrittsfeinde" [410] Dieser anschauliche Überblick über die gerade in Deutschland so traditionsreiche Opposition gegen Technik und Industrie von der Romantik bis zur Gegenwart unterstreicht, wie sensibel bereits viele Zeitgenossen des 19. Jahrhunderts auf den immer rascher verlaufenden wirtschaftlichen, gesellschaftlichen und kulturellen Wandel reagierten.

Pionierstudien
SIEFERLES

R. P. SIEFERLE ist darüber hinaus durch zahlreiche andere Arbeiten zur Geschichte des modernen Wirtschaftssystems zu einem der Pioniere der neuen, das Fortschrittsparadigma überwindenden Forschungsrichtung geworden. Zu nennen sind seine Arbeiten zur Geschichte der Energiesysteme, in der er eine umwelt- und technikgeschichtliche Periodisierung der Weltgeschichte begründet [412: Der unterirdische Wald], und vor allem die an Thomas Robert Malthus anknüpfenden Untersuchungen zum Zusammenhang von Bevölkerungs- und Wirtschaftsentwicklung [408: Bevölkerungswachstum; 411: DERS., Krise]. SIEFERLE versucht hier unter anderem, durch Rekonstruktion ideengeschichtlicher Diskurse den Nachweis zu führen, daß mögliche selbstzerstörerische Tendenzen aus den Denksystemen der klassischen Ökonomie ausgeklammert sind und schon von daher bei ihr kein wirkliches Verständnis für eine mögliche Umweltkrise entwickelt werden kann.

Veränderte Natur-
auffassung

Die Aufarbeitung der geistesgeschichtlichen Diskurse über das Verhältnis von Mensch und Natur ist nicht nur wegen der langfristigen

Folgen von Industrialisierung als wichtiger Beitrag zu ihrer Geschichte einzustufen. Vielmehr bestand, wie G. BAYERL zu zeigen versucht, zwischen der Durchsetzung der „Großen Industrie" und der sich im 18. Jahrhundert vollziehenden Veränderung der Naturauffassung, nach der „die Natur zunehmend nur noch in ihrem Nutzen für das – ökonomische – Wohlergehen des Menschen gesehen wurde, … ein notwendiger Konnex" [Prolegomenon der „Großen Industrie". Der technisch-ökonomische Blick auf die Natur im 18. Jahrhundert, in: 388: 29–56, 29]. Andererseits hat H.-L. DIENEL in seiner Arbeit über das Naturverständnis der deutschen Ingenieure in der Phase der Hochindustrialisierung aber auch deutlich machen können, wie sehr traditionelle Vorstellungen von der unbekannten oder nur teilweise bekannten Macht der Natur das Handeln von Pionieren der Veränderung mitbestimmten [394: Herrschaft].

Das Hauptarbeitsfeld der neuen Teildisziplin Umweltgeschichte, zu deren Wegbereitern in Deutschland neben R. P. SIEFERLE und J. RADKAU auch I. MIECK und F.-J. BRÜGGEMEIER zu zählen sind, ist seit einiger Zeit die Realgeschichte der „Mensch-Umwelt-Beziehung", also die Geschichte der konkreten Umweltbelastungen und der aus ihnen resultierenden Konflikte. Eine wichtige Momentaufnahme der noch vielfältigen und kontrovers diskutierten umweltgeschichtlichen Forschung des deutschen Sprachraumes bietet der von W. ABELSHAUSER herausgegebene Band „Umweltgeschichte" [388]. Das Erkenntnisinteresse einer historischen Umweltforschung sollte, wie RADKAU in einer überzeugenden Standortbestimmung hervorhebt, auf die Erforschung langfristiger Entwicklungen der menschlichen Lebens- und Reproduktionsbedingungen gerichtet sein: Umweltgeschichte „untersucht, wie der Mensch diese Bedingungen selber beeinflußte und auf Störungen reagierte. Dabei gilt ihre spezifische Aufmerksamkeit unbeabsichtigten Langzeitwirkungen menschlichen Handelns, bei denen synergetische Effekte und Kettenreaktionen mit Naturprozessen zum Tragen kommen." [Was ist Umweltgeschichte, in: 388: 11–28, 20]. RADKAU wendet sich somit gegen eine von anderen Historikern [407: R. P. SIEFERLE, Aufgabe, 33; DERS., Perspektiven einer historischen Umweltforschung, in: 409: 307–376] geforderte „nichtanthropozentrische Umweltgeschichtsschreibung". Umweltgeschichte hat für RADKAU stets mit menschlichen Interessen und Handlungsweisen zu tun, sollte aber andererseits auch nicht nur als Reflex menschlicher Aktionen und Intentionen begriffen werden.

Mit ihren konkreten Forschungsleistungen hat die erst in den Anfängen stehende historische Umweltforschung zweifellos zu einem dif-

Umweltgeschichte

Frühe Umwelt-
belastungen

ferenzierteren Blick auf den Industrialisierungsprozeß beigetragen. So
zeigt die von F.-J. BRÜGGEMEIER und M. TOYKA-SEID vorgelegte Quellen-
edition zur Geschichte der Umwelt im 19. Jahrhundert sehr anschaulich,
daß viele Zeitgenossen schon in den ersten Industrialisierungsphasen
ausgesprochen sensibel auf die damit einhergehenden Veränderungen im
Verhältnis Mensch-Natur reagierten [2: Industrie-Natur]. Obwohl noch
nicht von einem Umweltbewußtsein gesprochen werden kann, wurde
vielfach vor Schäden durch Rauchemissionen und vor der Einleitung industrieller Abwässer in den Wasserkreislauf oder vor den landschafts-
verändernden Folgen der neuen Verkehrssysteme gewarnt. Das Ausmaß
der vor allem seit 1850 voll zur Geltung kommenden industriellen Um-
weltschädigung übertraf in den Führungsregionen sehr rasch alles, was
es bis dahin an Beeinträchtigungen der Lebensumstände von Menschen
gegeben hatte, und löste erste Bürgerinitiativen aus.

Umweltkonflikte

Die Konflikte, die sich aus den früh auftretenden Umweltschäden
ergaben, sind von der historischen Umweltforschung inzwischen
ebenso thematisiert worden wie die Anfänge der staatlichen Umweltge-
setzgebung und der Beginn einer deutschen Umweltbewegung [395: R.
H. DOMINICK, Movement]. Zur Geschichte der industriellen Luftverschmutzung und der sich an ihr entzündenden Konflikte liegen inzwischen zwei umfassende Untersuchungen von M. STOLBERG [414:
Recht] und F.-J. BRÜGGEMEIER [390: Meer] vor, der schon zuvor durch
wegweisende Arbeiten zu dieser Thematik hervorgetreten war [391: F.-
J. BRÜGGEMEIER/TH. ROMMELSPACHER, Besiegte Natur; 392: DIES.
(Hrsg.), Blauer Himmel].

Technikfolgen-
abschätzung

Zu den Pionierstudien muß ferner A. ANDERSENs Monographie
über historische Technikfolgenabschätzung im Metallhüttenwesen und
in der Chemieindustrie gezählt werden, die auf vorbildliche Weise die
weitreichenden Auseinandersetzungen um die neuen, von der Großindustrie verursachten Umweltprobleme analysiert. ANDERSEN zeigt am
Beispiel der im ausgehenden 19. Jahrhundert rasant expandierenden
Chemieindustrie, wie frühzeitig diese die „Entsorgung" ihrer Abwässer
vor einer durchaus kritischen Öffentlichkeit zu rechtfertigen hatte. Er
belegt aber zugleich, daß lokale oder regionale Gefährdungslagen vom
Großteil der Gesellschaft, auch von der Arbeiterschaft, bis weit ins
zwanzigste Jahrhundert hinein als notwendige Opfer für einen wachsenden Wohlstand angesehen wurden [389: Technikfolgenabschät-
zung]. Die von der chemischen Industrie ausgehenden frühen Umweltbelastungen sind inzwischen auch in weiteren Arbeiten untersucht worden [398: R. HENNEKING, Chemische Industrie; 393: J. BÜSCHENFELD,
Flüsse].

Wie sich ökologische Folgeschäden der Industrieproduktion auf das Beziehungsgeflecht zwischen öffentlichem Umweltbewußtsein und staatlicher Umweltpolitik auswirkten, ist Gegenstand einer gerade erschienenen, die preußische Provinz Westfalen untersuchenden Studie von U. GILHAUS [396: „Schmerzenskinder"]. Mit den staatlichen Reaktionen auf die vom industriellen Fortschritt ausgehenden Umweltbelastungen haben sich bislang vor allem I. MIECK [400: „Aeram"; 401: DERS., Industrialisierung; 402: DERS., Umweltschutz] und F.-J. BRÜGGEMEIER [Eine Kränkung des Rechtsgefühls? Soziale Frage, Umweltprobleme und Verursacherprinzip im 19. Jahrhundert, in: 388: 105–142] beschäftigt. Ihre Untersuchungen zeigen, daß der Staat einerseits recht früh auf erste Belastungen reagierte, die Wirkungskraft dieser Umweltpolitik im 19. Jahrhundert andererseits aber sehr schwach blieb.

In welchem Maße die historische Umweltforschung das Bild des Industrialisierungsprozesses im 19. Jahrhundert verändern wird, ist beim jetzigen Forschungsstand noch nicht abzuschätzen. J. RADKAU hebt zu Recht hervor, daß es nicht darum gehen kann, dem lange dominierenden Fortschrittsparadigma nun ein „universales Niedergangs-Paradigma" entgegenzusetzen, die Industrialisierungsgeschichte nur als „Prozeß fortschreitender Naturzerstörung" zu beschreiben und die Entwicklungen des 19. Jahrhunderts mit heutigen Umweltmaßstäben zu messen [Technik und Umwelt, in: 44: 119–136, 131]. Trotz berechtigter Warnungen vor einer Anpassung an modische Trends verdienen die Ergebnisse der neuen Forschungsrichtung besonders aus zwei Gründen künftig eine stärkere Beachtung. Zum einen behandelt die Umweltgeschichte Themen, die schon für die Zeitgenossen wichtiger und für die Menschheit folgenreicher waren, als es die Geschichtsschreibung lange angenommen hat. Deshalb hat sie inzwischen auch zu Recht in neueren Darstellungen zur Geschichte des 19. Jahrhunderts, etwa bei W. SIEMANN [36: Staatenbund, 131 ff.] oder bei I. MIECK [Wirtschaft und Gesellschaft Europas 1650 bis 1850, in: 24: Bd. 4, 1–223] Eingang gefunden. Zum anderen trägt das Aufarbeiten der mit den Umweltproblemen verbundenen Diskurse und Konflikte dazu bei, die so folgenreiche Industrialisierung nicht nur als anonymen und übermächtigen Prozeß zu begreifen. Vielmehr macht die Analyse der Umweltkonflikte deutlich, daß der Verlauf der Industrialisierung in starkem Maße durch strategische Entscheidungen von Interessengruppen und Regierungen gesteuert wurde. Eine so angelegte Umweltgeschichte könnte Erfahrungswissen für eine umweltverträglichere Gestaltung der Wirtschaft beisteuern und das Gespür für mögliche Fehlentwicklungen stärken.

8. Tendenzen der Forschung seit 1998:
Nachtrag zur 3. Auflage

Industrialisierung und Globalisierung

Seit der Erstauflage dieses Bandes sind zahlreiche neuere Studien zur Industriellen Revolution in Deutschland erschienen. Die Geschichte der industriellen Welt wird schon durch die sich beschleunigende Globalisierung mit all ihren wirtschaftlichen, sozialen, politischen, kulturellen und ökologischen Folgen weiterhin ein Kernthema einer multiperspektivischen und transnational ausgerichteten Geschichtswissenschaft bleiben. Zwar ist allgemein anerkannt, dass das Modell der englischen Industrialisierung in anderen Staaten oder Regionen nicht einfach übernommen wurde, sondern oft unterschiedliche Entwicklungspfade eingeschlagen wurden [424: R. PORTER/M. TEICH, (Hrsg.), Industrielle Revolution]. Dennoch traten die Verflechtungen zwischen den einzelnen Industrialisierungsprozessen mit fortschreitender industrieller Entwicklung immer stärker hervor. In diesem Zusammenhang ist vor allem auch die Frage nach der Industrialisierung als Wegbereiter der Globalisierung in das Zentrum der Forschung gerückt [421: J. OSTERHAMMEL, Verwandlung]. Auch neue Gesamtdarstellungen zur deutschen Industrialisierung tragen der notwendigen Einbettung in die europäischen und globalen Prozesse immer stärker Rechung. Dies gilt für die instruktive Überblicksdarstellung von D. ZIEGLER [425: Industrielle Revolution] ebenso wie für die von SH. OGILVIE und R. OVERY herausgegebene deutsche Sozial- und Wirtschaftsgeschichte des 19. und 20. Jahrhunderts [420: Germany], die zahlreiche hervorragende Analysen aus angelsächsischer Perspektive enthält. Insgesamt haben sich durch die neuen Forschungen zwar keine grundlegenden Veränderungen unseres Bildes vom Industrialisierungsprozess ergeben, dennoch sind auch in Bezug auf die deutsche Industrialisierung in mehrfacher Hinsicht wichtige Erkenntnisfortschritte und Diskussionsanstöße zu verzeichnen.

Kulturelle Vorbedingungen

    Breit diskutiert wird nach wie vor über die Ursachen und Vorbedingungen der Industrialisierung, besonders über die Frage, warum diese so folgenreiche Zäsur in der Menschheitsgeschichte gerade in Europa und hier in England ihren Ausgangspunkt hatte. Angesichts der Vielfalt ihrer Entwicklungsmuster erscheint es wenig verwunderlich, dass sich bis heute keine allgemein akzeptierte Theorie der Industrialisierung hat durchsetzen können [430: J. KOMLOS, Überblick]. Das Aufkommen der industriellen Produktionsweise in Europa kann nach Ansicht der meisten Forscher nur multikausal erklärt werden. Dabei greifen manche Autoren wie F. BUTSCHEK [417: Industrialisierung] zeitlich zum Teil weit zurück und verweisen darauf, dass erst das Zusammenwirken von in Jahrhunderten entstandenen Voraussetzungen wie die Herausbildung von technisch-wissenschaftlichem Denken, rechtsstaatlicher Strukturen, unternehmerischer Mentalität oder neuer Formen des Handels und Kreditwesens den Durchbruch zu neuen Wirtschaftsformen ermöglicht haben. In der Debatte um die Bedeutung kultureller Faktoren hat das Thema „Wissen als Produktivkraft" im Verlaufe aktueller Debatten über Wissensgesellschaft und Wissensökonomie in der Industrialisierungsforschung einen großen Stellenwert erhalten [434: W. WEBER, Wissenschaft]. So verweist J. MOKYR darauf, dass die Aufklärung mit ihrem Streben nach „nutzbarem Wissen" und der damit ausgelösten wissenschaftlichen Revolution maßgebliche Impulse für die technologischen Innovationen gegeben habe und sich die ökonomische Transformation zunächst einmal auf solche Nationen beschränkt habe, die mit der Aufklärung und ihren Debatten über liberale Wirtschaftsordnung, bürgerliche Werte und Toleranz in Berührung gekommen seien [432: Aufklärung; 433: DERS., Enlightened Economy]. Zu diesen zweifellos wichtigen kulturellen Vorbedingungen mussten aber, wie R. C. ALLEN in einem gewichtigen Beitrag zur Debatte betont, vor allem ökonomische Faktoren hinzukommen, um die Industrielle Revolution auszulösen [416: British Industrial Revolution]. ALLEN zählt hierzu den durch die Steinkohle ermöglichten billigeren Einsatz von Energie und ein höheres Lohnniveau, das zur Steigerung des Konsums führte und in der Gewerbeproduktion zugleich den Anreiz verstärkte, durch den Einsatz von Maschinen die Arbeitskosten zu senken.

Ökonomische Vorbedingungen

Überhaupt hat die Frage nach der Rolle des Konsums für die Ingangsetzung der industriellen Produktionsweise wieder stark an Bedeutung gewonnen. Dabei wird noch deutlicher als bisher herausgestellt, dass nicht, wie von Sombart hervorgehoben, der Luxus, sondern der im 18. Jahrhundert stark zunehmende Massenkonsum neuer Käuferschichten die entscheidenden Impulse beim Übergang zur industriellen Massenproduktion setzte [429: CH. KLEINSCHMIDT, Konsumgesellschaft, 64 ff.]. Die Debatte über Effizienzsteigerungen der Landwirtschaft als Vorbedingung von Industrialisierungsprozessen hat M. KOPSIDIS [431: Agrarentwicklung] durch eine vergleichende Analyse der englischen und westfälischen Entwicklung bereichert. Während die ältere Forschung davon ausging, dass die Dynamisierung der Agrarentwicklung nahezu ganz den mit Lohnarbeitern wirtschaftenden Großbetrieben zuzuschreiben sei, deutet vieles auf eine höhere Leistungs- und Modernisierungsfähigkeit bäuerlicher Produzenten hin, deren Anpassungsfähigkeit an neue Marktmechanismen und deren Anteil am Zuwachs der landwirtschaftlichen Arbeits- und Faktorenproduktivität bisher vielfach unterschätzt wurde. Auch M. BOLDORFs vergleichende Untersuchung irischer und schlesischer Leinenregionen zwischen 1750 und 1850 [428: Leinenregionen] vermittelt neue Einsichten über die Bedeutung protoindustrieller Gewerbestrukturen im Industrialisierungsprozess. Während die nordirischen Leinenregionen begünstigt durch die liberale Wirtschaftspolitik und offenere gesellschaftliche Grundhaltungen den Übergang zu modernen Strukturen schafften, führten in Niederschlesien die feudalen Strukturen, eine Produktion und Handel zu lange gängelnde staatliche Wirtschaftspolitik sowie mangelndes unternehmerisches Engagement dazu, dass der Großteil der Region den Übergang zu moderneren Produktionsverhältnissen verpasste. Aber auch für Deutschland zeigt sich am Beispiel des inzwischen breit untersuchten Königreichs Sachsen, wie sehr die moderne Textilindustrie des 19. Jahrhunderts von der „Kraft traditioneller Strukturen" [482: K. ZACHMANN, Kraft] profitierte.

Unternehmer-
forschung

  Dies bestätigt auch der Blick in die Unternehmerforschung. So traten in Chemnitz ehemalige Webermeister um 1800 wesentlich stärker als Träger von Innovation und Expansion hervor, als dies früher angenommen wurde. Gerade in Sachsen stammten nicht wenige erfolgreiche Unternehmer aus bescheidenen handwerklichen Verhältnissen [H. ZWAHR, Zur Entstehung und Typologie sächsischer Unternehmer in der Zeit des Durchbruchs der Industriewirtschaft, in: 436: U. HESS/M. SCHÄFER (Hrsg.), Unternehmer, 21–30]. Insgesamt aber erhärten die neueren Beiträge zur Unternehmerforschung die These, dass der größte Teil der deutschen Unternehmerpioniere aus der bereits wirtschaftlich etablierten Gruppe der Großkaufleute und Verlegerfamilien kam [441: R. STREMMEL/J. WEISE, (Hrsg.), Unternehmer] und es zwischen dieser, sich zum Großteil selbst rekrutierenden Unternehmerelite außerordentlich dichte Netzwerke gab [zu Berlin: 442: N. STULZ-HERRNSTADT, Berliner Bürgertum]. Überhaupt haben die Familienunternehmen und ihre wirtschaftlichen und sozialen Netzwerke in den letzten Jahren ein verstärktes Interesse der Forschung gefunden [435: L. GALL, Aufstieg; 438: H. JAMES, Familienunternehmen; 439: A. v. SALDERN, Netzwerkökonomie; 440: M. SCHÄFER, Familienunternehmen; 437: S. HILGER/U. SOÉNIUS, Hrsg., Netzwerke]. Angesichts der wachsenden Bedeutung der Geschlechtergeschichte ist aber auch die Frage verstärkt ins Blickfeld gerückt, welche Rolle Frauen in Unternehmerfamilien sowie als

Frauen und
Industrialisierung

eigenständige Unternehmerinnen im Industrialisierungsprozess spielten. Obwohl man im sächsischen Annaberg Barbara Uthmann, die 1561

das Spitzenklöppeln eingeführt haben soll, als „Wohltäterin des Erzge-
birges" schon im 19. Jahrhundert ein Denkmal gesetzt hatte, wurde die
Unternehmerfunktion von Frauen lange Zeit nur wenig beachtet [445:
D. SCHMIDT, Schatten]. Erst in jüngster Zeit werden verstärkt Untersuchungen zu Frauen vorgelegt, die als Firmeninhaberinnen ein Gewerbe
auf eigene Rechnung führten [443: CH. EIFERT, Frauen; 444: E. LABOU-
VIE, In weiblicher Hand]. Die bislang wichtigste Studie von S. SCHÖTZ
[446: Handelsfrauen] untersucht am Beispiel Leipzigs Chancen und
Grenzen weiblicher Unternehmertätigkeit und zeigt, dass wirtschaftlich
selbständige Frauen im Putz- und Modehandel des 19. Jahrhunderts
einen beachtlichen Beitrag zur Kommerzialisierung leisteten.

Auch neue Gesamtdarstellungen zur Industrialisierung tragen in
den letzten Jahren den geschlechtergeschichtlichen Aspekten stärker
Rechnung. So verweist F. BUTSCHEK [417: Industrialisierung, 135 ff.]
darauf, dass die Frauen in den europäischen Gesellschaften ihre Männer in den Handwerksbetrieben und Handelsgeschäften nicht nur aktiv
unterstützten, sondern dass sie oft auch als Witwen Betriebe eigenstän-
dig und erfolgreich weiterführten. Zudem haben die Frauen des aufstrebenden Bürgertums seit dem 18. Jahrhundert offenbar nicht nur innerhalb ihrer Familien am technisch-kommerziellen Diskurs teilgenom-
men, sondern als Konsumentinnen auch die Nachfrage nach neuen
Produkten maßgeblich beeinflusst. Ein noch wichtigerer Faktor war
freilich die Lohnarbeit von Frauen, die schon in der Frühphase der Industrialisierung eine große Bedeutung gewann. Der gerade in der Textilindustrie rasch wachsende Bedarf an manueller, ungelernter und billiger Arbeitskraft wurde vor allem durch die Rekrutierung von Frauen
gedeckt. Folglich messen neuere Studien der Frauen- und Kinderarbeit
in England einen hohen Stellenwert für das moderne Wirtschaftswachstum zu. In Deutschland spielte die Kinderarbeit angesichts früher staatlicher Eingriffe zwar nicht so eine große Rolle, die Zunahme der
Frauenarbeit war aber auch hier ein wichtiger Faktor des Industrialisierungsprozesses, der zunehmend das Interesse der Forschung findet
[Überblick bei 418: F. CONDRAU, Industrialisierung, 62 ff.]. So zeigt
etwa K. ZACHMANN am Beispiel der sächsischen Textilindustrie, wie
festgefügte Vorstellungen von Geschlechterhierarchie auch Inhalt,
Form und Tempo technischer Innovationen beeinflussten, indem weib-
liche Arbeit stets im Status der Hilfs- und Zuarbeit sowie unter männ-
licher Kontrolle verbleiben sollte [447: Männer arbeiten].

Was die wichtige Frage nach der Rolle des Staates im Industrialisierungsprozess betrifft, so ist ein großer Teil der seit 1998 erschienenen Literatur in dem EDG-Band von R. BOCH [448: Staat] ausführlich

vorgestellt worden. Darüber hinaus haben CH. WISCHERMANN und A.

Institutionen-
ökonomik

NIEBERDING [458: Revolution] eine der neuen Institutionenökonomik folgende Analyse der deutschen Wirtschaftsgeschichte des 19. und frühen 20. Jahrhunderts vorgelegt, in der noch einmal die Bedeutung des institutionellen Wandels für die Industrialisierung hervorgehoben wird. So eröffneten die Wirtschafts- und Gesellschaftsreformen des frühen 19. Jahrhunderts durch die schrittweise Abschaffung gemeinschaftlicher Verfügungsrechte und die Einführung einer liberalen Wettbewerbsordnung mit individuellen Besitztiteln den wirtschaftlichen Akteuren neue Spielräume. Die Herausforderungen, die sich während der Hochindustrialisierung durch die Konjunkturkrisen und die wachsende Kritik an der liberalen Wirtschaftsordnung ergaben, führten dann wiederum zu neuen institutionellen Regulierungen. In diesem Zusammenhang werden aber nicht nur Institutionen wie die Währung oder das Aktienrecht untersucht, sondern etwa durch Einbeziehung der Werbung auch die Institutionalisierungsprozesse von Sinnentwürfen und ihren Regeln. Kritiker lehnen zwar den von einigen Theoretikern der Institutionenökonomik erhobenen „totalen" Erklärungsanspruch ab, halten aber die Übernahme ausgewählter Elemente für sinnvoll und begrüßen die Öffnung zu kulturgeschichtlichen Fragestellungen [zur Debatte vgl. 450: K.-P. ELLERBROCK/C. WISCHERMANN (Hrsg.), Wirtschaftsgeschichte].

Recht und Indu-
strielle Revolution

Ein wichtiger Bestandteil des institutionellen Wandels war das Recht. Die Ausbildung einer funktionierenden Rechtsordnung und die Rechtssicherheit wirtschaftlicher Akteure waren wichtige Vorbedingungen der europäischen Industrialisierung. Zu den Wechselwirkungen von Industrialisierung und Recht hat jetzt eine von M. VEC geleitete Nachwuchsgruppe des Max-Planck-Instituts für europäische Rechtsgeschichte in Frankfurt am Main mehrere Arbeiten vorgelegt, die sich mit der Frage befassen, wie der Staat auf die neuen Regelungsbedürfnisse reagierte und die Chancen und Risiken der Industriegesellschaft normativ zu fassen versuchte. Am Beispiel der preußischen Dampfkesselgesetzgebung und -überwachung [451: I. VOM FELD, Staatsentlastung], der Entstehung und Entwicklung des Patentrechts im Deutschen Kaiserreich [455: M. SECKELMANN, Industrialisierung] und der Normierung von Maßeinheiten [457: M. VEC, Recht] wird zum einen gezeigt, wie sich solche Normierungsprozesse im Geflecht von wirtschaftlichen Interessen, Expertenwissen und Gesetzgebung vollzogen und wie gesellschaftliche Selbstregulierung und staatliche Rahmensetzung ineinander griffen. Zum anderen wird deutlich, dass die – etwa in der 1875 völkerrechtlich geregelten Meterkonvention – teilweise bereits den nationalen Rahmen sprengenden Normierungsprozesse nicht nur als Reaktionen auf die Industrialisierung anzusehen sind, sondern dass sie selbst maßgeblich zur Förderung der Technisierung und damit des wirtschaftlichen Strukturwandels beigetragen haben.

Auch zu anderen Bereichen staatlicher Wirtschaftspolitik sind neue Arbeiten erschienen. So bekräftigte J. LICHTER [453: Notenbankpolitik] die These, dass die preußische Notenbankpolitik bis in die 1850er Jahre hinein den Zahlungsmittel- und Kreditwünschen der nun rasch wachsenden Wirtschaft nicht gerecht wurde. Dagegen konnte U. MÜLLER [454: Infrastrukturpolitik] zeigen, wie die Infrastrukturpolitik des preußischen Staates auf die neuen Erfordernisse der Industrialisierung reagierte und wie der Chausseebau auch im beginnenden Eisenbahnzeitalter eine wichtige Grundlageninvestition für industrielles Wirtschaftswachstum blieb. Im Bereich der Handelspolitik ist auf die auch methodisch innovative Studie von C. TORP [456: Herausforderung] zu verweisen, die der Frage nachgeht, wie sich die im letzten Drittel des 19. Jahrhunderts rasch voranschreitende und den deutschen Industrialisierungsprozess beschleunigende weltwirtschaftliche Integration auf die Zoll- und Handelspolitik des Kaiserreichs auswirkte. Zum gewerblichen und industriellen Ausstellungswesen hat TH. GROSSBÖLTING [452: Reich] eine Studie vorgelegt. Die auch kulturgeschichtliche Fragen aufgreifende Untersuchung zeigt zum einen, wie sehr solche Ausstellungen „Deutungsangebote und Erfahrungsorte für den technischen Fortschritt" schufen und damit auch die Ausbildung der Konsumgesellschaft beschleunigten. Zum anderen wird die Bedeutung staatlicher Initiativen und Fördermaßnahmen relativiert, indem der Verfasser hervorhebt, wie die Gewerbetreibenden selbst seit den 1840er Jahren immer mehr zu den entscheidenden Initiatoren und Akteuren des Ausstellungswesens wurden.

Was den Verlauf der deutschen Industrialisierung betrifft, so wird weiter darüber gestritten, ob man angesichts der langen Vorbereitungsphase und der zunächst vergleichsweise bescheidenen Wachstumsraten von einer „Industriellen Revolution" sprechen kann oder nicht stärker den evolutionären Charakter des wirtschaftlichen Wandels hervorheben sollte. Ein Überblick über die Begriffsdebatten der letzten Jahre findet sich bei F. CONDRAU [418: Industrialisierung, 20 ff.]. D. ZIEGLER vertritt in diesem Zusammenhang die Ansicht, dass sich Deutschland neben Belgien und dem „Nachzügler" Schweden „noch am ehesten für eine Rettung des Konzepts beschleunigten Wachstums" anbiete [425: Industrielle Revolution, 6]. Wie rasch der deutsche Industrialisierungsprozess in den 1850er und 60er Jahren voranschritt und wie schnell er sich

(Randnotiz) Staatliche Wirtschaftspolitik

(Randnotiz) Verlauf der Industrialisierung

auf die unterschiedlichsten Bereiche des gesellschaftlichen, kulturellen und politischen Lebens auswirkte, veranschaulichen die Beiträge eines vom Deutschen Historischen Museum herausgegebenen Ausstellungskatalogs [465: U. LAUFER/H. OTTOMEYER (Hrsg.), Gründerzeit]. W. PLUMPE [466: Wirtschaftskrisen] vermittelt in seiner Überblicksdarstellung zu Wirtschaftskrisen in Geschichte und Gegenwart einen instruktiven Einblick in die neuere Forschung zu Konjunkturen und Krisen des

Gründerkrise 1873

19. Jahrhunderts. Im Zuge der aktuellen Wirtschaftskrise stößt die Gründerkrise von 1873 nach wie vor auf großes Interesse, die heute als Phase verminderten Wachstums unter deflationären Bedingungen bezeichnet wird und deren früher überschätztes Ausmaß auch andere Studien relativieren. So verweist C. BURHOP [461: Kreditbanken] darauf, dass die Bilanzsumme der deutschen Kreditbanken ungeachtet der Krise bis 1879 weiter stieg und die Krise eher eine Reaktion auf ein überhitztes Wachstum darstellte. M. GRABAS [462: Gründerkrise] deutet die Gründerkrise als eine Strukturkrise, die im Sinne der Schumpeterschen Theorie wirtschaftlichen Wachstums durch die „schöpferische Zerstörung" alter Strukturen und die Herausbildung eines neuen Führungssektors geprägt war.

Zweite Industrielle Revolution

Die durchgreifende Rationalisierung des volkswirtschaftlichen Produktionsprozesses schuf die Voraussetzungen jener „zweiten Industriellen Revolution", die sich im Deutschen Reich mit einer besonderen Dynamik vollzog. In diesem Zusammenhang ist die enorme Bedeutung, die dem Produktionsfaktor Wissen beim Aufstieg der neuen Wachstumsbranchen wie der Chemie- und Elektroindustrie zufiel, durch weitere Untersuchungen über die Rolle der Technischen Hochschulen, staatlichen Großforschungseinrichtungen, wissenschaftlichen Gesellschaften und Forschungslabors von Unternehmen herausgestellt worden [Überblick bei 423: T. PIERENKEMPER, Wirtschaftsgeschichte, 57 ff.]. Getragen wurde die „zweite Industrielle Revolution", die letztlich folgenreicher war als die ursprüngliche Industrielle Revolution, aber nicht nur vom technologischen Fortschritt, der sich in den von J. STREB und J. BATEN [467: Ursachen] ausgewerteten Patentstatistiken des Kaiserreichs nachhaltig niederschlug. Wichtig waren auch die institutionell-organisatorischen Veränderungen wie der immer schnellere Aufstieg anonymer Kapitalgesellschaften, die Herausbildung moderner, bürokratisierter Konzernstrukturen, die Konzentration und Kartellbildung sowie die multinationalen Produktions- und Vertriebsstrukturen [459: W. ABELSHAUSER, Industrielle Revolution]. Seit dem Erscheinen der Erstauflage dieses Buches sind diese strukturellen Veränderun-

Technikgeschichte

gen sowohl in der neueren Technikgeschichte als auch in der boomen-

den Unternehmensgeschichte breit erforscht worden. Da zur Technikgeschichte ein eigener Band in der EDG-Reihe vorliegt [463: CH.
KLEINSCHMIDT, Technik] und ein weiterer zur Unternehmensgeschichte
in Vorbereitung ist, kann an dieser Stelle auf eine ausführliche Würdigung des Forschungsertrags verzichtet werden. Eine gute Einführung in
die technikgeschichtlichen Aspekte der Führungssektoren der deutschen Industrialisierung bietet zudem W. KÖNIG [464: Technikge-
schichte]. B. BEYER [460: Vom Tiegelstahl] hat in einer sehr überzeugenden Studie zur Gußstahlfabrik von Friedrich Krupp gezeigt, wie die
Adaption und Weiterentwicklung technologischer Neuerungen der
Stahlerzeugung in unternehmerischen Erfolg umgesetzt wurde.

Im Übrigen werden viele Fragen der Technik- und Unternehmensgeschichte, der Industriefinanzierung und der staatlichen Wirtschaftspolitik auch in den neueren Arbeiten zur regionalen Industrialisierung
behandelt. Das Thema Region und Industrie ist in den letzten Jahren ein
großes Forschungsfeld geblieben. H. KIESEWETTER hat in neuen Überblicksdarstellungen die These vertreten, dass es gerade der regionale
Wettbewerb war, der den Nachzügler Deutschland am Ende des
19. Jahrhunderts zur führenden europäischen Industrienation werden
ließ [419: Industrielle Revolution; 473: Region und Industrie]. Den
wichtigsten empirischen Beitrag zu einzelnen deutschen Industrieregionen lieferte R. BANKENs zweibändige, auch in methodischer Hinsicht innovative Pionierstudie über die Saarregion [468: Industrialisie-
rung]. Dank günstiger Produktionsbedingungen wie älterer Gewerbe-
traditionen, früher Übernahme moderner Techniken, entwicklungsfähi-
ger Markt- und Unternehmensstrukturen, guter Kapitalausstattung sowie staatlicher Förderung beschleunigte sich das wirtschaftliche
Wachstum schon zwischen 1795 bis 1813, als die Region zu Frankreich
gehörte. Unter den neuen, von Preußen bestimmten politischen Verhältnissen setzte sich dieser Wachstumsprozess nach 1815 weiter fort und
erreichte nach bemerkenswerten Steigerungen in den 1830er Jahren in
den beiden Jahrzehnten nach 1850 seinen großen Durchbruch. Der
„Take-Off" der Saarregion wurde getragen von dem rasch expandierenden Steinkohlenbergbau und der im Zuge des Eisenbahnbaus immer
wichtiger werdenden Eisen- und Stahlindustrie. Dabei bildete die Saarregion im Vergleich zu den beiden anderen großen Montanregionen,
dem Ruhrgebiet und Oberschlesien, ein eigenes Entwicklungsmuster
aus, das mit besonderen naturräumlichen, geografischen, wirtschafts-
rechtlichen und eigentumsstrukturellen Verhältnissen zusammenhing.
Obwohl das wirtschaftliche Wachstum der Saarregion auch in der Zeit
des Kaiserreichs anhielt, konnte die Region mit dem viel dynamische-

Regionale Industria-
lisierung

Saarregion

ren Ruhrgebiet nicht mehr Schritt halten. Ungünstigere Eigenschaften
der Saarkohle, höhere Frachtraten, ein geringeres Arbeitskräfteangebot
und veraltete Eigentumsverhältnisse im Steinkohlenbergbau bremsten
das Wachstum ebenso wie die Preispolitik des preußischen Bergfiskus,
der die meisten Steinkohlengruben betrieb und dessen anfänglich fördernde Rolle der regionalen Industrialisierung sich in der zweiten Jahrhunderthälfte in ihr Gegenteil verkehrte.

Oberschlesien   Neue Einblicke in die ebenfalls von Bergbau und Hüttenwesen
geprägte oberschlesische Industrialisierungsgeschichte geben die Untersuchungen von Z. KWAŚNY [475: Entwicklung] und E. KOMAREK
[474: Industrialisierung]. Deutlich herausgestellt werden die Besonderheiten der industriellen Entwicklung Oberschlesiens, zu denen unter
anderem die sehr niedrigen Arbeitsentgelte und vor allem auch der im
deutschen Vergleich ungewöhnlich hohe Unternehmeranteil adeliger
Großgrundbesitzer zählten. K. SKIBICKI [479: Industrie] hat am Beispiel
der Industrie im oberschlesischen Fürstentum Pless Voraussetzungen
und Bedeutung des industriellen Engagements der vorrangig im Eisen-
hüttenwesen tätigen adeligen Magnaten detaillierter untersucht. Durch
die Bodenschätze, die billigen Arbeitskräfte und das akkumulierte In-
vestitionskapital der großen Landgüter verfügten die Magnaten über
alle relevanten Produktionsfaktoren und konnten zudem aufgrund ihrer
altangestammten Bergbauprivilegien weitgehend ohne staatliche Auf-
sicht, beziehungsweise Leitung agieren. Die durch eine privilegierte
Monopolstellung begünstigte industrielle Tätigkeit der Magnaten trug
insofern zur Entwicklung der Region bei, indem der Weg für die nach-
folgenden, die zweite Industrialisierungswelle prägenden bürgerlichen
Unternehmer geebnet wurde. Einen weiteren guten Einblick in lau-
fende und abgeschlossene Arbeiten zur Industrialisierung der zum
Deutschen Bund gehörenden ostmitteleuropäischen Regionen vermittelt ein von T. PIERENKEMPER herausgegebener Tagungsband [478: Re-
gionen], der mit seinen Beiträgen zu Nieder- und Oberschlesien sowie
zum nordöstlichen Habsburgerreich wichtige, aber bislang weniger erforschte Industrieregionen in den Fokus der europäischen Industrialisierungsgeschichte rückt.

Österreichische   Zur österreichischen Industriegeschichte des 19. und 20. Jahrhun-
Wirtschaft   derts ist eine mehrbändige Überblicksdarstellung erschienen. Im ersten
Band mit dem Untertitel „Die vorhandene Chance" wird gezeigt, wie
sich auch in der gewerblichen Wirtschaft Österreichs seit dem ausge-
henden 18. Jahrhundert neue Entwicklungen anbahnten, wie dann aber
Technikskepsis und feudale Strukturen den Aufstieg neuer industrieller
Strukturen behinderten [469: G. CHALOUPEK/D. LEHNER/H. MATIS/R.

SANDGRUBER, Industriegeschichte, Bd. 1]. Im zweiten Band mit dem
Untertitel „Die verpasste Chance" beschreiben die Autoren, wie sich
der Industrialisierungsprozess auch in Österreich nach 1850 beschleunigte, warum aber die Habsburger Monarchie am Ende die damit verbundenen Chancen nicht voll nutzen konnte und hinter das Wirtschaftswachstum anderer europäischer Länder zurückfiel [469: J. JETSCHGO/
F. LACINA/M. PAMMER/R. SANDGRUBER, Österreichische Industriegeschichte, Bd. 2]. M. PAMMER, einer der Autoren des Werkes, hat zudem
die regionale Industrialisierungsforschung mit seiner großen Studie
über Wirtschaftswachstum und Vermögensverteilung auf dem Gebiet
des heutigen Österreichs bereichert [477: Entwicklung].

Das früh industrialisierte Königreich Sachsen gehörte bislang kei-   Industrialisierung
neswegs zu den von der Forschung vernachlässigten Regionen. Den-   in Sachsen
noch sind in den letzten Jahren mehrere Arbeiten entstanden, die neue
Einsichten in Ursachen, Verlauf und Folgen des regionalen Industrialisierungsprozesses vermitteln. Hier ist vor allem auf den zweiten Teil
von R. FORBERGERs Pionierstudie [470: Die industrielle Revolution in
Sachsen 1800–1861, Bd. 2/1 u. 2/2] zu verweisen, in dem die Zeit von
1831 bis 1861 behandelt wird. Diese quellengesättigte und detailreiche
Untersuchung zeigt im ersten Halbband, wie sich unter den veränderten
politischen und gesellschaftlichen Verhältnissen die Industrialisierung
durch verbesserte Techniken und Technologien sowie den Übergang zu
neuen Energieträgern immer rascher durchsetzte. Der zweite Halbband
enthält eine ausführliche Dokumentation der in diesem Zeitraum exi-
stierenden Fabriken. In einer überarbeiteten Fassung seiner 1988 vorgelegten Studie über „Industrialisierung und Landwirtschaft" [215] wi-
derspricht H. KIESEWETTER noch einmal der These FORBERGERs, dass
der Beginn einer Industriellen Revolution in Sachsen bereits auf die
Zeit um 1800 mit dem Aufkommen der ersten Werkzeugmaschinen und
Fabriken zu datieren ist [472: Die Industrialisierung Sachsens]. KIESE-
WETTER hebt demgegenüber hervor, dass die von der regionalen Textilindustrie ausgehenden gesamtwirtschaftlichen Impulse schwächer gewesen seien und ein Durchbruch zu einem selbst tragenden Wachstum
erst zwischen 1825–1834 erfolgt sei. Nach neueren Untersuchungen
stellt sich allerdings die Frage, ob sich der Übergang vom traditionellen
Gewerbe zu den industriellen Strukturen in Sachsen überhaupt als
quantitativer und qualitativer Sprung vollzogen hat. So verweist R.
BOCH im Vorwort einer neuen sächsischen Wirtschaftsgeschichte [471:
R. KARLSCH/M. SCHÄFER, Wirtschaftsgeschichte, 9] auf eine eher kontinuierliche Entwicklung: „Die Industrialisierung Sachsens entpuppt
sich bei näherem Hinsehen bis 1914 als erstaunlich ‚organischer' Pro-

zess. Vor allem im Textilsektor läßt sich die Entfaltung einer industriellen Wirtschaft als allmähliches Herauswachsen aus protoindustriellen Ursprüngen beschreiben, als ‚industrielle Evolution', die eher von fließenden Übergängen geprägt war als von raschen Entwicklungssprüngen." Im Übrigen zeigen R. KARLSCH und M. SCHÄFER [471: Wirtschaftsgeschichte], dass sich die frühe Industrialisierung Sachsens für die Zeit um 1900 nicht unbedingt als Vorteil erwies, weil die Beharrungskraft älterer Industriestrukturen wie in England notwendige Modernisierungen erschweren konnte. Mit seinen arbeitsintensiven und teilweise hoch spezialisierten Klein- und Mittelbetrieben besaß Sachsen zwar um 1900 ein beachtliches industrielles Potential und wies mit seinem überproportional entwickelten Handels- und Verkehrsgewerbe bereits Ansätze eines Wandels von der Industrie- zur Dienstleistungsgesellschaft auf. Dennoch konnte die sächsische Industrie jetzt mit der Dynamik anderer, von den Wachstumsindustrien der „zweiten Industriellen Revolution" geprägten deutscher Regionen wie dem Rhein-Main-Raum nicht mehr mithalten.

Im Unterschied zum Königreich Sachsen ist der Industrialisierungsprozess der thüringischen Kleinstaaten bislang erst ansatzweise unter den neuen Fragestellungen erforscht worden, obwohl manche Regionen auch hier durch die Sogwirkung der sächsischen Entwicklungen schon Mitte des 19. Jahrhunderts eine beachtliche Gewerbedichte aufwiesen. In Bezug auf den ebenfalls vergleichsweise wenig erforschten norddeutschen Raum sind neue Untersuchungen zur Industrialisierung Schaumburgs [481: K. H. SCHNEIDER, Schaumburg] und des Königreichs Hannover erschienen. S. MESCHKAT-PETERS [476: Eisenbahnen] beschreibt in ihrer umfangreichen Studie, wie der Eisenbahnbau im Umfeld der Hauptstadt Hannover vor allem durch die in Linden gegründete Eisengießerei und Maschinenfabrik Egestorff weit reichende Rückkopplungseffekte entfaltete. Der Industrialisierungsprozess im Königreich Hannover setzte schon vor der 1866 erfolgten Annexion durch Preußen ein, erhielt aber dann durch die neuen politischen Rahmenbedingungen zusätzliche Impulse. Die Arbeit vermittelt ebenso wie eine material- und aspektenreiche Fallstudie zum württembergischen Ulm [480: P. SCHALLER, Industrialisierung] zugleich gute Einblicke in die Zusammenhänge von Industrialisierung und Stadtentwicklung.

Schließlich sind auch zu den im Schlusskapitel der Erstauflage dieses Bandes erörterten Fragen zahlreiche neue Forschungsergebnisse vorgelegt worden. Die Debatte über den Lebensstandard haben vor allem die Forschungen von J. BATEN [427: Ernährung] bereichert, der

Industrialisierung in Norddeutschland

Lebensstandard-Debatte

am Beispiel Bayerns nach den Zusammenhängen von Ernährungslage, Bevölkerungsentwicklung und Wirtschaftswachstum fragt. Mit Hilfe von Forschungsansätzen, die anthropometrische Daten wie Körpergröße und Gewicht auswerten, zeigt BATEN, wie der Lebensstandard in den frühen Phasen der Industrialisierung vorübergehend sank und in einigen Regionen wie Württemberg auch nach 1850 noch vergleichsweise niedrig blieb [J. BATEN, Anthropometrics, consumption, and leisure: the standard of living, in: 420: Germany, 383–430]. Unbestritten aber ist, dass die Industrialisierung auf längere Sicht der deutschen Gesellschaft einen nachhaltigen Wohlstandsgewinn brachte, dessen Ursachen und Ausmaß in T. PIERENKEMPERS Buch über die Entstehung der modernen Volkswirtschaft [423: Wirtschaftsgeschichte] im historischen Vergleich sehr anschaulich erläutert werden.

Die Umweltgeschichte hat seit Erscheinen der ersten Auflage dieses Bandes einen immer stärkeren Aufschwung erfahren. Über die mit der Industrialisierung verbundenen Forschungen und Debatten dieser noch jungen Teildisziplin informiert deshalb jetzt ein eigener EDG-Band [488: F. UEKÖTTER, Umweltgeschichte]. Ein wichtiges Thema der Forschung ist nach wie vor die Frage, wie die Zeitgenossen den Aufstieg des neuen Industriesystems wahrgenommen haben. In diesem Zusammenhang hat M. SPEHR [487: Maschinensturm] eine beachtenswerte Arbeit über die Maschinenstürmerei in Deutschland vorgelegt. Obwohl diese Protestform in Deutschland längst nicht die Ausmaße erreichte wie in England, kam es in der ersten Hälfte des 19. Jahrhunderts auch hier zu zahlreichen Maschinenstürmen. Diese Aktionen waren freilich nicht so sehr von diffusen Fortschrittsängsten und primitivem Hass auf die Maschinen bestimmt. Das Kerninteresse der Akteure betraf den Erhalt der bedrohten Arbeitsplätze. Fortschrittsskeptische Stimmen begleiteten auch die Anfänge des Eisenbahnbaus, der aber zugleich dem Fortschrittsoptimismus und der Akzeptanz des Industriesystems im 19. Jahrhundert immer stärker Bahn brach. Den Wahrnehmungen, Debatten und gesellschaftlichen Auswirkungen des insgesamt schon gut erforschten Eisenbahnbaus hat R. ROTH [486: Jahrhundert] eine materialreiche Studie gewidmet, in der auch die Zusammenhänge zwischen Kommunikationsrevolution und Industrialisierung noch einmal sehr anschaulich herausgearbeitet werden. Darüber hinaus haben sich weitere literaturwissenschaftliche Arbeiten mit der Frage beschäftigt, wie sich das Heraufziehen des Industriesystems in Werken und Reaktionen deutscher Literaten, besonders bei dem vor den „veloziferischen" Tendenzen des neuen Wirtschaftssystems warnenden Goethe niederschlug [483: R. T. GRAY, Money; 484: M. JAEGER, Fausts Kolo-

Wahrnehmung der und Reaktion auf die Industrialisierung

nie]. Stärker ins Blickfeld der Forschung gerückt ist schließlich auch die Haltung, die deutsche Monarchen gegenüber der neuen industriellen Welt einnahmen, die einerseits durch den Aufstieg des Bürgertums alte Herrschaftsordnungen bedrohte, andererseits aber aus finanziellen und machtpolitischen Gründen notwendig und erwünscht erschien. Wie ausgeprägt das Interesse von Kaiser Wilhelm II. an der modernen Wirtschaft und Technik war, auf welche Weise er die Technologie-, Industrie- und Wirtschaftspolitik zu beeinflussen versuchte und wo die Grenzen dieses persönlichen Engagements lagen, all das hat W. KÖNIG [485: Wilhelm II.] in seiner großen Studie über Wilhelm II. und die technisch-industrielle Welt überzeugend dargelegt.

Die vielfältigen Forschungsansätze zeugen davon, dass das Interesse an der Industrialisierung und der mit ihr verbundenen Entstehung der modernen Volkswirtschaft nach wie vor groß ist und neben den klassischen Themen auch neue Aspekte wie die mit dem wirtschaftlichen Strukturwandel verknüpften kulturgeschichtlichen Fragen stärker in den Fokus gerückt sind.

III. Quellen und Literatur

Die verwendeten Abkürzungen im Quellen- und Literaturteil entsprechen denen der „Historischen Zeitschrift".

A. Gedruckte Quellen

Auf die zeitgenössische Gewerbestatistik des 19. Jahrhunderts, die in einem anderen Band dieser Reihe (33: T. PIERENKEMPER, Gewerbe) aufgeführt ist, wird hier verzichtet.

1. G. ADELMANN (Hrsg.), Der gewerblich-industrielle Zustand der Rheinprovinz im Jahre 1836. Bonn 1967.
2. F.-J. BRÜGGEMEIER/M. TOYKA-SEID (Hrsg.), Industrie-Natur. Lesebuch zur Geschichte der Umwelt im 19. Jahrhundert. Frankfurt a. M./New York 1995.
3. H. DOBBELMANN (Hrsg.), „Das preußische England ...". Berichte über die industriellen und sozialen Zustände in Oberschlesien zwischen 1780 und 1886. Wiesbaden 1993.
4. U. EILER (Hrsg.), Hessen im Zeitalter der industriellen Revolution. Frankfurt a. M. 1984.
5. W. FISCHER/F. IRSIGLER/K. H. KAUFHOLD/A. OTT (Hrsg.), Quellen und Forschungen zur historischen Statistik von Deutschland: Bd. 5: Gewerbestatistik Preußens vor 1850. Teil 1: Das Berg-, Hütten- und Salinenwesen, hrsg. v. K. H. KAUFHOLD/W. SACHSE. St. Katharinen 1990. Bd. 6: Gewerbestatistik Preußens vor 1850. Teil 2: Das Textilgewerbe, hrsg. v. U. ALBRECHT/K. H. KAUFHOLD. St. Katharinen 1994. Bd. 7: Statistik der Stahlproduktion im deutschen Zollgebiet 1850–1911, hrsg. v. W. FISCHER. St. Katharinen 1989. Bd. 8: Statistik der Bergbauproduktion Deutschlands 1850–1914, hrsg. v. W. FISCHER/P. FEHRENBACH. St. Katharinen 1989. Bd. 17: Statistik der Eisenbahnen in Deutschland (1835–1989), hrsg. v. R. FREMDLING/R. FEDERSPIEL/A. KUNZ. St. Katharinen 1995.

6. W. FISCHER/J. KRENGEL/J. WIETOG (Hrsg.), Sozialgeschichtliches Arbeitsbuch I. Materialien zur Statistik des Deutschen Bundes 1815–1870. München 1982.

7. W. FISCHER/A. KUNZ, Grundlagen der historischen Statistik von Deutschland. Quellen, Methoden, Forschungsziele. Opladen 1991.

8. H.-J. GERHARD, Löhne im frühindustriellen Deutschland. Materialien zur Entwicklung von Lohnsätzen von der Mitte des 18. bis zur Mitte des 19. Jahrhunderts. Göttingen 1984.

9. W. G. HOFFMANN unter Mitarb. von F. GRUMBACH u. H. HESSE, Das Wachstum der deutschen Wirtschaft seit der Mitte des 19. Jahrhunderts. Berlin 1965.

10. G. HOHORST/J. KOCKA/G. A. RITTER (Hrsg.), Sozialgeschichtliches Arbeitsbuch II. Materialien zur Statistik des Kaiserreichs 1870–1914. 2. Aufl. München 1978.

11. S. JERSCH-WENZEL/J. KRENGEL (Bearb.), Die Produktion der deutschen Hüttenindustrie 1850–1914. Ein historisch-statistisches Quellenwerk. Berlin 1984.

12. W. KÖLLMANN (Hrsg.), Die Industrielle Revolution. Bevölkerung, Technik, Wirtschaft, Industrie, Unternehmer, Arbeiterschaft, Sozialreform, Sozialpolitik. Stuttgart 1987.

13. DERS. (Hrsg.), Quellen zur Bevölkerungs-, Sozial- und Wirtschaftsstatistik Deutschlands 1815–1875. Bd. 1: Quellen zur Bevölkerungsstatistik Deutschlands 1815–1875, bearb. v. A. KRAUS. Boppard 1980. Bd. 2: Quellen zur Berufs- und Gewerbestatistik 1816–1875: Preußische Provinzen, bearb. v. A. KRAUS. Boppard 1990. Bd. 3: Quellen zur Berufs- und Gewerbestatistik Deutschlands 1816–1875: Norddeutsche Staaten, bearb. v. A. KRAUS. Boppard 1994. Bd. 4: Quellen zur Berufs- und Gewerbestatistik Deutschlands 1816–1875: Mitteldeutsche Staaten, bearb. v. A. KRAUS. Boppard 1994. Bd. 5: Quellen zur Berufs- und Gewerbestatistik Deutschlands 1816–1875: Süddeutsche Staaten, bearb. v. A. KRAUS. Boppard 1995.

14. W. STEITZ (Hrsg.), Quellen zur deutschen Wirtschafts- und Sozialgeschichte im 19. Jahrhundert bis zur Reichsgründung. Darmstadt 1980.

15. DERS. (Hrsg.), Quellen zur deutschen Wirtschafts- und Sozialgeschichte von der Reichsgründung bis zum Ersten Weltkrieg. Darmstadt 1985.

16. W. TREUE/K. H. MANEGOLD (Hrsg.), Quellen zur Geschichte der industriellen Revolution. Göttingen 1966.

B. Literatur

1. Handbücher und Gesamtdarstellungen

17. W. ABELSHAUSER/D. PETZINA (Hrsg.), Deutsche Wirtschaftsgeschichte im Industriezeitalter. Konjunktur, Krise, Wachstum. Königstein 1981.

18. H. AUBIN/W. ZORN (Hrsg.), Handbuch der deutschen Wirtschafts- und Sozialgeschichte. Bd. 2. Stuttgart 1976.

19. R. BERTHOLD (Hrsg.), Geschichte der Produktivkräfte in Deutschland von 1800 bis 1945 in drei Bänden. Bd. 1: Produktivkräfte in Deutschland 1800–1870. Berlin 1990; Bd. 2: Produktivkräfte in Deutschland 1870–1917/18. Berlin 1985.

20. K. BORCHARDT, Die industrielle Revolution in Deutschland. München 1972.

21. K. E. BORN, Wirtschafts- und Sozialgeschichte des Deutschen Kaiserreichs (1867/71–1914). Wiesbaden 1985.

22. Europäische Wirtschaftsgeschichte. The Fontana Economic History of Europe, hrsg. v. C. M. CIPOLLA. Deutsche Ausgabe hrsg. v. K. BORCHARDT. Bd. 3: Die Industrielle Revolution. Stuttgart 1976. Bd. 4: Die Entwicklung der industriellen Gesellschaften. Stuttgart 1977.

23. E. FEHRENBACH, Vom Ancien Régime zum Wiener Kongreß. 2. Aufl. München 1986.

24. W. FISCHER u. a. (Hrsg.), Handbuch der europäischen Wirtschafts- und Sozialgeschichte. Bd. 4: Europäische Wirtschafts- und Sozialgeschichte von der Mitte des 17. Jahrhunderts bis zur Mitte des 19. Jahrhunderts. Stuttgart 1993. Bd. 5: Europäische Wirtschafts- und Sozialgeschichte von der Mitte des 19. Jahrhunderts bis zum Ersten Weltkrieg. Stuttgart 1985.

25. F.-W. HENNING, Handbuch der Wirtschafts- und Sozialgeschichte Deutschlands, Bd. 2: Deutsche Wirtschafts- und Sozialgeschichte im 19. Jahrhundert. Paderborn 1996.

26. DERS., Die Industrialisierung in Deutschland 1800 bis 1914. Paderborn 1973.

27. H. KELLENBENZ, Deutsche Wirtschaftsgeschichte. Bd. 2: Vom Ausgang des 18. Jahrhunderts bis zum Ende des Zweiten Weltkriegs. München 1981.

28. H. KIESEWETTER, Industrielle Revolution in Deutschland 1815–1914. Frankfurt a. M. 1989.

29. F. LÜTGE, Deutsche Sozial- und Wirtschaftsgeschichte. 3. Aufl. Berlin 1963.
30. H. MOTTEK, Wirtschaftsgeschichte Deutschlands. Ein Grundriß. Bd. 2: Von der Zeit der Französischen Revolution bis zur Zeit der Bismarckschen Reichsgründung. Berlin 1969.
31. TH. NIPPERDEY, Deutsche Geschichte 1800–1866. Bürgerwelt und starker Staat. München 1983.
32. DERS., Deutsche Geschichte 1866–1918. Bd. 1: Arbeitswelt und Bürgergeist. München 1990.
33. T. PIERENKEMPER, Gewerbe und Industrie im 19. und 20. Jahrhundert. München 1994.
34. W. REININGHAUS, Gewerbe in der frühen Neuzeit. München 1990.
35. A. SARTORIUS VON WALTERSHAUSEN, Deutsche Wirtschaftsgeschichte 1815–1914. Jena 1923.
36. W. SIEMANN, Vom Staatenbund zum Nationalstaat. Deutschland 1806–1871. München 1995.
37. W. SOMBART, Die deutsche Volkswirtschaft im 19. Jahrhundert. Berlin 1903, 8. Aufl. Darmstadt 1954.
38. R. H. TILLY, Vom Zollverein zum Industriestaat. Die wirtschaftliche und soziale Entwicklung Deutschlands 1834 bis 1914. München 1990.
39. W. TREUE, Gesellschaft, Wirtschaft und Technik Deutschlands im 19. Jahrhundert, in: GEBHARDT, Handbuch der deutschen Geschichte. 9. neu bearb. Aufl., hrsg. v. H. GRUNDMANN, Bd. 3, Stuttgart 1970, 377–541.
40. R. WALTER, Wirtschaftsgeschichte. Vom Merkantilismus bis zur Gegenwart. Köln/Weimar/Wien 1995.
41. H.-U. WEHLER, Deutsche Gesellschaftsgeschichte. Bd. 1: Vom Feudalismus des Alten Reiches bis zur Defensiven Modernisierung der Reformära. München 1987; Bd. 2: Von der Reformära bis zur industriellen und politischen „Deutschen Doppelrevolution" 1815–1845/49. München 1987; Bd. 3: Von der „Deutschen Doppelrevolution" bis zum Ende des Ersten Weltkrieges 1849–1914. München 1995.
42. DERS., Das deutsche Kaiserreich 1871–1918. Göttingen 1973. 7. Aufl. Göttingen 1994.
43. U. WENGENROTH, Deutsche Wirtschafts- und Technikgeschichte im 19. und 20. Jahrhundert, in: Deutsche Geschichte, begr. v. P. RASSOW, neu hrsg. v. M. VOGT. Stuttgart 1987, 298–348.

2. *Allgemeines, Einführungswerke, Grundsatzfragen*

44. G. AMBROSIUS/D. PETZINA/W. PLUMPE (Hrsg.), Moderne Wirtschaftsgeschichte. Eine Einführung für Historiker und Ökonomen. München 1996.

45. W. ABELSHAUSER, Die deutsche Industrielle Revolution, in: H.-U. WEHLER (Hrsg.), Scheidewege der deutschen Geschichte. Von der Reformation bis zur Wende 1517–1989. München 1989, 103–115.

46. K. BERTHOLD (Hrsg.), Umwälzung der deutschen Wirtschaft im 19. Jahrhundert. Berlin 1989.

47. R. BRAUN/W. FISCHER/H. GROSSKREUTZ/H. VOLKMANN (Hrsg.), Gesellschaft in der industriellen Revolution. Köln 1973.

48. DIES. (Hrsg.), Industrielle Revolution. Wirtschaftliche Aspekte. Köln 1972.

49. H. BÖHME, Industrielle Revolution, in: Sowjetsystem und Demokratische Gesellschaft, hrsg. v. C. D. KERNIG u. a., Bd. 3. Freiburg/Basel/Wien 1969, 115–130.

50. K. BORCHARDT, Wachstum, Krisen, Handlungsspielräume der Wirtschaftspolitik. Studien zur Wirtschaftsgeschichte des 19. und 20. Jahrhunderts. Göttingen 1982.

51. K. E. BORN (Hrsg.), Moderne deutsche Wirtschaftsgeschichte. Köln 1966.

52. C. BUCHHEIM, Industrielle Revolutionen. Langfristige Wirtschaftsentwicklung in Großbritannien, Europa und in Übersee. München 1994.

53. DERS., Überlegungen zur Industriellen Revolution und langfristigen Wachstumsprozessen, in: JbWG 1995/1, 209–219.

54. O. BÜSCH, Industrialisierung und Geschichtswissenschaft. Ein Beitrag zur Thematik und Methodologie der historischen Industrialisierungsforschung. Berlin 1969, 2. überarb. und verb. Aufl. Berlin 1979.

55. DERS./W. FISCHER/H. HERZFELD (Hrsg.), Industrialisierung und „Europäische Wirtschaft" im 19. Jahrhundert. Berlin/New York 1976.

56. R. CAMERON, The Industrial Revolution, a Misnomer, in: J. SCHNEIDER (Hrsg.), Wirtschaftskräfte und Wirtschaftswege. Fschr. für H. Kellenbenz, Bd. 5. Stuttgart 1981, 467–476.

57. DERS., A New View of European Industrialization, in: EconHR 38, 1985, 1–23.

58. W. FISCHER, Wirtschafts- und sozialgeschichtliche Anmerkungen

zum „deutschen Sonderweg", in: Tel Aviver Jb. f. dt. Geschichte 16, 1987, 96–116.

59. DERS., Wirtschaft und Gesellschaft im Zeitalter der Industrialisierung. Aufsätze – Studien – Vorträge. Göttingen 1972.

60. A. GERSCHENKRON, Economic Backwardness in Historical Perspective. Cambridge (Mass.) 1962.

61. G. HARDACH, Aspekte der Industriellen Revolution, in: GG 17, 1991, 102–113.

62. K. W. HARDACH, Some Remarks on German Economic Historiography and its Understanding of the Industrial Revolution in Germany, in: JEEH 1, 1972, 37–99.

63. V. HENTSCHEL, Leitsektorales Wachstum und Trendperioden. Rostows Konzept modernen Wirtschaftswachstums in theoriegeschichtlicher Perspektive, in: VSWG 80, 1993, 197–208.

64. G. HESSE, Die Entstehung industrialisierter Volkswirtschaften. Ein Beitrag zur theoretischen und empirischen Analyse der langfristigen wirtschaftlichen Entwicklung. Tübingen 1982.

65. D. HILGER/L. HÖLSCHER, Industrie, Gewerbe, in: O. BRUNNER/W. CONZE/R. KOSELLECK (Hrsg.), Geschichtliche Grundbegriffe. Historisches Lexikon zur politisch-sozialen Sprache in Deutschland, Bd. 3. Stuttgart 1982, 237–304.

66. A. O. HIRSCHMANN, Das vielfältige Unbehagen an der Industrialisierung, in: GG 18, 1992, 221–230.

67. W. HOFFMANN, Stadien und Typen der Industrialisierung. Ein Beitrag zur quantitativen Analyse historischer Wachstumsprozesse. Jena 1931.

68. H. KIESEWETTER, Europas Industrialisierung – Zufall oder Notwendigkeit?, in: VSWG 80, 1993, 30–62.

69. DERS., Das einzigartige Europa. Zufällige und notwendige Faktoren der Industrialisierung. Göttingen 1996.

70. S. KLATT, Zur Theorie der Industrialisierung. Hypothesen über die Bedingungen, Wirkungen und Grenzen eines vorwiegend durch technischen Fortschritt bestimmten Wachstums. Köln/Opladen 1959.

71. J. KOMLOS/M. ARTZROUNI, Ein Simulationsmodell der Industriellen Revolution, in: VSWG 81, 1994, 324–338.

72. J. VON KRUEDENER, Die moderne Wirtschaftsgeschichte in den Gesamtdarstellungen seit 1945, in: GG 10, 1984, 257–282.

73. J. KUCZYNSKI, Studien zur Geschichte des Kapitalismus. Berlin 1957.

74. DERS., Vier Revolutionen der Produktivkräfte. Theorien und Ver-

gleiche. Mit kritischen Bemerkungen und Ergänzungen von W. JONAS. Berlin 1975.

75. T. KUCZYNSKI, Industrielle Revolution oder Industrialisierung?, in: JbWG 1975/1, 164–176.

76. W. R. LEE (Ed.), German Industry and German Industrialization. London 1991.

77. H. MATIS, Das Industriesystem. Wirtschaftswachstum und sozialer Wandel im 19. Jahrhundert. Wien 1988.

78. H. MOTTEK/H. BLUMBERG/H. WUTZMER/W. BECKER, Studien zur Geschichte der Industriellen Revolution in Deutschland. Berlin 1960.

79. H.-P. MÜLLER, Karl Marx über Maschinerie, Kapital und industrielle Revolution. Exzerpte und Manuskriptentwürfe 1851–1861. Opladen 1992.

80. E. NOLTE, Marxismus und Industrielle Revolution. Stuttgart 1983.

81. D. C. NORTH, Theorie des institutionellen Wandels. Eine neue Sicht der Wirtschaftsgeschichte. Tübingen 1988. (Erste Ausgabe: Structure and Change in Economic History. New York 1981.)

82. P. O'BRIEN, European Economic Development. The Contribution of the Periphery, in: EconHR 35, 1982, 1–18.

83. DERS., Do we have a Typology for the Study of European Industrialization in the XIXth Century, in: JEEH 15, 1986, 291–333.

84. T. PIERENKEMPER, Umstrittene Revolutionen. Industrialisierung im 19. Jahrhundert. Frankfurt a. M. 1996.

85. T. PIRKER/H.-P. MÜLLER/R. WINKELMANN (Hrsg.), Technik und Industrielle Revolution. Vom Ende eines sozialwissenschaftlichen Paradigmas. Opladen 1987.

86. S. POLLARD, Industrialization and the European Economy, in: EconHR 26, 1973, 636–648.

87. DERS., Typology of Industrialization Processes in the Nineteenth Century. London 1990.

88. W. W. ROSTOW, Stadien wirtschaftlichen Wachstums. Eine Alternative zur marxistischen Entwicklungstheorie. 2. Aufl. Göttingen 1967. (engl. Ausgabe Cambridge 1960.)

89. DERS., Theorists of Economic Growth from David Hume to the Present. Oxford 1990.

90. E. SCHREMMER, Wie groß war der „technische Fortschritt" während der Industriellen Revolution in Deutschland 1850–1913, in: VSWG 60, 1973, 433–458.

91. J. A. SCHUMPETER, Theorie der wirtschaftlichen Entwicklung.

Eine Untersuchung über Unternehmergewinn, Kapital, Kredit, Zins und den Konjunkturzyklus. 5. Aufl. Berlin 1952.

92. H. Siegenthaler, Industrielle Revolution, in: Handwörterbuch der Wirtschaftswissenschaften (HdWW), hrsg. v. W. Albers u. a., Bd. 4. Stuttgart / New York / Tübingen / Göttingen / Zürich 1978, 142–159.

93. R. H. Tilly, Kapital, Staat und sozialer Protest in der deutschen Industrialisierung. Gesammelte Aufsätze. Göttingen 1980.

94. H.-U. Wehler (Hrsg.), Geschichte und Ökonomie. Köln 1973.

95. U. Wengenroth, Igel und Füchse – Zu neueren Verständigungsproblemen über die Industrielle Revolution, in: V. Benad-Wagenhoff (Hrsg.), Industrialisierung – Begriffe und Prozesse. Fschr. für Akos Paulinyi zum 65. Geburtstag. Stuttgart 1994, 9–22.

96. D. Ziegler, Die Zukunft der Wirtschaftsgeschichte. Versäumnisse und Chancen, in: GG 23, 1997, 403–422.

3. *Die Anfänge der Industriellen Revolution in England und ihre Auswirkungen auf Europa*

97. H. Berghoff/D. Ziegler (Hrsg.), Pionier und Nachzügler? Vergleichende Studien zur Geschichte Großbritanniens und Deutschlands im Zeitalter der Industrialisierung. Fschr. für S. Pollard zum 70. Geburtstag. Bochum 1995.

98. K. Borchardt, Probleme der ersten Phase der industriellen Revolution in England, in: VSWG 55, 1968, 1–62.

99. C. Buchheim, Industrielle Revolution und Lebensstandard in Großbritannien, in: VSWG 76, 1989, 494–513.

100. N. F. R. Crafts, British Economic Growth during the Industrial Revolution. Oxford 1985.

101. P. Deane, The First Industrial Revolution. Cambridge 1965.

102. Dies./W. A. Cole, British Economic Growth, 1688–1959. Trends and Structure, 2. Aufl. Cambridge 1967.

103. M. Fores, The Myth of a British Industrial Revolution, in: History 66, 1981, 181–198.

104. W. O. Henderson, Britain and Industrial Europe 1750–1870. Studies in British Influence on the Industrial Revolution in Western Europe. Leicester 1965.

105. E. J. Hobsbawm, Industrie und Empire. Bd. 1: Britische Wirtschaftsgeschichte seit 1750. Frankfurt 1969.

106. J. Hoppit, Counting the Industrial Revolution, in: EconHR 43, 1990, 173–193.

107. P. HUDSON, The Industrial Revolution. London/New York/ Melbourne/Auckland 1992.
108. DIES. (Ed.), Regions and Industries: a Perspective on the Industrial Revolution in Britain. Cambridge 1989.
109. D. S. LANDES, Der entfesselte Prometheus. Technologischer Wandel und industrielle Entwicklung in Westeuropa von 1750 bis zur Gegenwart. Köln 1973.
110. P. MATHIAS, The Industrial Revolution – Concept and Reality, in: A. M. BIRKE/L. KETTENACKER (Hrsg.), Wettlauf in die Moderne. England und Deutschland seit der Industriellen Revolution. München 1988, 11–30.
111. J. MOKYR (Ed.), The British Industrial Revolution. An Economic Perspective. Boulder/San Franciso/Oxford 1993.
112. P. O'BRIEN (Eds.), The Industrial Revolution and British Society. Cambridge 1993.
113. S. POLLARD, Peaceful Conquest. The Industrialization of Europe 1760–1970. Oxford 1981.
114. E. A. WRIGLEY, Continuity, Chance and Change. The Character of the Industrial Revolution in England. Cambridge 1988.

4.   Ursachen und Vorbedingungen der Industriellen Revolution

115. W. ACHILLES, Deutsche Agrargeschichte im Zeitalter der Reformen und der Industrialisierung. Paderborn 1993.
116. L. BAUER/H. MATIS, Geburt der Neuzeit. Vom Feudalsystem zur Marktgesellschaft. München 1988.
117. P. COYM, Unternehmensfinanzierung im frühen 19. Jahrhundert – dargestellt am Beispiel der Rheinprovinz und Westfalens. Diss. Hamburg 1971.
118. N. F. R. CRAFTS, Industrial Revolution in Britain and France: Some Thoughts on the Question „Why was England First?", in: EconHR 30, 1977, 153–168.
119. R. FORBERGER, Die Manufakturen in Sachsen vom Ende des 16. Jahrhunderts bis zum Anfang des 19. Jahrhunderts. Berlin 1958.
120. D. V. GLASS/D. E. C. EVERSLEY (Eds.), Population in History. Essays in Historical Demography. London 1965.
121. J. F. GASKI, The Cause of the Industrial Revolution: a Brief „Single-Factor" Argument, in: JEEH 11, 1982, 227–234.
122. F. GEARY, The Cause of the Industrial Revolution and „Single-Factor" Arguments: an Assessment, in: JEEH 13, 1984, 167–173.

123. R. GÖMMEL, Probleme der Industriefinanzierung im 19. Jahrhundert. Nürnberg 1988.

124. DERS., Realeinkommen in Deutschland. Ein internationaler Vergleich (1815–1914). Nürnberg 1979.

125. H. HARNISCH, Kapitalistische Agrarreform und Industrielle Revolution. Agrarhistorische Untersuchungen über das ostelbische Preußen zwischen Spätfeudalismus und bürgerlich-demokratischer Revolution von 1848/49 unter besonderer Berücksichtigung der Provinz Brandenburg. Weimar 1984.

126. F.-W. HENNING, Kapitalbildungsmöglichkeiten der ländlichen Bevölkerung in Deutschland am Anfang des 19. Jahrhunderts, in: W. FISCHER (Hrsg.), Beiträge zu Wirtschaftswachstum und Wirtschaftsstruktur im 16. und 19. Jahrhundert. Berlin 1971, 56–81.

127. W. VON HIPPEL, Bevölkerungsentwicklung und Wirtschaftsstruktur im Königreich Württemberg 1815/65. Überlegungen zum Pauperismusproblem in Südwestdeutschland, in: U. ENGELHARDT u. a. (Hrsg.), Soziale Bewegung und politische Verfassung. Beiträge zur Geschichte der modernen Welt. Stuttgart 1976, 270–371.

128. A. JACOBS/H. RICHTER, Die Großhandelspreise in Deutschland von 1792 bis 1934, in: Sonderheft für Konjunkturforschung, hrsg. v. E. WAGEMANN, Nr. 37. Berlin 1935.

129. K.-H. KAUFHOLD, Das deutsche Gewerbe am Ende des 18. Jahrhunderts. Handwerk, Verlag und Manufaktur, in: H. BERDING/H.-P. ULLMANN (Hrsg.), Deutschland zwischen Revolution und Restauration. Königstein 1981, 311–326.

130. DERS., Das Gewerbe in Preußen um 1800. Göttingen 1978.

131. J. KERMANN, Die Manufakturen im Rheinland 1750–1833. Bonn 1972.

132. W. KÖNIG (Hrsg.), Propyläen Technikgeschichte, Bd. 4: Mechanisierung und Maschinisierung 1600 bis 1840. Hrsg. v. A. PAULINYI/ U. TROITZSCH. Berlin 1991. Bd. 5: Netzwerke, Stahl und Strom: 1840–1914. Hrsg. v. W. KÖNIG u. W. WEBER. Berlin 1990.

133. J. KOMLOS, Nutrition an Economic Development in Eighteenth-Century Habsburg Monarchy. An Anthropometric History. Princeton 1989.

134. M. KOPSIDIS, Marktintegration und Entwicklung der westfälischen Landwirtschaft 1780–1880. Marktorientierte ökonomische Entwicklung eines bäuerlich strukturierten Agrarsektors. Münster 1996.

135. P. KRIEDTE/H. MEDICK/J. SCHLUMBOHM, Industrialisierung vor der

Industrialisierung. Gewerbliche Warenproduktion auf dem Land in der Formationsperiode des Kapitalismus. Göttingen 1977.

136. DIES., Sozialgeschichte in der Erweiterung – Proto-Industrialisierung in der Verengung. Demographie, Sozialstruktur, moderne Hausindustrie: eine Zwischenbilanz der Proto-Industrialisierungs-Forschung (Teil I u. II), in: GG 18, 1992, 70–87 u. 231–255.

137. H. LINDE, Proto-Industrialisierung: Zur Justierung eines neuen Leitbegriffs sozialgeschichtlicher Forschung, in: GG 6, 1980, 103–124.

138. W. MAGER, Protoindustrialisierung und Protoindustrie. Vom Nutzen und Nachteil zweier Konzepte, in: GG 14, 1988, 275–303.

139. J. MOOSER, Preußische Agrarreformen, Bauern und Kapitalismus. Bemerkungen zu Hartmut Harnischs Buch „Kapitalistische Agrarreform und industrielle Revolution", in: GG 18, 1992, 533–554.

140. P. O'BRIEN, Agriculture and the Industrial Revolution, in: EconHR 30, 1977, 166–181.

141. A. PAULINYI, Industrielle Revolution. Vom Ursprung der modernen Technik. Reinbek 1989.

142. T. PIERENKEMPER (Hrsg.), Landwirtschaft und industrielle Entwicklung. Zur ökonomischen Bedeutung von Bauernbefreieung, Agrarreform und Agrarrevolution. Stuttgart 1989.

143. H.-J. RACH/B. WEISSEL (Hrsg.), Landwirtschaft und Kapitalismus. Zur Entwicklung der ökonomischen und sozialen Verhältnisse in der Magdeburger Börde vom Ausgang des 18. Jahrhunderts bis zum Ende des Ersten Weltkrieges. 2 Bde. Berlin 1978/79.

144. J. RADKAU, Technik in Deutschland. Vom 18. Jahrhundert bis zur Gegenwart. Frankfurt a. M. 1988.

145. R. SCHAUMANN, Technik und technischer Fortschritt im Industrialisierungsprozeß, dargestellt am Beispiel der Papier, Zucker- und chemischen Industrie der nördlichen Rheinlande (1800–1875). Bonn 1977.

146. E. SCHREMMER, Technischer Fortschritt an der Schwelle zur Industrialisierung. München 1980.

147. DERS., Industrialisierung vor der Industrialisierung. Anmerkungen zu einem Konzept der Proto-Industrialisierung, in: GG 6, 1980, 420–448.

148. DERS., Das 18. Jahrhundert, das Kontinuitätsproblem und die Geschichte der Industrialisierung: Erfahrungen für die Entwicklungsländer, in: ZAA 29, 1981, 58–78.

149. W. SOMBART, Der moderne Kapitalismus. Historisch-systemati-

sche Darstellung des gesamteuropäischen Wirtschaftslebens von seinen Anfängen bis zur Gegenwart, 3 in 6 Bdn. (1902–1927). Unveränderter Nachdruck München 1987.

150. U. TROITZSCH, Deutschsprachige Veröffentlichungen zur Geschichte der Technik 1878–1985, in: AfS 27, 1987, 361–438.

151. I. WALLERSTEIN, The Modern World-System I: Capitalist Agriculture and the Origins of the European World-Economy in the Sixteenth Century. New York/San Francisco/London 1974 (dt. Frankfurt a. M. 1986); II.: Mercantilism and the Consolidation of the European World-Economy, 1600–1750. New York/London/ Toronto 1980; III.: The Second Era of Great Expansion of the Capitalist World-Economy, 1730–1840s. San Diego/New York/ Berkeley 1989.

152. W. WEBER, Innovationen im frühindustriellen deutschen Bergbau und Hüttenwesen. Friedrich Anton von Heynitz. Göttingen 1976.

153. H. WINKEL, Kapitalquellen und Kapitalverwendung am Vorabend des industriellen Aufschwungs in Deutschland, in: Schmollers Jb 90, 1970, 275–301.

5.   Wirtschaftswachstum und Konjunkturgeschichte

154. W. ABEL, Agrarkrisen und Agrarkonjunktur in Mitteleuropa vom 13. bis 19. Jahrhundert. 3. Aufl. Hamburg 1978.

155. DERS., Massenarmut und Hungerkrisen im vorindustriellen Deutschland. Göttingen 1972.

156. P. BAIROCH, Europe's Gross National Product 1800–1975, in: JEEH 5, 1976, 273–340.

157. DERS., International Industrialization Levels from 1750 to 1980, in: JEEH 11, 1982, 269–333.

158. J. BERGMANN, Wirtschaftskrise und Revolution. Handwerker und Arbeiter 1848/49. Stuttgart 1986.

159. K. BORCHARDT, Konjunkturtheorie in der Konjunkturgeschichte: Entscheidungen über Theorien unter Unsicherheit ihrer Gültigkeit, in: VSWG 72, 1985, 537–555.

160. R. FREMDLING, German National Accounts for the 19th and Early 20th Century: A Critical Assessment, in: VSWG 76, 1988, 339–357.

161. R. GÖMMEL, Wachstum und Konjunktur der Nürnberger Wirtschaft (1815–1914). Stuttgart 1978.

162. M. GRABAS, Konjunktur und Wachstum in Deutschland von 1895 bis 1914. Berlin 1992.

163. H.-W. Hahn, Zwischen Fortschritt und Krisen: Die vierziger Jahre des 19. Jahrhunderts als Durchbruchsphase der deutschen Industrialisierung. München 1995.
164. G. Hardach, Walther G. Hoffmann – Pionier der quantitativen Wirtschaftsgeschichte, in: GG 11, 1985, 541–546.
165. V. Hentschel, Produktion, Wachstum und Produktivität in England, Frankreich und Deutschland von der Mitte des 19. Jahrhunderts bis zum Ersten Weltkrieg. Statistische Grenzen und Nöte beim internationalen wirtschaftshistorischen Vergleich, in: VSWG 68, 1981, 457–510.
166. G. Hohorst, Wirtschaftswachstum und Bevölkerungsentwicklung in Preußen 1816 bis 1914. New York 1977.
167. C.-L. Holtfrerich, The Growth of Net Domestic Product in Germany 1850–1913, in: R. Fremdling/P. O'Brien (Eds.), Productivity in the Economies of Europe in the 19th and 20th Centuries. Stuttgart 1982, 124–132.
168. H. Kaelble, Der Mythos von der rapiden Industrialisierung in Deutschland, in: GG 9, 1983, 106–118.
169. K. H. Kaufhold, Neuere Quellen und Veröffentlichungen zur historischen Statistik von Deutschland, in: HZ 262, 1996, 127–136.
170. S. Kuznets, Modern Economic Growth: Rate Structure and Spread. Yale 1966, New Haven/London 1976.
171. A. Milward/S. B. Saul, The Economic Development of Continental Europe 1780–1870. London 1973.
172. Dies., The Development of Continental Europe 1850–1914. London 1977.
173. H. Pohl (Hrsg.), Wirtschaftswachstum, Technologie und Arbeitszeit im internationalen Vergleich. Wiesbaden 1983.
174. H. Rosenberg, Große Depression und Bismarckzeit. Wirtschaftsablauf, Gesellschaft und Politik in Mitteleuropa. Berlin 1967.
175. Ders., Die Weltwirtschaftskrise 1857–1859. 2. Aufl. Göttingen 1974 (1. Aufl. Stuttgart/Berlin 1934).
176. W. W. Rostow (Ed.), The Economics of Take-Off into sustained Growth. New York 1963.
177. S. B. Saul, The Myth of the Great Depression: 1873–1896. London 1979.
178. J. A. Schumpeter, Konjunkturzyklen. Eine theoretisch, historisch und statistische Analyse des kapitalistischen Prozesses. Bd. 1. Göttingen 1961.
179. H. Siegenthaler, A Scale Analysis of Nineteenth Century Indu-

strialization, in: Explorations in Economic History 10, 1972, 75–107.

180. A. SPIETHOFF, Die wirtschaftlichen Wechsellagen. Aufschwung, Krise, Stockung. 2 Bde. Tübingen 1955.

181. R. SPREE (unter Mitarbeit von M. TYBUS), Wachstumstrends und Konjunkturzyklen in der deutschen Wirtschaft von 1820 bis 1913. Quantitativer Rahmen für eine Konjunkturgeschichte des 19. Jahrhunderts. Göttingen 1978.

182. DERS., Die Wachstumszyklen der deutschen Wirtschaft von 1840 bis 1880. Berlin 1977.

183. DERS., Lange Wellen wirtschaftlicher Entwicklung in der Neuzeit. Historische Befunde, Erklärungen und Untersuchungsmethoden. Köln 1991.

184. DERS./J. BERGMANN, Die konjunkturelle Entwicklung der deutschen Wirtschaft 1840 bis 1864, in: H.-U. WEHLER (Hrsg.), Sozialgeschichte heute. Fschr. für H. Rosenberg zum 70. Geburtstag. Göttingen 1974. 289–325.

185. DERS./W. SCHRÖDER (Hrsg.), Historische Konjunkturforschung. Stuttgart 1980.

186. R. H. TILLY, Renaissance der Konjunkturgeschichte?, in: GG 6, 1980, 243–262.

6. Region und Industrialisierung

187. G. ADELMANN, Vom Gewerbe zur Industrie im kontinentalen Nordwesteuropa. Gesammelte Aufsätze zur regionalen Wirtschafts- und Sozialgeschichte. Stuttgart 1986.

188. U. ALBRECHT, Das Gewerbe Flensburgs von 1770 bis 1870. Eine wirtschaftsgeschichtliche Untersuchung auf der Grundlage von Fabrikberichten. Neumünster 1993.

189. L. BAAR, Die Entwicklung der Berliner Industrie in der Periode der Industriellen Revolution. Berlin 1961.

190. R. BANKEN, Die Industriezweige der Saarregion im 19. Jahrhundert, in: R. LEBOUTTE/J.-P. LEHNERS (Eds.), Passé et Avenir des Bassins Industriels en Europe. Luxembourg 1995, 39–60.

191. W. A. BOELCKE, Wirtschaftsgeschichte Baden-Württembergs von den Römern bis heute. Stuttgart 1987.

192. O. BORST (Hrsg.), Wege in die Welt. Die Industrie im deutschen Südwesten seit dem Ausgang des 18. Jahrhunderts. Stuttgart 1989.

193. J. BROCKSTEDT (Hrsg.), Frühindustrialisierung in Schleswig-Hol-

stein, anderen norddeutschen Ländern und Dänemark. Neumünster 1983.

194. O. BÜSCH, Industrialisierung und Gewerbe im Raum Berlin/Brandenburg. Bd. 1: 1800–1850. Berlin 1971.

195. DERS. (Hrsg.), Industrialisierung und Gewerbe im Raum Berlin/Brandenburg. Bd. 2: Die Zeit um 1800, die Zeit um 1875. Berlin 1977.

196. DERS. (Hrsg.), Untersuchungen zur Geschichte der frühen Industrialisierung vornehmlich im Wirtschaftsraum Berlin/Brandenburg. Berlin 1971.

197. K. DITT, Industrialisierung, Arbeiterschaft und Arbeiterbewegung in Bielefeld 1850–1914. Dortmund 1982.

198. R. VAN DÜLMEN (Hrsg.), Industriekultur an der Saar. Leben und Arbeit in einer Industrieregion 1840–1914. München 1989.

199. K. DÜWELL/W. KÖLLMANN (Hrsg.), Rheinland-Westfalen im Industriezeitalter. Bd. 1 u. 2. Wuppertal 1983/84.

200. G. FISCHER, Wirtschaftliche Strukturen am Vorabend der Industrialisierung. Der Regierungsbezirk Trier 1820–1850. Köln/Wien 1990.

201. W. FISCHER, Industrialisierung und soziale Frage in Preußen, in: Preußen. Seine Wirkung auf die deutsche Geschichte. Stuttgart 1985, 223–260.

202. H. FRANK, Regionale Entwicklungsdisparitäten im deutschen Industrialisierungsprozeß 1849–1939. Eine empirisch analytische Untersuchung. Münster 1994.

203. R. FORBERGER, Die Industrielle Revolution in Sachsen 1800–1861. Bd. 1/1: Die Revolution der Produktivkräfte in Sachsen 1800–1830; Bd. 1/2: Übersichten zur Fabrikentwicklung (mit U. FORBERGER). Berlin 1982.

204. R. FREMDLING/R. H. TILLY (Hrsg.), Industrialisierung und Raum. Studien zur regionalen Differenzierung im Deutschland des 19. Jahrhunderts. Stuttgart 1979.

205. K. FUCHS, Vom Dirigismus zum Liberalismus. Die Entwicklung Oberschlesiens als preußisches Berg- und Hüttenrevier. Ein Beitrag zur Wirtschaftsgeschichte Deutschlands im 18. und 19. Jahrhundert. Wiesbaden 1970.

206. D. GESSNER, Die Anfänge der Industrialisierung am Mittelrhein und Untermain 1780–1866. Frankfurt a.M. 1996.

207. DERS., Metallgewerbe, Maschinen- und Waggonbau am Mittelrhein und Untermain (1800–1860/65), in: ArchHessG NF 38, 1980, 287–338.

208. D. F. Good, Der wirtschaftliche Aufstieg des Habsburgerreiches 1750 bis 1914. Wien/Köln 1986.

209. J. Gysin, „Fabriken und Manufakturen" in Württemberg während des ersten Drittels des 19. Jahrhunderts. St. Katharinen 1989.

210. H.-W. Hahn, Der hessische Wirtschaftsraum im 19. Jahrhundert, in: W. Heinemeyer (Hrsg.), Das Werden Hessens. Marburg 1986, 389–429.

211. G. Hardach, Wirtschaftspolitik und wirtschaftliche Entwicklung in Hessen, in: JbhessLG 43, 1993, 205–235.

212. F.-W. Henning, Düsseldorf und seine Wirtschaft. Zur Geschichte einer Region. Bd. 1. Düsseldorf 1981.

213. H. Kiesewetter, Zur Dynamik regionaler Industrialisierung in Deutschland im 19. Jahrhundert – Lehren für die europäische Union?, in: JbWG 1992/1, 79–112.

214. Ders., Erklärungshypothesen zur regionalen Industrialisierung in Deutschland im 19. Jahrhundert, in: VSWG 67, 1980, 305–333.

215. Ders., Industrialisierung und Landwirtschaft. Sachsens Stellung im Industrialisierungsprozeß Deutschlands im 19. Jahrhundert. Köln/Wien 1988.

216. Ders., Regionale Industrialisierung in Deutschland zur Zeit der Reichsgründung. Ein vergleichend-quantitativer Versuch, in: VSWG 73, 1986, 38–60.

217. Ders./R. Fremdling (Hrsg.), Staat, Region und Industrialisierung. Ostfildern 1985.

218. P. Kriedte, Eine Stadt am seidenen Faden. Haushalt, Hausindustrie und soziale Bewegung in Krefeld in der Mitte des 19. Jahrhunderts. Göttingen 1991.

219. W. Köllmann/H. Korte/D. Petzina u. a. (Hrsg.), Das Ruhrgebiet im Industriezeitalter. Bd. 1 u. 2: Geschichte und Entwicklung. Düsseldorf 1990.

220. W. R. Krabbe, Kommunalpolitik und Industrialisierung. Die Entfaltung der städtischen Leistungsverwaltung im 19. und frühen 20. Jahrhundert. Fallstudien zu Dortmund und Münster. Stuttgart 1985.

221. J. Komlos, The Habsburg Monarchy as a Customs Union. Economic Development in Austria-Hungary in the Nineteenth Century. Princeton 1983.

222. H. Linde, Das Königreich Hannover an der Schwelle des Industriezeitalters, in: Archiv für Niedersachsen 24, 1951, 413–333.

223. E. Maschke, Industrialisierungsgeschichte und Landesgeschichte, in: BlldtLG 103, 1967, 71–84.

224. K. MEGERLE, Württemberg im Industrialisierungsprozeß Deutsch-
     lands. Ein Beitrag zur regionalen Differenzierung der Industriali-
     sierung. Stuttgart 1982.
225. U. MÖKER, Nordhessen im Zeitalter der Industriellen Revolution.
     Köln/Wien 1977.
226. T. PIERENKEMPER (Hrsg.), Industriegeschichte Oberschlesiens im
     19. Jahrhundert. Rahmenbedingungen – Gestaltende Kräfte. Infra-
     strukturelle Voraussetzungen. Regionale Diffusion. Wiesbaden
     1992.
227. DERS., Die schwerindustriellen Regionen Deutschlands in der Ex-
     pansion: Oberschlesien, die Saar und das Ruhrgebiet im 19. Jahr-
     hundert, in: JbWG 1992/1, 37–56.
228. H. POHL (Hrsg.), Gewerbe- und Industrielandschaften vom Spät-
     mittelalter bis ins 20. Jahrhundert. Stuttgart 1986.
229. S. POLLARD, Marginal Europe. The contribution of marginal lands
     since the Middle Ages. Oxford 1997.
230. DERS., Die Randgebiete in der europäischen Wirtschaftsge-
     schichte, in: M. HETTLING u. a. (Hrsg.), Was ist Gesellschaftsge-
     schichte? Positionen, Themen, Analysen. München 1991, 102–
     114.
231. DERS. (Hrsg.), Region und Industrialisierung. Studien zur Rolle
     der Region in der Wirtschaftsgeschichte der letzten zwei Jahrhun-
     derte. – Region and Industrialization. Studies on the Role of the
     Region in the Economic History of the Last Two Centuries. Göt-
     tingen 1980.
232. H. REIF, Die verspätete Stadt. Industrialisierung, städtischer Raum
     und Politik in Oberhausen 1846–1929. Köln 1992.
233. R. SANDGRUBER, Ökonomie und Politik. Österreichische Wirt-
     schaftsgeschichte vom Mittelalter bis zur Gegenwart. Wien 1995.
234. K. SCHAMBACH, Stadtbürgertum und industrieller Umbruch. Dort-
     mund 1780–1870. München 1996.
235. S. SCHRAUT, Sozialer Wandel im Industrialisierungsprozeß. Ess-
     lingen 1800–1870. Sigmaringen 1989.
236. E. M. SPILKER, Der Wirtschaftsraum zwischen den Wirtschafts-
     räumen. Eine Studie über ausgewählte Kreise der rechtsrheini-
     schen und oberhessischen Mittelgebirgslandschaft im Zeitalter
     der Industrialisierung von 1830 bis 1914. Köln 1986.
237. P. STEINBACH, Industrialisierung und Sozialsystem im Fürstentum
     Lippe. Zum Verhältnis von Gesellschaftsstruktur und Sozialver-
     halten in einer verspätet industrialisierten Region im 19. Jahrhun-
     dert. Berlin 1979.

238. H.-J. TEUTEBERG (Hrsg.), Westfalens Wirtschaft am Beginn des „Maschinenzeitalters". Dortmund 1988.

239. P. THOMES, Zwischen Staatsmonopol und privatem Unternehmertum. Das Saarrevier im 19. Jahrhundert als differentielles Entwicklungsmuster im Typus montaner Industrialisierung, in: JbWG 1992/1, 57–78.

240. R. H. TILLY, Entwicklung an der Donau. Neuere Beiträge zur Wirtschaftsgeschichte der Habsburger Monarchie, in: GG 15, 1989, 406–422.

241. F. B. TIPTON, Regional Variations in the Economic Development of Germany During the Nineteenth Century. Middletown (Conn.) 1976.

242. R. WALTER, Die Kommerzialisierung von Landwirtschaft und Gewerbe in Württemberg (1750–1850). St. Katharinen 1990.

243. W. ZORN, Ein Jahrhundert deutscher Industrialisierungsgeschichte. Ein Beitrag zur vergleichenden Landesgeschichtsschreibung, in: BlldtLG 108, 1972, 122–134.

7. Zur Rolle des Staates im Industrialisierungsprozeß

244. U. BECKMANN, Gewerbeausstellungen in Westeuropa vor 1851. Ausstellungswesen in Frankreich, Belgien und Deutschland. Gemeinsamkeiten und Rezeption der Veranstaltungen. Frankfurt a. M. 1991.

245. J. C. BONGAERTS, Financing Railways in the German States 1840–1860, in: JEEH 14, 1985, 331–345.

246. K. BORCHARD, Staatsverbrauch und öffentliche Investitionen in Deutschland 1780–1850. Diss. Göttingen 1968.

247. K. BORCHARDT, Der „Property-Rights-Ansatz" in der Wirtschaftsgeschichte – Zeichen für eine systematische Neuorientierung des Faches? in: J. KOCKA (Hrsg.), Theorien in der Praxis des Historikers. Göttingen 1977, 140–156.

248. P. BORSCHEID, Naturwissenschaft, Staat und Industrie in Baden (1848–1914). Stuttgart 1976.

249. E. D. BROSE, The Politics of Technological Change in Prusssia. Out of the Shadow of Antiquity 1809–1848. Princeton 1993.

250. I. CLEVE, Geschmack, Kunst und Konsum. Kulturpolitik als Wirtschaftspolitik in Frankreich und in Württemberg (1805–1845). Göttingen 1996.

251. C. A. DUNLAVY, Politics and Industrialization. Early Railroads in the United States and Prussia. Princeton 1994.

252. S. FISCH, „Polytechnische Schulen" im 19. Jahrhundert. Der bayerische Weg von praxisorientierter Handwerksförderung zu wissenschaftlicher Hochschulbildung, in: U. WENGENROTH (Hrsg.), Technische Universität München. Annäherungen an ihre Geschichte. München 1993, 1–38.

253. W. FISCHER, Der Staat und die Anfänge der Industrialisierung in Baden 1800–1850. Bd. 1. Berlin 1962.

254. DERS., The Strategy of Public Investment in XIXth Century Germany, in: JEEH 6, 1977, 431–442.

255. DERS./A. SIMSCH, Industrialisierung in Preußen. Eine staatliche Veranstaltung? in: W. SÜSS (Hrsg.), Übergänge. Zeitgeschichte zwischen Utopie und Machbarkeit. Beiträge zu Philosophie, Gesellschaft und Politik. H. G. Bütow zum 65. Geburtstag. Berlin 1989, 103–122.

256. M. GRABAS, Krisenbewältigung oder Modernisierungsblockade? Die Rolle des Staates bei der Überwindung des „Holzmangels" zu Beginn der Industriellen Revolution in Deutschland, in: Jb für Europäische Verwaltungsgeschichte 7, 1995, 43–75.

257. U. HALTERN, Die Londoner Weltausstellung von 1851. Ein Beitrag zur Geschichte der bürgerlich-industriellen Gesellschaft im 19. Jahrhundert. Münster 1971.

258. K. W. HARDACH, Nationalismus – Die deutsche Industrialisierungsideologie. Köln 1976.

259. A. HEGGEN, Erfinderschutz und Industrialisierung in Preußen 1793–1877. Göttingen 1977.

260. W. O. HENDERSON, The State and the Industrial Revolution in Prussia. 1740–1870. Liverpool 1958.

261. F.-W. HENNING, Die Einführung der Gewerbefreiheit und ihre Auswirkungen auf das Handwerk in Deutschland, in: W. ABEL u. a. (Hrsg.), Handwerksgeschichte in neuer Sicht. Göttingen 1970, 142–172.

262. V. HENTSCHEL, Wirtschaft und Wirtschaftspolitik im Wilhelminischen Deutschland. Stuttgart 1978.

263. H. JAEGER, Geschichte der Wirtschaftsordnung in Deutschland. Frankfurt a. M. 1988.

264. K.-H. KAUFHOLD, Gewerbefreiheit und gewerbliche Entwicklung in Deutschland im 19. Jahrhundert, in: BlldtLG 118, 1982, 73–114.

265. E. KROKER, Die Weltausstellungen im 19. Jahrhundert. Industrieller Leistungsnachweis, Konkurrenzverhalten und Kommunikationsfunktion unter Berücksichtigung der Montanindustrie des Ruhrgebietes zwischen 1851 und 1880, Göttingen 1975.

266. W. R. LEE, Economic Development and the State in nineteenth-century Germany, in: EconHR 41, 1988, 346–367.

267. DERS., Tax Structure and Economic Growth in Germany (1750–1850), in: JEEH 4, 1975, 153–178.

268. P. C. MARTIN, Die Entstehung des preußischen Aktiengesetzes von 1843, in: VSWG 56, 1969, 499–542.

269. H. MAUERSBERG, Bayerische Entwicklungspolitik 1818–1923. Die etatmäßigen bayerischen Industrie- und Kulturfonds. München 1987.

270. DERS., Finanzstrukturen deutscher Bundesstaaten zwischen 1820 und 1944. St. Katharinen 1988.

271. I. MIECK, Preußische Gewerbepolitik in Berlin 1806–1844. Staatshilfe und Privatinitiative zwischen Merkantilismus und Liberalismus. Berlin 1965.

272. J. A. PERKINS, Fiscal Policy and Economic Development in XIXth Century Germany, in: JEEH 13, 1984, 311–344.

273. S. POLLARD/D. ZIEGLER (Hrsg.), Markt, Staat, Planung. St. Katharinen 1992.

274. W. RADTKE, Die Preußische Seehandlung zwischen Staat und Wirtschaft in der Frühphase der Industrialisierung. Berlin 1981.

275. U. P. RITTER, Die Rolle des Staates in den Frühstadien der Industrialisierung. Die preußische Industrieförderung in der ersten Hälfte des 19. Jahrhunderts. Berlin 1961.

276. E. SCHREMMER, Steuern und Staatsfinanzen während der Industrialisierung Europas. England, Frankreich, Preußen und das Deutsche Reich 1800 bis 1914. Berlin/Heidelberg 1994.

277. W. STEITZ, Die Entstehung der Köln-Mindener Eisenbahn Gesellschaft. Ein Beitrag zur Frühgeschichte der deutschen Eisenbahnen und des preußischen Aktienwesens. Köln 1974.

278. R. H. TILLY (Hrsg.), Geschichte der Wirtschaftspolitik. Vom Merkantilismus zur sozialen Marktwirtschaft. München 1993.

279. F. B. TIPTON, The National Consensus in German Economic History, in: CEH 7, 1974, 195–224.

280. DERS., Government Policy and Economic Development in Germany and Japan: A Skeptical Reevaluation, in: JEconH 41, 1981, 139–150.

281. W. TREUE, Wirtschafts- und Technikgeschichte Preußens. Berlin/New York 1984.

282. H.-P. ULLMANN/C. ZIMMERMANN (Hrsg.), Restaurationssystem und Reformpolitik. Süddeutschland und Preußen im Vergleich. München 1996, 139–161.

283. B. VOGEL, Allgemeine Gewerbefreiheit. Die Reformpolitik des preußischen Staatskanzlers Hardenberg (1810–1820). Göttingen 1983.

284. E. WADLE, Geistiges Eigentum. Bausteine zur Rechtsgeschichte. Weinheim 1996.

285. DERS., Fabrikzeichenschutz und Markenrecht. Geschichte und Gestalt des deutschen Markenschutzes im 19. Jahrhundert. 2 Teile. Berlin 1977/1983.

286. C. WISCHERMANN, Preußischer Staat und westfälische Unternehmer zwischen Spätmerkantilismus und Liberalismus. Köln/Weimar/Wien 1992.

287. DERS., Der Property-Rights-Ansatz und die „neue" Wirtschaftsgeschichte, in: GG 19, 1993, 239–258.

288. D. ZIEGLER, Eisenbahnen und Staat im Zeitalter der Industrialisierung. Die Eisenbahnpolitik der deutschen Staaten im Vergleich. Stuttgart 1996.

8. Wichtige Industriezweige und Führungssektoren der deutschen Industrialisierung

289. R. BANKEN, Die Diffusion der Dampfmaschine in Preußen um 1830, in: JbWG 1993/2, 219–248.

290. H. BLUMBERG, Die deutsche Textilindustrie in der industriellen Revolution. Berlin 1965.

291. P. O'BRIEN (Ed.), Railways and the Economic Development of Western Europe, 1830–1914. New York 1983.

292. DERS., Transport & Economic Growth in Western Europe 1830–1914, in: JEEH 11, 1982, 335–367.

293. W. FELDENKIRCHEN, Die Eisen- und Stahlindustrie des Ruhrgebiets 1879–1914. Wiesbaden 1982.

294. DERS., Die Finanzierung von Großunternehmen in der chemischen und elektrotechnischen Industrie Deutschlands vor dem 1. Weltkrieg, in: R. H. TILLY (Hrsg.), Beiträge zur vergleichenden Unternehmensgeschichte. Stuttgart 1985, 95–125.

295. DERS., Zu Kapitalbeschaffung und Kapitalverwertung bei Aktiengesellschaften des deutschen Maschinenbaus im 19. und beginnenden 20. Jahrhundert, in: VSWG 69, 1982, 38–74.

296. R. FREMDLING, Eisenbahnen und deutsches Wirtschaftswachstum 1840–1879. Ein Beitrag zur Entwicklungstheorie und zur Theorie der Infrastruktur. 2. Aufl. Dortmund 1985.

297. DERS., Technologischer Wandel und internationaler Handel im 18. und 19. Jahrhundert. Die Eisenindustrien in Großbritannien, Belgien, Frankreich und Deutschland. Berlin 1986.
298. R. FLIK, Die Textilindustrie in Calw und Heidenheim 1750–1870. Eine regional vergleichende Untersuchung zur Geschichte der Frühindustrialisierung und der Industriepolitik in Württemberg. Stuttgart 1990.
299. V. HENTSCHEL, Wirtschaftsgeschichte der Maschinenfabrik Esslingen AG 1846–1918. Eine historisch-betriebswirtschaftliche Analyse. Stuttgart 1977.
300. C.-L. HOLTFRERICH, Quantitative Wirtschaftsgeschichte des Ruhrkohlenbergbaus im 19. Jahrhundert. Eine Führungssektoranalyse. Dortmund 1973.
301. H. JAEGER, Unternehmensgeschichte in Deutschland seit 1945. Schwerpunkte – Tendenzen – Ergebnisse, in: GG 18, 1992, 107–132.
302. G. KIRCHHAIN, Das Wachstum der deutschen Baumwollindustrie im 19. Jahrhundert. Diss. Münster 1971.
303. H. KISCH, Die hausindustriellen Gewerbe am Niederrhein vor der industriellen Revolution. Von der ursprünglichen zur kapitalistischen Akkumulation. Göttingen 1981.
304. J. KOCKA, Unternehmensverwaltung und Angestelltenschaft am Beispiel Siemens 1847–1914. Stuttgart 1969.
305. J. KRENGEL, Die deutsche Roheisenindustrie 1871–1913. Eine quantitativ-historische Untersuchung. Berlin 1983.
306. C. MATSCHOSS, Ein Jahrhundert deutscher Maschinenbau. Von der mechanischen Werkstätte bis zur Deutschen Maschinenfabrik. Berlin 1919.
307. G. PLUMPE, Die württembergische Eisenindustrie im 19. Jahrhundert. Eine Fallstudie zur Geschichte der Industriellen Revolution in Deutschland. Wiesbaden 1982.
308. H. POHL/R. SCHAUMANN/F. SCHÖNERT-RÖHLK, Die chemische Industrie in den Rheinlanden während der Industriellen Revolution. Bd. 1: Die Farbenindustrie. Wiesbaden 1983.
309. A. SCHRÖTER/W. BECKER, Die deutsche Maschinenbauindustrie in der Industriellen Revolution. Berlin 1962.
310. D. VORSTEHER, Borsig. Eisengießerei und Maschinenbauanstalt zu Berlin. Berlin 1983.
311. H. WAGENBLASS, Der Eisenbahnbau und das Wachstum der deutschen Eisen- und Maschinenbauindustrie 1835 bis 1860. Stuttgart 1973.

312. U. WENGENROTH, Unternehmensstrategien und technischer Fortschritt. Die deutsche und die britische Stahlindustrie 1865–95. Göttingen 1986.
313. H. A. WESSEL, Die Entwicklung des elektrischen Nachrichtenwesens in Deutschland und die rheinische Industrie. Von den Anfängen bis zum Ausbruch des Ersten Weltkrieges. Wiesbaden 1983.
314. W. WETZEL, Naturwissenschaften und chemische Industrie in Deutschland. Voraussetzungen und Mechanismen ihres Aufstiegs im 19. Jahrhundert. Stuttgart 1991.

9. Gesellschaft und Industrielle Revolution

315. W. ABELSHAUSER, Lebensstandard im Industrialisierungsprozeß. Britische Debatte und deutsche Verhältnisse, in: Scripta Mercaturae 16/2, 1982, 71–92.
316. A. BARKAI, Jüdische Minderheit und Industrialisierung. Demographie, Berufe und Einkommen der Juden in Westdeutschland 1850–1914. Tübingen 1988.
317. V. VOM BERG, Bildungsstruktur und industrieller Fortschritt in Essen (Ruhr) im 19. Jahrhundert. Stuttgart 1979.
318. H. BERGHOFF/R. MÖLLER, Unternehmer in Deutschland und England 1870–1914. Aspekte eines kollektivbiographischen Vergleichs, in: HZ 256, 1993, 353–386.
319. J. BERGMANN, Das Berliner Handwerk in den Frühphasen der Industrialisierung. Berlin 1973.
320. R. BOCH, Grenzenloses Wachstum? Das rheinische Wirtschaftsbürgertum und seine Industrialisierungsdebatte 1814–1857. Göttingen 1992.
321. C. DIEBOLT, Education et croissance économique. Le cas de L'Allemagne aux 19eme et 20eme siècles. Paris 1995.
322. U. ENGELHARDT (Hrsg.), Handwerker in der Industrialisierung. Lage, Kultur und Politik vom späten 18. bis ins frühe 20. Jahrhundert. Stuttgart 1984.
323. A. ESCH, Pietismus und Frühindustrialisierung. Die Lebenserinnerungen des Mechanikus Arnold Volkenborn (1852). Göttingen 1978.
324. C. FRANKE, Wirtschaft und Politik als Herausforderung. Die liberalen Unternehmer (von) Mallinckrodt im 19. Jahrhundert. Stuttgart 1995.
325. D. GESSNER, „Industrialisiertes Handwerk" in der Frühindustrialisierung. Ein Beitrag zu den Anfängen der Industrie am Mittel-

rhein und Untermain (1790–1865), in: ArchHessG NF 40, 1982, 251–301.

326. H. KAELBLE, Industrialisierung und soziale Ungleichheit. Europa im 19. Jahrhundert. Eine Bilanz. Göttingen 1983.

327. DERS., Berliner Unternehmer während der frühen Industrialisierung. Herkunft, sozialer Status und politischer Einfluß. Berlin 1972.

328. W. KÖLLMANN, Bevölkerung in der industriellen Revolution. Studien zur Bevölkerungsgeschichte Deutschlands. Göttingen 1974.

329. DERS./W. REININGHAUS/K. TEPPE (Hrsg.), Bürgerlichkeit zwischen gewerblicher und industrieller Wirtschaft. Beiträge des wissenschaftlichen Kolloquiums anläßlich des 200. Geburtstages von Friedrich Harkort vom 25.–27. Februar 1993, Gesellschaft für Westfälische Wirtschaftsgeschichte e.V. Düsseldorf 1994.

330. Kölner Unternehmer und die Frühindustrialisierung im Rheinland und in Westfalen (1835–1871). Hrsg. v. Rheinisch-Westfälischen Wirtschaftsarchiv zu Köln. Gesamtkonzept K. VON EYLL. Köln 1984.

331. J. KOCKA, Arbeitsverhältnisse und Arbeiterexistenzen. Grundlagen der Klassenbildung im 19. Jahrhundert. Bonn 1990.

332. DERS., Unternehmer in der deutschen Industrialisierung. Göttingen 1975.

333. H. VON LAER, Industrialisierung und Qualität der Arbeit. Eine bildungsökonomische Untersuchung für das 19. Jahrhundert. New York 1977.

334. F. LENGER, Sozialgeschichte der deutschen Handwerker seit 1800. Frankfurt a.M. 1988.

335. P. LUNDGREEN, Bildung und Wirtschaftswachstum im Industrialisierungsprozeß des 19. Jahrhunderts. Methodische Ansätze, empirische Studien, imternationale Vergleiche. Berlin 1973.

336. DERS., Techniker in Preußen während der frühen Industrialisierung. Ausbildung und Berufsfeld einer entstehenden sozialen Gruppe. Berlin 1975.

337. DERS. (Hrsg.), Zum Verhältnis von Wissenschaft und Technik. Bielefeld 1981.

338. K. MÖCKL (Hrsg.), Wirtschaftsbürgertum in den deutschen Staaten im 19. und beginnenden 20. Jahrhundert. München 1996.

339. W. E. MOSSE, Jews in the German Economy. The German-Jewish Economic Elite 1820–1935. Oxford 1989.

340. DERS./H. POHL (Hrsg.), Jüdische Unternehmer in Deutschland im 19. und 20. Jahrhundert. Stuttgart 1992.

341. T. Pierenkemper, Die westfälischen Schwerindustriellen 1852–1913. Soziale Struktur und unternehmerischer Erfolg. Göttingen 1979.

342. A. Prinz, Juden im deutschen Wirtschaftsleben. Soziale und wirtschaftliche Struktur im Wandel 1850–1914. Tübingen 1984.

343. F. Redlich, Der Unternehmer. Wirtschafts- und sozialgeschichtliche Studien. Göttingen 1964.

344. G. A. Ritter/K. Tenfelde, Arbeiter im Deutschen Kaiserreich 1871–1914. Bonn 1992.

345. E. Schremmer, Auf dem Weg zu einer allgemeinen Lehre von der Entstehung moderner Industriegesellschaften? Anmerkungen zu H. Otsukas Konzept „Der ‚Geist' des Kapitalismus", in: VSWG 70, 1983, 363–378.

346. D. Schumann, Bayerns Unternehmer in Gesellschaft und Staat 1834–1914. Göttingen 1992.

347. H. Sedatis, Liberalismus und Handwerk in Südwestdeutschland. Wirtschafts- und Gesellschaftskonzeptionen des Liberalismus und die Krise des Handwerks im 19. Jahrhundert. Stuttgart 1979.

348. V. Then, Eisenbahnen und Eienbahnunternehmer in der Industriellen Revolution. Göttingen 1997.

349. U. Wengenroth (Hrsg.), Prekäre Selbständigkeit. Zur Standortbestimmung von Handwerk, Hausindustrie und Kleingewerbe im Industrialisierungsprozeß. Stuttgart 1989.

350. F. Zunkel, Der rheinisch-westfälische Unternehmer 1834–1879. Ein Beitrag zur Geschichte des deutschen Bürgertums im 19. Jahrhundert. Köln 1962.

10. Arbeiten zum tertiären Sektor: Außenhandel, Banken, Weltwirtschaft, Zollpolitik.

351. H. Best, Interessenpolitik und nationale Integration 1848/49. Handelspolitische Konflikte im frühindustriellen Deutschland. Göttingen 1980.

352. K. E. Born, Geld und Banken im 19. und 20. Jahrhundert. Stuttgart 1977.

353. B. von Borries, Deutschlands Außenhandel 1836 bis 1856. Stuttgart 1970.

354. C. Buchheim, Aspects of XIXth Century Anglo-German Trade Rivalry Reconsidered, in: JEEH 10, 1981, 273–289.

355. DERS., Deutschland auf dem Weltmarkt am Ende des 19. Jahrhunderts. Erfolgreicher Anbieter von konsumnahen gewerblichen Erzeugnissen, in: VSWG 71, 1984, 199–216.
356. DERS., Deutsche Gewerbeexporte nach England in der zweiten Hälfte des 19. Jahrhunderts. Zur Wettbewerbsfähigkeit Deutschlands in seiner Industrialisierungsphase. Gleichzeitig eine Studie über die deutsche Seidenweberei und Spielzeugindustrie, sowie über Buntdruck und Klavierbau. Ostfildern 1983.
357. R. CAMERON (Ed.), Banking in the Early Stages of Industrialization. Oxford/New York 1967.
358. DERS. (Ed.), Financing Industrialization. Bd. 1. Aldershot 1992.
359. DERS. Geschichte der Weltwirtschaft. Bd. 1: Vom Paläolithikum bis zur Industrialisierung. Stuttgart 1991; Bd. 2: Von der Industrialisierung bis zur Gegenwart. Stuttgart 1992.
360. DERS., Die Gründung der Darmstädter Bank, in: Tradition 2, 1957, 104–131.
361. R. H. DUMKE, Anglo-deutscher Handel und Frühindustrialisierung in Deutschland 1822–1865, in: GG 5, 1979, 175–200.
362. DERS., Intra-German Trade in 1837 and Regional Economic Development, in: VSWG 64, 1977, 468–496.
363. W. FELDENKIRCHEN, Die wirtschaftliche Rivalität zwischen Deutschland und England im 19. Jahrhundert, in: ZUG 25, 1980, 77–107.
364. R. FREMDLING, Britische Exporte und die Modernisierung der deutschen Eisenindustrie während der Frühindustrialisierung, in: VSWG 68, 1981, 305–324.
365. L. GALL u. a., Die Deutsche Bank 1870–1995. München 1995.
366. H.-W. HAHN, Geschichte des Deutschen Zollvereins. Göttingen 1984.
367. DERS., Wirtschaftliche Integration im 19. Jahrhundert. Die hessischen Staaten und der deutsche Zollverein. Göttingen 1982.
368. W. O. HENDERSON, The Zollverein. 2. Aufl. London 1959.
369. W. G. HOFFMANN, Strukturwandlungen im Außenhandel der deutschen Volkswirtschaft seit der Mitte des 19. Jahrhunderts, in: Kyklos 20, 1967, 287–306.
370. H. KELLENBENZ (Hrsg.), Wirtschaftswachstum, Energie und Verkehr vom Mittelalter bis ins 19. Jahrhundert. Stuttgart/New York 1978.
371. H. KIESEWETTER, Competition for Wealth and Power. The Growing Rivalry between Industrial Britain and Industrial Germany 1815–1914, in: JEEH 20, 1991, 271–299.

372. CH. KINDLEBERGER, Germany's Overtaking of England 1806–1914, Part I, in: Weltwirtschaftliches Archiv 111, 1975, 253–281.

373. A. KUNZ/J. ARMSTRONG (Ed.), Inland Navigation and Economic Development in Nineteenth-Century Europe. Mainz 1995.

374. M. KUTZ, Deutschlands Außenhandel von der Französischen Revolution bis zur Gründung des Zollvereins. Eine statistische Strukturuntersuchung zur vorindustriellen Zeit. Wiesbaden 1974.

375. DERS., Die Entwicklung des Außenhandels Mitteleuropas 1789–1815, in: GG 6, 1980, 538–558.

376. H. MATZERATH (Hrsg.), Stadt und Verkehr im Industriezeitalter. Köln/Wien 1996.

377. D. PETZINA (Hrsg.), Zur Geschichte der Unternehmensfinanzierung. Berlin 1990.

378. H. POHL, Aufbruch in die Weltwirtschaft von der Mitte des 19. Jahrhunderts bis zum Ersten Weltkrieg. Stuttgart 1989.

379. DERS. (Hrsg.), Die Auswirkungen von Zöllen und anderen Handelshemmnissen auf Wirtschaft und Gesellschaft vom Mittelalter bis zur Gegenwart. Stuttgart 1987.

380. DERS. (Hrsg.), Die Bedeutung der Kommunikation für Wirtschaft und Gesellschaft. Stuttgart 1989.

381. DERS./M. POHL (Hrsg.), Deutsche Bankengeschichte, Bd. 1 u. 2. Frankfurt 1982.

382. K. H. REINHARD, Der deutsche Binnengüterverkehr 1820 bis 1850, insbesondere im Stromgebiete des Rheins. Phil. Diss. Bonn 1968.

383. R. H. TILLY, Banken und Industrialisierung in Deutschland: Quantifizierungsversuche, in: F.-W. HENNING (Hrsg.), Entwicklung und Aufgaben von Versicherungen und Banken in der Industrialisierung. Berlin 1980, 165–193.

384. R. WALTER, Die Kommunikationsrevolution im 19. Jahrhundert und ihre Effekte auf Märkte und Preise, in: M. NORTH (Hrsg.), Kommunikationsrevolutionen. Die neuen Medien des 16. und 19. Jahrhunderts. Köln/Weimar/Wien 1995, 179–190.

385. D. ZIEGLER, Zentralbankpolitische „Steinzeit"? Preußische Bank und Bank of England im Vergleich, in: GG 19, 1993, 475–505.

386. W. ZORN, Zwischenstaatliche wirtschaftliche Integration im Deutschen Zollverein 1867–1870. Ein quantitativer Versuch, in: VSWG 65, 1978, 38–76.

387. DERS., Binnenwirtschaftliche Verflechtungen um 1800, in: F. LÜTGE (Hrsg.), Die wirtschaftliche Situation in Deutschland und Österreich um die Wende vom 18. zum 19. Jahrhundert. Stuttgart 1964, 99–109.

*11. Neue Perspektiven der Industrialisierungsforschung/
Umweltgeschichte*

388. W. ABELSHAUSER (Hrsg.), Umweltgeschichte. Umweltverträglliches Wirtschaften in historischer Perspektive. Göttingen 1994.
389. A. ANDERSEN, Historische Technikfolgenabschätzung am Beispiel des Metallhüttenwesens und der Chemieindustrie 1850–1933. Stuttgart 1996.
390. F.-J. BRÜGGEMEIER, Das unendliche Meer der Lüfte. Luftverschmutzung, Industrialisierung und Risikodebatten. Essen 1996.
391. F.-J. BRÜGGEMEIER/TH. ROMMELSPACHER (Hrsg.), Besiegte Natur. Geschichte der Umwelt im 19. und 20. Jahrhundert. 2. Aufl. München 1989.
392. DIES., Blauer Himmel über der Ruhr. Geschichte der Umwelt im Ruhrgebiet 1840–1900. Essen 1992.
393. J. BÜSCHENFELD, Flüsse und Kloaken. Umweltfragen im Zeitalter der Industrialisierung (1870–1918). Stuttgart 1997.
394. H.-L. DIENEL, Herrschaft über die Natur? Naturvorstellungen deutscher Ingenieure 1871–1914. Stuttgart 1992.
395. R. H. DOMINICK, The Environmental Movement in Germany. Ohio 1992.
396. U. GILHAUS, „Schmerzenskinder der Industrie". Umweltverschmutzung, Umweltpolitik und sozialer Protest im Industriezeitalter Westfalens. Paderborn 1995.
397. W. HÄDECKE, Poeten und Maschinen. Deutsche Dichter als Zeugen der Industrialisierung. München 1993.
398. R. HENNEKING, Chemische Industrie und Umwelt. Konflikte um Umweltbelastungen durch die chemische Industrie am Beispiel der schwerchemischen Farben- und Düngemittelindustrie der Rheinprovinz (ca. 1800–1914). Stuttgart 1994.
399. G. KIRCHGÄSSNER, Wirtschaftswachstum, Ressourcenverbrauch und Energieknappheit, in: H. SIEBERG (Hrsg.), Erschöpfte Ressourcen. Berlin 1980, 355–375.
400. I. MIECK, „Aeram corrumpere non licet". Luftverunreinigung und Immissionsschutz in Preußen bis zur Gewerbeordnung 1869, in: Technikgeschichte 34, 1967, 36–78.
401. DERS., Industrialisierung und Umweltschutz, in: J. CALLIESS u. a. (Hrsg.), Mensch und Umwelt in der Geschichte. Pfaffenweiler 1989, 205–228.
402. DERS., Umweltschutz zur Zeit der frühen Industrialisierung, in:

H. KELLENBENZ (Hrsg.), Wirtschaftsentwicklung und Umwelt-
beeinflussung (14.–20. Jahrhundert). Stuttgart 1982, 231–245.

403. J. RADKAU Zur angeblichen Energiekrise des 18. Jahrhunderts:
Revisionistische Betrachtungen über die „Holznot", in: VSWG
73, 1986, 1–37.

404. DERS., Holzverknappung und Krisenbewußtsein im 18. Jahrhundert, in: GG 9, 1983, 513–543.

405. DERS., Unausdiskutiertes in der Umweltgeschichte, in: M. HETT-
LING u. a. (Hrsg.), Was ist Gesellschaftsgeschichte? Positionen,
Themen, Analysen. München 1991, 44–57.

406. W. SCHIVELBUSCH, Geschichte der Eisenbahnreise. Zur Industrialisierung von Raum und Zeit im 19. Jahrhundert. Frankfurt a. M./
Berlin/Wien 1979.

407. R. P. SIEFERLE, Aufgaben einer künftigen Umweltgeschichte, in:
Environmental History Newsletter 1, 1993, 29–43.

408. DERS., Bevölkerungswachstum und Naturhaushalt. Studien zur
Naturtheorie der klassischen Ökonomie. Frankfurt a. M. 1990.

409. DERS. (Hrsg.), Fortschritte der Naturzerstörung. Frankfurt a. M.
1988.

410. DERS., Fortschrittsfeinde. Opposition gegen Technik und Industrie von der Romantik bis zur Gegenwart. München 1984.

411. DERS., Die Krise der menschlichen Natur. Zur Geschichte eines
Konzepts, Frankfurt a. M. 1989.

412. DERS., Der unterirdische Wald. Energiekrise und industrielle Revolution. München 1982.

413. H. SIEGENTHALER (Hrsg.), Ressourcenverknappung als Problem
der Wirtschaftsgeschichte. Berlin 1990.

414. M. STOLBERG, Ein Recht auf saubere Luft? Umweltkonflikte am
Beginn des Industriezeitalters. Erlangen 1994.

415. U. WENGENROTH, Das Verhältnis von Industrie und Umwelt seit
der Industrialisierung, in: H. POHL (Hrsg.), Industrie und Umwelt.
Stuttgart 1991, 25–44.

C. Nachtrag 2011

1.   Einführungswerke und Handbücher

416. R. C. ALLEN, The British Industrial Revolution in Global Perspec-
     tive. New Approaches to Economic and Social History. Cam-
     bridge 2009.

417. F. BUTSCHEK, Industrialisierung. Ursachen, Verlauf, Konsequen-
     zen. Wien 2006.

418. F. CONDRAU, Die Industrialisierung in Deutschland. Darmstadt
     2005.

419. H. KIESEWETTER, Industrielle Revolution in Deutschland. Regio-
     nen als Wachstumsmotoren. Stuttgart 2004.

420. SH. OGILVIE/R. OVERY (Hrsg.), Germany. A new Social and Eco-
     nomic History. Vol. 3: Since 1800. London 2003.

421. J. OSTERHAMMEL, Die Verwandlung der Welt. Eine Geschichte des
     19. Jahrhunderts. München 2009.

422. T. PIERENKEMPER/R. TILLY, The German Economy During the
     Nineteenth Century. New York 2005.

423. T. PIERENKEMPER, Wirtschaftsgeschichte. Die Entstehung der mo-
     dernen Volkswirtschaft. Berlin 2009.

424. R. PORTER/M. TEICH (Hrsg.), Die Industrielle Revolution in Eng-
     land, Deutschland, Italien. Berlin 1998.

425. D. ZIEGLER, Die Industrielle Revolution. Darmstadt 2005.

426. DERS., Das Zeitalter der Industrialisierung (1815–1914), in: M.
     NORTH (Hrsg.), Deutsche Wirtschaftsgeschichte. Ein Jahrtausend
     im Überblick. München 2000, 192–281.

2.   Ursachen und Vorbedingungen der Industriellen Revolution

427. J. BATEN, Ernährung und wirtschaftliche Entwicklung in Bayern
     (1730–1880). Stuttgart 1999.

428. M. BOLDORF, Europäische Leinenregionen im Wandel. Institutio-
     nelle Weichenstellungen in Schlesien und Irland (1750–1850).
     Köln/Weimar/Wien 2006.

429. CH. KLEINSCHMIDT, Konsumgesellschaft. Göttingen 2008.

430. J. KOMLOS, Ein Überblick über die Konzeptionen der Industriellen
     Revolution, in: VSWG 84 (1997), 461–511.

431. M. KOPSIDIS, Agrarentwicklung. Historische Agrarrevolutionen
     und Entwicklungsökonomie. Stuttgart 2006.

432. J. Mokyr, Die europäische Aufklärung, die industrielle Revolution und das moderne ökonomische Wachstum, in: J. A. Robinson/K. Wiegandt (Hrsg.), Die Ursprünge der modernen Welt. Geschichte im wissenschaftlichen Vergleich. Frankfurt a. M. 2008, 433–474.
433. Ders., The Enlightened Economy. An Economic History of Britain 1700–1850. New Haven 2009.
434. W. Weber, Wissenschaft, technisches Wissen und Industrialisierung, in: R. Van Dülmen/S. Rauschenbach (Hrsg.), Macht des Wissens. Die Entstehung der modernen Wissensgesellschaft. Köln 2004, 607–628.

3. Unternehmer und Unternehmensgeschichte

435. L. Gall, Krupp. Aufstieg eines Industrieimperiums. Berlin 2000.
436. U. Hess/M. Schäfer (Hrsg.), Unternehmer in Sachsen. Aufstieg – Krise – Untergang – Neubeginn. Leipzig 1998.
437. S. Hilger/U. Soénius (Hrsg.): Netzwerke – Nachfolge – Soziales Kapital. Familienunternehmen im Rheinland im 19. und 20. Jahrhundert. Köln 2009.
438. H. James, Familienunternehmen in Europa. Haniel, Wendel und Falck. München 2005.
439. A. v. Saldern, Netzwerkökonomie im frühen 19. Jahrhundert. Das Beispiel der Schoeller-Häuser. Stuttgart 2009.
440. M. Schäfer, Familienunternehmen und Unternehmerfamilien. Zur Sozial- und Wirtschaftsgeschichte der sächsischen Unternehmer 1850–1940. München 2007.
441. R. Stremmel/J. Weise (Hrsg.), Bergisch-märkische Unternehmer der Frühindustrialisierung. Münster 2004.
442. N. Stulz-Herrnstadt, Berliner Bürgertum im 18. und 19. Jahrhundert. Unternehmerkarrieren und Migration. Familien und Verkehrskreise in der Hauptstadt Brandenburg-Preußens. Berlin 2002.

4. Geschlechtergeschichte und Industrialisierung

443. Ch. Eifert, Frauen und Geld – die Erfolgsgeschichte. Unternehmerinnen im 19. und 20. Jahrhundert in Südwestdeutschland, in: S. Paletschek u. a. (Hrsg.), Frauen und Geld – Wider die ökonomische Unsichtbarkeit. Tübingen 2008, 115–138.
444. E. Labouvie, In weiblicher Hand. Frauen als Firmengründerinnen

und Unternehmerinnen (1600–1870), in: Dies. (Hrsg.), Frauenleben – Frauen leben. Zur Geschichte und Gegenwart weiblicher Lebenswelten im Saarraum (17.–20. Jahrhundert). St. Ingbert 1993, 33–131.

445. D. Schmidt, Im Schatten „großer Männer". Zur unterbelichteten Rolle der Unternehmerinnen in der deutschen Wirtschaftsgeschichte des 19. und 20. Jahrhunderts, in: F. Maier/A. Fiedler (Hrsg.), Gender Matters. Feministische Analysen zur Wirtschafts- und Sozialpolitik. Berlin 2002, 211–229.

446. S. Schötz, Handelsfrauen in Leipzig. Zur Geschichte von Arbeit und Geschlecht in der Neuzeit. Köln/Weimar/Wien 2004.

447. K. Zachmann, Männer arbeiten, Frauen helfen. Geschlechtsspezifische Arbeitsteilung und Maschinisierung in der Textilindustrie des 19. Jahrhunderts, in: K. Hausen (Hrsg.), Geschlechterhierarchie und Arbeitsteilung. Zur Geschichte ungleicher Erwerbschancen von Männern und Frauen. Göttingen 1993, 71–96.

5. Staat und Industrialisierung

448. R. Boch, Staat und Wirtschaft im 19. Jahrhundert. (EDG, Bd. 70.) München 2004.

449. I. Burkhardt, Das Verhältnis von Wirtschaft und Verwaltung in Bayern während der Anfänge der Industrialisierung (1834–1868). Berlin 2001.

450. K.-P. Ellerbrock/C. Wischermann (Hrsg.), Die Wirtschaftsgeschichte vor den Herausforderungen durch die New Institutional Economics. Münster 2004.

451. I. vom Feld, Staatsentlastung im Technikrecht. Dampfkesselgesetzgebung und -überwachung in Preußen 1831–1914. Frankfurt am Main 2007.

452. Th. Grossbölting, „Im Reich der Arbeit". Die Repräsentation gesellschaftlicher Ordnung in den deutschen Industrie- und Gewerbeausstellungen 1790–1914. München 2008.

453. J. Lichter, Preußische Notenbankpolitik in der Formationsphase des Zentralbanksystems 1844–1857. Berlin 1999.

454. U. Müller, Infrastrukturpolitik und Industrialisierung. Der Chausseebau in der preußischen Provinz Sachsen und dem Herzogtum Braunschweig vom Ende des 18. Jahrhunderts bis in die siebziger Jahre des 19. Jahrhunderts. Berlin 1997.

455. M. Seckelmann, Industrialisierung, Internationalisierung und

Patentrecht im deutschen Reich 1871–1914. Frankfurt am Main 2006.

456. C. Torp, Die Herausforderung der Globalisierung. Wirtschaft und Politik in Deutschland 1860–1914. Göttingen 2005.

457. M. Vec, Recht und Normierung in der Industriellen Revolution. Neue Strukturen der Normsetzung in Völkerrecht, staatlicher Gesetzgebung und gesellschaftlicher Selbstnormierung. Frankfurt am Main 2006.

458. C. Wischermann/A. Nieberding, Die institutionelle Revolution. Eine Einführung in die deutsche Wirtschaftsgeschichte des 19. und frühen 20. Jahrhunderts. Stuttgart 2004.

6. *Verlauf der deutschen Industrialisierung, Führungssektoren und Technikgeschichte*

459. W. Abelshauser, Von der Industriellen Revolution zur Neuen Wirtschaft. Der Paradigmenwechsel im wirtschaftlichen Weltbild der Gegenwart, in: J. Osterhammel u. a. (Hrsg.), Wege der Gesellschaftsgeschichte. Göttingen 2006, 201–218.

460. B. Beyer, Vom Tiegelstahl zum Kruppstahl. Technik- und Unternehmensgeschichte der Gussstahlfabrik von Friedrich Krupp in der ersten Hälfte des 19. Jahrhunderts. Essen 2007.

461. C. Burhop, Die Kreditbanken in der Gründerzeit. Stuttgart 2004.

462. M. Grabas, Die Gründerkrise von 1873/79 – Jähes Ende liberaler Blütenträume. Eine konjunkturhistorische Betrachtung vor dem Hintergrund der Globalisierungsrezession von 2008/09, in: Internationale Wissenschaftliche Vereinigung Weltwirtschaft und Weltpolitik (IWVWW) – Berichte 129 (2009), 66–82.

463. Ch. Kleinschmidt, Technik und Wirtschaft im 19. und 20. Jahrhundert. (EDG, Bd. 79.) München 2007.

464. W. König, Technikgeschichte. Eine Einführung in ihre Konzepte und Forschungsergebnisse. Stuttgart 2009.

465. U. Laufer/H. Ottomeyer (Hrsg.), Gründerzeit 1848–1871. Industrie & Lebensträume zwischen Vormärz und Kaiserreich. Dresden 2008.

466. W. Plumpe, Wirtschaftskrisen. Geschichte und Gegenwart. München 2010.

467. J. Streb/J. Baten, Ursachen und Folgen erfolgreicher Patentaktivitäten im Deutschen Kaiserreich. Ein Forschungsbericht, in: R. Walter (Hrsg.), Innovationsgeschichte. Stuttgart 2007, 249–275.

7. Regionale Industrialisierung

468. R. BANKEN, Die Industrialisierung der Saarregion 1815–1914. Bd. 1: Die Frühindustrialisierung 1815–1850. Stuttgart 2000; Bd. 2: Take-Off-Phase und Hochindustrialisierung 1850–1914. Stuttgart 2003.

469. G. CHALOUPEK/D. LEHNER/H. MATIS/R. SANDGRUBER, Österreichische Industriegeschichte, Bd. 1: Die vorhandene Chance 1700–1848, Wien 2003; J. JETSCHGO/F. LACINA/M. PAMMER/R. SANDGRUBER, Österreichische Industriegeschichte, Bd. 2: Die verpasste Chance 1848–1955, Wien 2004.

470. R. FORBERGER, Die industrielle Revolution in Sachsen 1800–1861, Bd. 2/1: Die Revolution der Produktivkräfte in Sachsen 1831–1861, Leipzig 1999; Bd. 2/2: Übersichten der Fabrikentwicklung. Zusammengestellt v. U. FORBERGER, Leipzig 2003.

471. R. KARLSCH/M. SCHÄFER, Wirtschaftsgeschichte Sachsens im Industriezeitalter. Leipzig 2006.

472. H. KIESEWETTER, Die Industrialisierung Sachsens. Ein regionalvergleichendes Erklärungsmodell. Stuttgart 2007.

473. H. KIESEWETTER, Region und Industrie in Europa 1815–1995. Stuttgart 2000.

474. E. KOMAREK, Die Industrialisierung Oberschlesiens. Zur Entwicklung der Montanindustrie im überregionalen Vergleich. Bonn 1998.

475. Z. KWAŚNY, Die Entwicklung der oberschlesischen Industrie in der ersten Hälfte des 19. Jahrhunderts. Dortmund 1998.

476. S. MESCHKAT-PETERS, Eisenbahnen und Eisenbahnindustrie in Hannover 1835–1914. Hannover 2001.

477. M. PAMMER, Entwicklung und Ungleichheit. Österreich im 19. Jahrhundert. Stuttgart 2002.

478. T. PIERENKEMPER (Hrsg.), Zur wirtschaftlichen Entwicklung ostmitteleuropäischer Regionen im 19. Jahrhundert. Aachen 2009.

479. K. SKIBICKI, Industrie im oberschlesischen Fürstentum Pless im 18. und 19. Jahrhundert. Stuttgart 2002.

480. P. SCHALLER, Die Industrialisierung der Stadt Ulm zwischen 1828/34 und 1875. Eine wirtschafts- und sozialgeschichtliche Studie über die „Zweite Stadt" in Württemberg. Stuttgart 1998.

481. K. H. SCHNEIDER, Schaumburg in der Industrialisierung. Teil 1: Vom Beginn des 19. Jahrhunderts bis zur Reichsgründung. Teil 2: Von der Reichsgründung bis zum Ersten Weltkrieg. Melle 1994/95.

482. K. Zachmann, Die Kraft traditioneller Strukturen. Sächsische Textilregionen im Industrialisierungsprozess, in: U. John/J. Matzerath (Hrsg.), Landesgeschichte als Herausforderung und Programm. Kh. Blaschke zum 70. Geburtstag. Stuttgart 1997, 509–536.

8. *Folgen und Wahrnehmung von Industrialisierung*

483. R. T. Gray, Money Matters. Economics and the German Cultural Imagination 1770–1850. Seattle/London 2008.

484. M. Jaeger, Fausts Kolonie. Goethes kritische Phänomenologie der Moderne. Würzburg 2004.

485. W. König, Wilhelm II. und die Moderne. Der Kaiser und die technisch-industrielle Welt. Paderborn 2007.

486. R. Roth, Das Jahrhundert der Eisenbahn. Die Herrschaft über Raum und Zeit 1800–1914. Ostfildern 2005.

487. M. Spehr, Maschinensturm. Protest und Widerstand gegen technische Neuerungen am Anfang der Industrialisierung. Münster 2000.

488. F. Uekötter, Umweltgeschichte im 19. und 20. Jahrhundert. (EDG, Bd. 81.) München 2007.

Register

Personenregister

Ortsregister

Sachregister

Enzyklopädie deutscher Geschichte
Themen und Autoren

Mittelalter

Agrarwirtschaft, Agrarverfassung und ländliche Gesellschaft im Mittelalter (Werner Rösener) 1992. EdG 13

Adel, Rittertum und Ministerialität im Mittelalter (Werner Hechberger) 2. Aufl. 2010. EdG 72

Die Stadt im Mittelalter (Frank Hirschmann) 2009. EdG 84

Die Armen im Mittelalter (Otto Gerhard Oexle)

Frauen- und Geschlechtergeschichte des Mittelalters (N. N.)

Die Juden im mittelalterlichen Reich (Michael Toch) 2. Aufl. 2003. EdG 44

Gesellschaft

Wirtschaftlicher Wandel und Wirtschaftspolitik im Mittelalter (Michael Rothmann)

Wirtschaft

Wissen als soziales System im Frühen und Hochmittelalter (Johannes Fried)

Die geistige Kultur im späteren Mittelalter (Johannes Helmrath)

Die ritterlich-höfische Kultur des Mittelalters (Werner Paravicini) 2. Aufl. 1999. EdG 32

Kultur, Alltag, Mentalitäten

Die mittelalterliche Kirche (Michael Borgolte) 2. Aufl. 2004. EdG 17

Grundformen der Frömmigkeit im Mittelalter (Arnold Angenendt) 2. Aufl. 2004. EdG 68

Religion und Kirche

Die Germanen (Walter Pohl) 2. Aufl. 2004. EdG 57

Das römische Erbe und das Merowingerreich (Reinhold Kaiser) 3., überarb. u. erw. Aufl. 2004. EdG 26

Das Karolingerreich (Jörg W. Busch)

Die Entstehung des Deutschen Reiches (Joachim Ehlers) 3., um einen Nachtrag erw. Aufl. 2010. EdG 31

Königtum und Königsherrschaft im 10. und 11. Jahrhundert (Egon Boshof) 3., aktual. und um einen Nachtrag erw. Aufl. 2010. EdG 27

Der Investiturstreit (Wilfried Hartmann) 3., überarb. u. erw. Aufl. 2007. EdG 21

König und Fürsten, Kaiser und Papst nach dem Wormser Konkordat (Bernhard Schimmelpfennig) 2. Aufl. 2010. EdG 37

Deutschland und seine Nachbarn 1200–1500 (Dieter Berg) 1996. EdG 40

Die kirchliche Krise des Spätmittelalters (Heribert Müller)

König, Reich und Reichsreform im Spätmittelalter (Karl-Friedrich Krieger) 2., durchges. Aufl. 2005. EdG 14

Fürstliche Herrschaft und Territorien im späten Mittelalter (Ernst Schubert) 2. Aufl. 2006. EdG 35

Politik, Staat, Verfassung

Frühe Neuzeit

Bevölkerungsgeschichte und historische Demographie 1500–1800 (Christian Pfister) 2. Aufl. 2007. EdG 28

Umweltgeschichte der Frühen Neuzeit (Reinhold Reith)

Gesellschaft

**Bauern zwischen Bauernkrieg und Dreißigjährigem Krieg (André Holenstein)
1996. EdG 38**
Bauern 1648–1806 (Werner Troßbach) 1992. EdG 19
Adel in der Frühen Neuzeit (Rudolf Endres) 1993. EdG 18
Der Fürstenhof in der Frühen Neuzeit (Rainer A. Müller) 2. Aufl. 2004. EdG 33
Die Stadt in der Frühen Neuzeit (Heinz Schilling) 2. Aufl. 2004. EdG 24
**Armut, Unterschichten, Randgruppen in der Frühen Neuzeit
(Wolfgang von Hippel) 1995. EdG 34**
**Unruhen in der ständischen Gesellschaft 1300–1800 (Peter Blickle) 2., erw. Aufl.
2010. EdG 1**
Frauen- und Geschlechtergeschichte 1500–1800 (N. N.)
**Die deutschen Juden vom 16. bis zum Ende des 18. Jahrhunderts
(J. Friedrich Battenberg) 2001. EdG 60**

Wirtschaft **Die deutsche Wirtschaft im 16. Jahrhundert (Franz Mathis) 1992. EdG 11**
**Die Entwicklung der Wirtschaft im Zeitalter des Merkantilismus 1620–1800
(Rainer Gömmel) 1998. EdG 46**
Landwirtschaft in der Frühen Neuzeit (Walter Achilles) 1991. EdG 10
Gewerbe in der Frühen Neuzeit (Wilfried Reininghaus) 1990. EdG 3
**Kommunikation, Handel, Geld und Banken in der Frühen Neuzeit (Michael
North) 2000. EdG 59**

Kultur, Alltag, Renaissance und Humanismus (Ulrich Muhlack)
Mentalitäten **Medien in der Frühen Neuzeit (Andreas Würgler) 2009. EdG 85**
**Bildung und Wissenschaft vom 15. bis zum 17. Jahrhundert (Notker Hammer-
stein) 2003. EdG 64**
**Bildung und Wissenschaft in der Frühen Neuzeit 1650–1800
(Anton Schindling) 2. Aufl. 1999. EdG 30**
Die Aufklärung (Winfried Müller) 2002. EdG 61
**Lebenswelt und Kultur des Bürgertums in der Frühen Neuzeit (Bernd Roeck)
2., um einen Nachtrag erw. Aufl. 2011. EdG 9**
**Lebenswelt und Kultur der unterständischen Schichten in der Frühen Neuzeit
(Robert von Friedeburg) 2002. EdG 62**

Religion und **Die Reformation. Voraussetzungen und Durchsetzung (Olaf Mörke)
Kirche 2., aktualisierte Aufl. 2011. EdG 74**
**Konfessionalisierung im 16. Jahrhundert (Heinrich Richard Schmidt)
1992. EdG 12**
**Kirche, Staat und Gesellschaft im 17. und 18. Jahrhundert (Michael Maurer)
1999. EdG 51**
**Religiöse Bewegungen in der Frühen Neuzeit (Hans-Jürgen Goertz)
1993. EdG 20**

Politik, Staat, **Das Reich in der Frühen Neuzeit (Helmut Neuhaus) 2. Aufl. 2003. EdG 42**
Verfassung Landesherrschaft, Territorien und Staat in der Frühen Neuzeit (Joachim Bahlcke)
Die Landständische Verfassung (Kersten Krüger) 2003. EdG 67
**Vom aufgeklärten Reformstaat zum bürokratischen Staatsabsolutismus
(Walter Demel) 1993. EdG 23**
Militärgeschichte des späten Mittelalters und der Frühen Neuzeit
(Bernhard R. Kroener)

Das Reich im Kampf um die Hegemonie in Europa 1521–1648 (Alfred Kohler) Staatensystem,
1990. EdG 6
Altes Reich und europäische Staatenwelt 1648–1806 (Heinz Duchhardt)
1990. EdG 4

Staatensystem,
internationale
Beziehungen

19. und 20. Jahrhundert

Bevölkerungsgeschichte und Historische Demographie 1800–2000 (Josef   Gesellschaft
Ehmer) 2004. EdG 71
Migrationen im 19. und 20. Jahrhundert (Jochen Oltmer) 2010. EdG 86
Umweltgeschichte im 19. und 20. Jahrhundert (Frank Uekötter) 2007.
EdG 81
Adel im 19. und 20. Jahrhundert (Heinz Reif) 1999. EdG 55
Geschichte der Familie im 19. und 20. Jahrhundert (Andreas Gestrich)
2. Aufl. 2010. EdG 50
Urbanisierung im 19. und 20. Jahrhundert (Klaus Tenfelde)
Von der ständischen zur bürgerlichen Gesellschaft (Lothar Gall)
1993. EdG 25
Die Angestellten seit dem 19. Jahrhundert (Günter Schulz) 2000. EdG 54
Die Arbeiterschaft im 19. und 20. Jahrhundert (Gerhard Schildt)
1996. EdG 36
Frauen- und Geschlechtergeschichte im 19. und 20. Jahrhundert (Gisela Mettele)
Die Juden in Deutschland 1780–1918 (Shulamit Volkov) 2. Aufl. 2000.
EdG 16
Die deutschen Juden 1914–1945 (Moshe Zimmermann) 1997.
EdG 43

Die Industrielle Revolution in Deutschland (Hans-Werner Hahn)   Wirtschaft
3., um einen Nachtrag erw. Aufl. 2011. EdG 49
Die deutsche Wirtschaft im 20. Jahrhundert (Wilfried Feldenkirchen)
1998. EdG 47
Agrarwirtschaft und ländliche Gesellschaft im 19. Jahrhundert (Stefan Brakensiek)
Agrarwirtschaft und ländliche Gesellschaft im 20. Jahrhundert (Ulrich Kluge)
2005. EdG 73
Gewerbe und Industrie im 19. und 20. Jahrhundert (Toni Pierenkemper)
2., um einen Nachtrag erw. Auflage 2007. EdG 29
Handel und Verkehr im 19. Jahrhundert (Karl Heinrich Kaufhold)
Handel und Verkehr im 20. Jahrhundert (Christopher Kopper) 2002.
EdG 63
Banken und Versicherungen im 19. und 20. Jahrhundert (Eckhard Wandel)
1998. EdG 45
Technik und Wirtschaft im 19. und 20. Jahrhundert (Christian Kleinschmidt)
2007. EdG 79
Unternehmensgeschichte im 19. und 20. Jahrhundert (Werner Plumpe)
Staat und Wirtschaft im 19. Jahrhundert (Rudolf Boch) 2004. EdG 70
Staat und Wirtschaft im 20. Jahrhundert (Gerold Ambrosius) 1990.
EdG 7

Kultur, Bildung und Wissenschaft im 19. Jahrhundert (Hans-Christof Kraus)   Kultur, Alltag und
2008. EdG 82
Kultur, Bildung und Wissenschaft im 20. Jahrhundert (Frank-Lothar Kroll)
2003. EdG 65

Kultur, Alltag und
Mentalitäten

Lebenswelt und Kultur des Bürgertums im 19. und 20. Jahrhundert
(Andreas Schulz) 2005. EdG 75
Lebenswelt und Kultur der unterbürgerlichen Schichten im 19. und
20. Jahrhundert (Wolfgang Kaschuba) 1990. EdG 5

Religion und   Kirche, Politik und Gesellschaft im 19. Jahrhundert (Gerhard Besier)
Kirche   1998. EdG 48
          Kirche, Politik und Gesellschaft im 20. Jahrhundert (Gerhard Besier)
          2000. EdG 56

Politik, Staat,   Der Deutsche Bund 1815–1866 (Jürgen Müller) 2006. EdG 78
Verfassung   Verfassungsstaat und Nationsbildung 1815–1871 (Elisabeth Fehrenbach)
          2., um einen Nachtrag erw. Aufl. 2007. EdG 22
          Politik im deutschen Kaiserreich (Hans-Peter Ullmann) 2., durchges. Aufl.
          2005. EdG 52
          Die Weimarer Republik. Politik und Gesellschaft (Andreas Wirsching)
          2., um einen Nachtrag erw. Aufl. 2008. EdG 58
          Nationalsozialistische Herrschaft (Ulrich von Hehl) 2. Aufl. 2001. EdG 39
          Die Bundesrepublik Deutschland. Verfassung, Parlament und Parteien
          (Adolf M. Birke) 2. Aufl. mit Ergänzungen von Udo Wengst 2010. EdG 41
          Militär, Staat und Gesellschaft im 19. Jahrhundert (Ralf Pröve) 2006. EdG 77
          Militär, Staat und Gesellschaft im 20. Jahrhundert (Bernhard R. Kroener)
          2011. EdG 87
          Die Sozialgeschichte der Bundesrepublik Deutschland bis 1989/90 (Axel
          Schildt) 2007. EdG 80
          Die Sozialgeschichte der DDR (Arnd Bauerkämper) 2005. EdG 76
          Die Innenpolitik der DDR (Günther Heydemann) 2003. EdG 66

Staatensystem,   Die deutsche Frage und das europäische Staatensystem 1815–1871
internationale   (Anselm Doering-Manteuffel) 3., um einen Nachtrag erw. Aufl. 2010.
Beziehungen   EdG 15
          Deutsche Außenpolitik 1871–1918 (Klaus Hildebrand) 2. Aufl. 1994. EdG 2
          Die Außenpolitik der Weimarer Republik (Gottfried Niedhart)
          2., aktualisierte Aufl. 2006. EdG 53
          Die Außenpolitik des Dritten Reiches (Marie-Luise Recker) 1990. EdG 8
          Die Außenpolitik der Bundesrepublik Deutschland 1949 bis 1990 (Ulrich
          Lappenküper) 2008. EdG 83
          Die Außenpolitik der DDR (Joachim Scholtyseck) 2003. EDG 69

Hervorgehobene Titel sind bereits erschienen.

Stand: (November 2010)